La sécurité incendie
dans les bâtiments publics

Jean-Paul Stephant
Ingénieur principal territorial,
directeur adjoint d'une agence départementale en Ille-et-Vilaine

territorial *éditions*
Groupe Territorial
CS 40215 - 38516 Voiron Cedex
Tél.: 04 76 65 87 17 - Fax: 04 76 05 01 63
Retrouvez tous nos ouvrages sur **http://librairie.territorial.fr**

DOSSIER d'EXPERTS
Référence DE 611
Mai 2014

Vous souhaitez être informé de la prochaine actualisation de cet ouvrage ?

C'est simple !

Il vous suffit d'**envoyer un mail** nous le demandant à :

jessica.ott@territorial.fr

Au moment de la sortie de la nouvelle édition de l'ouvrage, nous vous ferons une **offre commerciale préférentielle.**

ISBN : 978-2-8186-0707-7
ISBN version numérique : 978-2-8186-0708-4
Imprimé par Les Deux-Ponts, à Bresson (38) - Juin 2014
Dépôt légal à parution

Sommaire

Annexes

Préface

La sécurité incendie revêt un aspect sibyllin au travers d'une réglementation parfois contraignante, parfois inadaptée voire obsolète. Son application est à son image. Elle limite les initiatives architecturales, elle bouscule les habitudes et impose aussi des dépenses supplémentaires jugées le plus souvent excessives pour les petits établissements. Elle est, par conséquent, souvent mal ressentie par les exploitants ou par ceux qui ont pour mission de l'appliquer. Elle demande une attention de tous les jours et contrarie, toujours çà et là, les conditions d'exploitation. Cependant, il faut être conscient que cette réglementation ne représente pourtant qu'un minimum.

Les chefs d'établissements recevant du public sont les premiers concernés et reconnus comme les premiers responsables par le Code de la construction et de l'habitation. Ils connaissent la sanction de la commission de sécurité qui visite leur établissement périodiquement. Un avis défavorable comporte toujours une signification particulière et induit bien souvent des procédures et des actions lourdes à mener. Ils connaissent, par ailleurs, ses contradictions, son intransigeance, mais reconnaissent pour la plupart ses qualités et sa nécessité.

La mise en œuvre des dispositions réglementaires fait appel à des notions et à des principes simples et fondamentaux (cloisonnement, désenfumage, dégagements, alarme...). Elle obéit à une démarche logique qui aboutit normalement à une cohérence qui prendra la mesure des risques encourus par le public. Rendre pérenne cette cohérence est le rôle du responsable de l'établissement ou du chargé de sécurité. Comment ? En assurant en permanence la condition suivante : « *Le temps d'alarme augmenté du temps d'évacuation doit être inférieur, pour chaque occupant, au délai de sécurité (ou délai de survie) au bout duquel le séjour dans les lieux sinistrés entraîne des lésions puis la mort.* »

Pour atteindre cet objectif et faciliter les actions entreprises, *La sécurité incendie dans les bâtiments publics* se présente comme un ouvrage synthétisant la réglementation incendie sans en galvauder l'essence même.

Les membres de la commission de sécurité lors des visites de contrôle périodique dans les établissements recevant du public rencontrent des interlocuteurs bien souvent empreints d'un souci de bien faire, mais démunis devant les attentes de celle-ci et les exigences propres à la gestion de leur exploitation. Ce constat révèle l'intérêt de développer des moyens diminuant ce clivage. Un livre permettant d'établir le dialogue et la compréhension est l'un de ceux-ci. Sans parler d'une vulgarisation, cet ouvrage présente une approche séquentielle permettant au lecteur d'y naviguer facilement. L'auteur, confronté au travers de son activité à l'application de la réglementation, a voulu mettre en évidence les points qui lui paraissent importants et partager son approche personnelle avec les exploitants d'établissements publics.

Lieutenant-colonel Jean-Yves BOUTHEMY
Commandant d'un groupement de sapeurs-pompiers en Ille-et-Vilaine

Introduction

La sécurité incendie dans les immeubles, qu'ils reçoivent du public, des travailleurs ou des habitants, a été dotée au fil du temps d'un environnement réglementaire complexe.

Les accidents aux conséquences tragiques survenus ces dernières années ont conduit le législateur à définir de nouveaux moyens de préventions et de contrôles afin de limiter les risques encourus par les personnes occupant les bâtiments ouverts au public. Mais les textes en vigueur traitent indifféremment de la construction et de l'exploitation des établissements. Il nous est donc apparu utile de dégager de la masse globale de la réglementation l'ensemble de ce qui pourrait être utile aux responsables d'établissements, qu'ils reçoivent du public ou des travailleurs.

Dans le présent ouvrage, il ne sera donc question que des dispositions de l'appareil réglementaire destinées à organiser la prévention des risques d'incendie dans le cadre du fonctionnement quotidien d'un établissement. Il a l'ambition d'expliquer et de répondre aux questions que se posent les responsables. Pour être efficace, il fallait aller à l'essentiel sans rien omettre ; c'est là toute l'ambition de l'ouvrage. Les textes réglementaires sont joints en annexes pour permettre au lecteur d'approfondir ses recherches ou fonder sa propre interprétation.

Partie 1

Le cadre général de la sécurité incendie en France

Chapitre I

Les notions fondamentales

Les incendies portent atteinte aux personnes et aux biens. Tout au long de cet ouvrage, il sera question de protection de ces derniers au travers de principes simples qui devraient être absolument connus de tous et qu'il convient de rappeler au début de notre propos.

La naissance du feu : le feu naît de la réunion de trois éléments : un combustible, de l'oxygène, de la chaleur. Pour illustrer cette naissance, les services de sécurité le représentent sous la forme d'un triangle isocèle, appelé « triangle du feu » dont chaque élément constitue un côté. L'un d'eux vient à manquer et la chaîne est rompue ; il n'y a pas « feu ». Cette rupture représente un moyen quelconque de lutte contre l'incendie et peut s'appliquer à l'un des trois éléments.

Un matériau susceptible de s'enflammer (papier, bois, tissu, charbon, fuel, certains métaux, plastique, etc.).

De l'oxygène (l'air contient 21 % d'oxygène).

Une température suffisamment élevée (allumette craquée, corps chaud, étincelle, air surchauffé circulant dans des gaines, etc.).

La propagation du feu : s'il n'y a plus de combustible, il n'y a plus de feu. En un point donné, cette assertion est exacte, mais la chaleur produite a pu se transmettre hors la présence de combustible (armatures d'acier, béton, air, etc.), déclenchant un nouveau départ de feu chaque fois qu'il rencontre un matériau combustible. Ce phénomène est bien connu lors des feux de forêts et il se rencontre aussi dans les incendies de bâtiments. La chaleur utilise trois modes de transmission différents : la conduction, propre à chaque type de matière (l'acier, même s'il ne brûle pas, conduit beaucoup plus la chaleur que le bois) ; la convection, qui repose sur un principe physique fondamental : la masse d'un gaz augmente en chauffant, ce qui provoque un phénomène d'échange cantonnant les gaz surchauffés sous les plafonds et l'air plus frais courant sur les planchers ; enfin la radiation qui par rayonnement, comme le soleil, échauffe l'air et les objets situés à proximité d'un brasier.

La rapidité d'intervention est essentielle : pour éteindre une allumette enflammée il suffit de deux doigts mouillés. Dans des conditions qui lui sont favorables, un incendie peut se propager en quelques secondes (flash over) et la taille des moyens de lutte est directement proportionnelle à son importance et, à ce stade, les besoins en eau s'évaluent en mètre cube. Dès lors qu'un feu n'est plus maîtrisé, il faut d'abord appeler les services de secours (numéro unique d'appel d'urgence en Europe : le 112) puis attaquer le feu, dans cet ordre et non l'inverse.

Connaître et respecter les consignes de sécurité : plus de 70 % des accidents sont dus à une défaillance humaine. Négligence ou méconnaissance, elles résultent toujours d'une mauvaise appréciation des risques. Les consignes de sécurité ne sont finalement pas très nombreuses et c'est plus leur interprétation ou l'importance qui leur est accordée qui assureront la sécurité ou laisseront place à un danger.

À qui s'adressent les secours ? Il faut être clair, les secours sont essentiellement orientés vers la protection des personnes. Pour cette raison, les sapeurs-pompiers pourront décider de détruire un bien, s'il est un obstacle à leur progression. Bien entendu, si la protection des personnes est une priorité, la recherche de la solution la moins destructrice reste la règle.

Chapitre II

Les services de secours

A - Au plan national, la DDSC

L'organisation des moyens de protection et de sauvegarde des personnes, des biens et de l'environnement est confié à l'une des directions du ministère de l'Intérieur, la direction de la Défense et de la Sécurité civile (DDSC). Au sein de cette direction, la sous-direction des Services de secours et des sapeurs-pompiers est chargée de l'organisation statutaire ainsi que de la formation des sapeurs-pompiers et, à ce titre, assure la tutelle de l'Institut national d'étude de la sécurité civile (INESC). Il lui incombe également de coordonner et d'étudier l'organisation des services départementaux d'incendie et de secours (SDIS) qui assurent les interventions sur le terrain. La DDSC est, selon les termes de son ancien directeur Jean Dussourd, *« une pourvoyeuse de moyens, un prestataire de service et une gigantesque caisse à outils opérationnels à la disposition des acteurs locaux de la sécurité, les préfets et les maires »*. L'objectif premier de cette direction est d'aider les services d'intervention à renforcer sans cesse la prévention des risques et l'organisation des secours en restant à l'écoute de leurs suggestions.

B - Au niveau du département, le SDIS

Depuis la loi n° 96-369 du 3 mai 1996, les moyens de secours, dans chaque département, dépendent du SDIS. Il est dirigé par un officier supérieur des sapeurs-pompiers qui est nommé par le ministre de l'Intérieur après avis du président du SDIS. Il est administré par un conseil d'administration (Casdis) composé d'élus communaux et départementaux. Toutefois, le territoire d'action étant le département, le résident du conseil général est le président de droit de l'établissement. Il peut cependant nommer un délégué parmi les conseillers généraux de sa collectivité. Établissement public autonome, le **Casdis** vote son budget primitif et approuve le compte administratif en fin d'exercice budgétaire. Son président ordonne les dépenses que paye un comptable public. Les recettes nécessaires au fonctionnement d'un SDIS proviennent pour l'essentiel des collectivités territoriales concernées. La contribution de chacune d'elles est établie au prorata du nombre d'habitants et votée par le Casdis.

Pour la partie opérationnelle, les SDIS sont couramment composés de subdivisions territoriales, appelées groupements, ayant à leur tête un officier de sapeurs-pompiers professionnel qui coordonne les centres d'interventions et de secours (CIS).

Dans chaque SDIS, il existe un **centre de traitement de l'alerte** (CTA) qui reçoit l'ensemble des appels du département (numéro de téléphone 112 qui remplace progressivement le 18 appelé à disparaître). C'est lui qui se charge de déclencher l'intervention en fonction des moyens dont il dispose au moment de l'appel. Cette nouvelle organisation est issue de réformes successives. CTA et Codis ont été initiés par la loi du 22 juillet 1987, réglementée par le décret du 6 mai 1988. Ces textes sont aujourd'hui abrogés, mais des circulaires ont pérennisé cette organisation qui a fait la preuve d'une rapidité supérieure dans la gestion des secours. Elle permet une visualisation en temps réel des matériels et des moyens disponibles et permet une homogénéité dans les méthodes de traitement de l'information. Le CTA fonctionne en symbiose avec le **centre opérationnel départemental d'incendie et de secours** (Codis) qui assure la coordination des moyens lors d'opérations importantes. Le SDIS développe d'autres services spécialisés dont l'existence ou l'importance est fonction du milieu naturel, ou du type d'activité industriel rencontré dans le département.

Les services spécialisés en découlant peuvent être :
- **un service de prévention** qui participe au contrôle du niveau de sécurité des constructions en matière de sécurité incendie. À ce titre, elle vise facultativement tous les projets de construction d'immeubles d'habitations et recevant des travailleurs et obligatoirement tous les ERP (établissements recevant du public) ;
- **un service de prévision** qui contrôle le débit et la pression des réseaux publics de défense contre l'incendie et les points de puisage, lesquels sont placés sous la responsabilité et à la charge de la commune. Ce service établit également les plans d'établissements répertoriés, les plans de secours et sensibilise les industriels en matière de sécurité ;

- **une cellule mobile d'intervention** chimique, en présence de sites industriels à haut risque (classement Seveso) ou d'importants axes de transports de marchandise, des oléoducs ou gazoducs de grande section peuvent contribuer à justifier la mise en place d'une telle cellule ;
- **un groupe de reconnaissance en milieu périlleux**, lorsqu'il existe, est appelé lorsque les moyens traditionnels des sapeurs-pompiers s'avèrent inadaptés, insuffisants ou dont l'emploi s'avère dangereux par rapport à la hauteur ou la profondeur, et aux risques liés au cheminement des secours ;
- **une équipe de plongée subaquatique**, qui aura la charge de toutes les interventions en mer (responsabilité communale dans la bande côtière des 300 m) et tous les plans d'eau intérieurs, fleuves, rivières, lacs, étangs, canaux. Leur mission est tournée vers la sauvegarde des personnes et des biens, l'assistance et le sauvetage, le traitement d'urgence des pollutions, la protection de l'environnement ou diverses recherches.

C - Au niveau communal, les CIS (centre d'intervention et de secours)

Chaque groupement assure le management des hommes, le contrôle du matériel et des véhicules, et coordonne les secours sur une zone géographique donnée. Le groupement couvre ainsi plusieurs dizaines de CIS et, dans les zones les moins urbanisés, ces centres sont composés d'une grande majorité de sapeurs-pompiers volontaires, y compris pour l'encadrement. Ce sont des vacataires qui, en dehors des interventions de secours, exercent une autre profession et qui, par convention, sont autorisés par leur employeur à quitter leur poste de travail en cas d'alerte. Ils constituent le gros des troupes dans les centres de secours et, pour cette raison, leur présence est essentielle. L'un des critères déterminant la présence de professionnels est la fréquence des interventions et la simultanéité de celles-ci. Ces paramètres sont étudiés au travers du Schéma départemental d'analyse et de couverture des risques (SDACR). Ce document, arrêté par le préfet, établit l'adéquation entre les risques existants et les moyens courants et spécifiques développés sur le territoire départemental. Les CIS des grandes villes comptent beaucoup plus de sapeurs-pompiers professionnels. Cette différence s'explique par la densité de population et la nature des constructions de la zone d'intervention (immeubles à grande hauteur, salles de spectacles, établissements hospitaliers comportant des locaux à sommeil, établissement scolaire à forts effectifs, etc.) qui nécessitent du matériel spécial et une technicité éprouvée. Ainsi, sur les 240 000 sapeurs-pompiers que compte aujourd'hui notre pays, environ 35 000 sont des professionnels.

Chapitre III

Le traitement des risques dans le temps

A - L'intervention

Lorsque l'accident survient, que les secours sont appelés, le déroulement des opérations ne souffre aucun retard. L'importance des dommages engendrés par le sinistre dépend de l'efficacité du CIS appelé à intervenir. Il lui faudra disposer de personnels en nombre suffisant, bien formé et entraîné. Il lui faudra également pouvoir compter sur du matériel puissant, adapté, bien entretenu qui puisse répondre à toutes les sollicitations des sapeurs servant dans leur lutte contre l'incendie. Tout ce travail de préparation des hommes et du matériel est mené en dehors des interventions dans les CIS.

B - La prévision

Dans la préparation à l'intervention, une autre notion intervient, celle de prévision. S'il n'est évidemment pas possible de prévoir la survenance de tel ou tel sinistre, il est toutefois possible d'apprécier son éventualité et donc de mettre en œuvre les moyens permettant le cas échéant d'intervenir rapidement. Par exemple, les services de prévisions étudient l'adéquation des moyens de lutte contre l'incendie avec les risques potentiels dans un quartier donné, en fonction de la population, de la nature des activités (industrie, tertiaire ou habitat). Le débit des bornes d'incendie est régulièrement contrôlé, leur nombre et leur implantation sont étudiés et corrigés à chaque modification apportée au tissu urbain.

C - La prévention

Mieux vaut prévenir que guérir. Chaque SDIS dispose d'un service de prévention composé d'officiers préventionnistes spécialement formés. Ce service est en fait un véritable prestataire pour les autorités de police (maires et préfet) qui le consultent. À ce titre, leur avis est sollicité par les services instructeurs des permis de construire, dès lors qu'il s'agit de l'un de ces trois types d'édifices. Leur présence est incontournable dans les groupes de visite des commissions de sécurité (ils en sont des membres à part entière) puisqu'ils y apportent toutes leurs connaissances réglementaires et leur appréciation du risque. Leur approche prioritairement pédagogique auprès des maîtres d'ouvrage et des exploitants contribue à les rendre plus vigilants et attentifs aux règles de sécurité incendie et donc à limiter grandement le nombre des interventions. Le présent ouvrage, destiné aux responsables d'établissement, a vocation à faire œuvre utile en ce domaine en les aidant à accomplir toutes les tâches qui éviteront la survenance de l'accident.

Chapitre IV

La commission centrale de sécurité et d'accessibilité

Unique en France, c'est l'instance suprême en matière de sécurité incendie. Présidée par le ministre de l'Intérieur ou un de ses représentants, elle comprend trente-huit membres permanents :
- quatre représentants du ministre de l'Intérieur ;
- deux représentants du ministre chargé de la Construction et de l'Habitation ;
- un représentant de chacun des ministres chargés de l'Éducation, de la Culture, des Installations classées, de l'Industrie, du Commerce et de l'Artisanat, de la Santé, du Travail, de l'Information, de la Jeunesse et des Sports, du Tourisme ;
- le préfet de Paris ;
- le préfet de police ;
- deux préfets désignés par le ministre de l'Intérieur ;
- deux maires désignés par le ministre de l'Intérieur ;
- l'architecte en chef et le directeur du laboratoire central de la préfecture de police ;
- l'ingénieur général, chef du service technique des travaux neufs, l'ingénieur général chef du service des bâtiments, et l'architecte général de la ville de Paris ;
- le président de la Fédération nationale des sapeurs-pompiers ;
- un représentant de l'Union technique de l'électricité (UTE) ;
- un représentant de l'Association technique du Gaz de France (ATGF) ;
- cinq membres désignés par le ministre de l'Intérieur en raison de leur compétence.

D'autres membres sont également appelés à siéger en fonction des besoins en rapport avec leur compétence :
- le directeur général du Centre national de la cinématographie ;
- deux représentants des exploitants d'établissements de spectacle ;
- deux représentants du personnel d'établissements de spectacle ;
- deux représentants du personnel des autres établissements ;
- un représentant de l'Institut national de la consommation (INC) ;
- tout représentant des ministres n'étant pas désignés dans les membres permanents.

L'avis de la commission centrale de sécurité est sollicité pour toutes les questions relatives à la protection contre l'incendie et la panique dans les ERP. Elle est également constituée d'une sous-commission permanente et de plusieurs sous-commissions techniques dont les attributions sont également fixées par le ministre de l'Intérieur. La composition de ces sous-commissions peut s'élargir à toute personne extérieure jugée compétente.

Chapitre V

Sécurité incendie et accessibilité des personnes handicapées

Décret n° 95-260 du 8 mars 1995

À l'échelon départemental, les conditions de sécurité incendie et d'accessibilité des personnes handicapées sont désormais placées sous la responsabilité d'une même instance : la commission consultative départementale de sécurité et d'accessibilité.

Elle est chargée d'étudier, de contrôler les bâtiments existants et à construire dès le dépôt du permis de construire et elle émet des avis. Elle doit en outre informer le préfet et les maires dans leurs pouvoirs de police et dans la surveillance qu'ils doivent porter aux établissements recevant du public afin d'assurer la protection des personnes.

De cette commission dépendent des commissions d'arrondissement et, le cas échéant, des commissions communales et intercommunales.

Les premières sont présidées par les sous-préfets des arrondissements considérés, les commissions communales et intercommunales sont respectivement présidées par les maires et les présidents des établissements publics intercommunaux (EPCI) lorsque cette compétence leur est attribuée pour l'ensemble du territoire de l'organisme intercommunal.

Des groupes de visite, présidés par le maire (ou un de ses adjoints), en vertu de ses pouvoirs de police spéciale des ERP, sont chargés du contrôle sur le terrain. Le maire, seule autorité compétente, statue au vu des différents avis émis par les membres du groupe de visite (un sapeur-pompier pour la sécurité incendie, un technicien DDE pour l'accessibilité, un représentant de la police ou de la gendarmerie) et de la commission ou sous-commissions ad hoc. Ces groupes de visite proposent à la commission de sécurité un avis. Après examen, cet avis est joint au procès-verbal qui est transmis au maire afin qu'il le notifie à l'exploitant.

La réforme de la loi d'orientation en faveur des personnes handicapées du 30 juin 1975 a abouti à la loi n° 2005-102 du 11 février 2005 sur l'égalité des droits et des chances, la participation et la citoyenneté des personnes handicapées. Elle refonde la politique du handicap en France.
Ce texte repose sur deux grands principes : la compensation du handicap, par l'évaluation et l'identification des besoins, et la réalisation d'une réelle accessibilité, condition indispensable à l'insertion des personnes handicapées. Un principe fort de ce texte est la prise en compte de tous les types de handicaps, qu'ils soient moteurs, visuels, auditifs, mentaux, cognitifs, psychiques, ou qu'il s'agisse de polyhandicaps ou de troubles de santé invalidants. La nouvelle loi insiste sur la globalité de l'accessibilité en introduisant la notion indispensable de chaîne du déplacement intégrant l'ensemble de ces éléments, voirie, transport et cadre bâti, et leurs interfaces dont certains sont trop souvent oubliés comme la signalétique et l'information diffusées sous des formes adaptées aux différents types de handicaps.
Outre l'ensemble des aspects de l'accessibilité du cadre de vie, il convient également de prendre en compte l'accessibilité aux services et aux pratiques, qu'elles soient éducatives, professionnelles, artistiques ou sportives. Non seulement les personnes handicapées doivent pouvoir accéder, mais elles doivent également pouvoir participer.

Pour application dans les bâtiments, le décret n° 2006-555 a défini les conditions d'accessibilité des établissements recevant du public, des installations ouvertes au public et des bâtiments d'habitation. Enfin, deux arrêtés parachèvent le dispositif :

- arrêté du 1er août 2006 fixant les dispositions prises pour l'application des articles R.111-19 à R.111-19-3 et R.111-19-6 du Code de la construction et de l'habitation relatives à l'accessibilité aux personnes handicapées des ERP et des IOP lors de leur construction ou de leur création (établissements recevant du public et installations ouvertes au public) ;

- arrêté du 1er août 2006 fixant les dispositions prises pour l'application des articles R.111-18 à R.111-18-7 du Code de la construction et de l'habitation relatives à l'accessibilité aux personnes handicapées des bâtiments d'habitation collectifs et des maisons individuelles lors de leur construction.

Mise en accessibilité des ERP et IOP existants : quelques dates à retenir…
Cas général : échéance du 1er janvier 2015 : articles L.111-7-3 et R.111-19-8 du Code de la construction et de l'habitation
L'échéance du 1er janvier 2011 aurait du être respectée pour les préfectures et établissements d'enseignement supérieur appartenant à l'État (article 14 du décret n° 2006-555 du 17 mai 2006) ainsi que pour les ERP de 5e catégorie accueillant une profession libérale et créés après le 1er janvier 2007 (article R.111-19-8 du Code de la construction et de l'habitation)
Sanctions pénales en cas de non-respect des obligations d'accessibilité : article L.152-4 du Code de la construction et de l'habitation

Chapitre VI

L'autorité de police

Elle est fixée par le Code général des collectivités territoriales, et notamment par ses articles L.2212-1 et L.2212-2 relatifs à l'autorité de police chargée de l'exécution des règles de la République dans la commune :

Article L.2212-1
« Le maire est chargé, sous le contrôle administratif du représentant de l'État dans le département, de la police municipale, de la police rurale et de l'exécution des actes de l'État qui y sont relatifs. »

Par ce texte, le maire d'une commune est désigné comme l'autorité chargée de faire appliquer, entre autres textes, les différents règlements ayant trait à la sécurité incendie sur le territoire de sa commune. Lorsqu'il agit au nom de l'État, il dépend hiérarchiquement du préfet qui peut se substituer au maire en cas de défaillance. Le préfet est également autorité de police lorsqu'il délivre un permis de construire (pour une autre collectivité territoriale que la commune par exemple).

Article L.2212-2
« La police municipale a pour objet d'assurer le bon ordre, la sûreté, la sécurité et la salubrité publiques. Elle comprend notamment : […] 5) Le soin de prévenir, par des précautions convenables, et de faire cesser, par distribution des secours nécessaires, les accidents et les fléaux calamiteux ainsi que les pollutions de toute nature, tels que les incendies, les inondations, les ruptures de digues, les éboulements de terre ou de rochers, les avalanches ou autres accidents naturels, les maladies épidémiques ou contagieuses, les épizooties, de pourvoir d'urgence à toutes les mesures d'assistance et de secours et, s'il y a lieu, de provoquer l'intervention de l'administration supérieure. »

Cet article évoque clairement le travail de prévention qui doit être entrepris par l'autorité municipale. À ce titre, le contrôle des conditions de sécurité mises en œuvre dans les constructions nouvelles et les contrôles périodiques des ERP constituent une forme de prévention qui engage fortement la responsabilité des maires. L'avis formulé par la commission de sécurité (le cas échéant sur proposition du groupe de visite) n'est pas opposable aux tiers. Seule la décision du maire est exécutoire. Il peut émettre un avis, favorable ou défavorable, et, dans ce dernier cas, l'exploitant devra exécuter dans les meilleurs délais les prescriptions qui justifient un tel avis. Lorsque la situation l'exige, le maire peut décider par arrêté municipal la fermeture immédiate de l'établissement.

Chapitre VII

Les quatre grandes familles de bâtiments

Des règles différentes s'appliquent selon que le bâtiment considéré est un établissement recevant du public (ERP), un établissement recevant des travailleurs, un immeuble d'habitation ou un immeuble à grande hauteur (IGH).

A - Les établissements recevant du public

C'est le décret n° 73-1007 du 31 octobre 1973 codifié sous les numéros R.123-1 à R.123-55 du Code de la construction et de l'habitation qui constitue la règle suprême en matière de protection des risques d'incendie dans ce type d'établissement. Il est complété par l'arrêté du 25 juin 1980 qui constitue le « Règlement de sécurité contre l'incendie et les risques de panique », relatif aux établissements recevant du public. Ce document est véritablement la bible des officiers sapeurs-pompiers préventionnistes qui s'y appuient, ainsi que sur les dispositions particulières qui donnent les conditions spécifiques qui s'attachent à l'exploitation des différents types d'établissements. Elles sont contenues dans les arrêtés suivants :

Types et règlements des établissements relevant du 2e groupe

Type d'établissement	Nature de l'établissement	Texte réglementaire
J	Structure d'accueil pour personnes âgées et personnes handicapées	Arrêté du 19 novembre 2001
L	Salle à usage d'audition, de conférence, de réunions, de spectacles ou à usages multiples	Arrêté du 12 décembre 1984 modifié, complétant l'arrêté du 25 juin 1980 modifié
M	Magasins, centres commerciaux	Arrêté du 22 décembre 1981 modifié, complétant l'arrêté du 25 juin 1980 modifié
N	Restaurants et débits de boissons	Arrêté du 21 juin 1982 modifié, complétant l'arrêté du 25 juin 1980 modifié
O	Hôtels et pensions de famille	Arrêté du 21 juin 1982 modifié, complétant l'arrêté du 25 juin 1980 modifié
P	Salles de danse et salles de jeux	Arrêté du 7 juillet 1983 modifié, complétant l'arrêté du 25 juin 1980 modifié
R	Établissements d'enseignement – colonies de vacances	Arrêté du 4 juin 1982 modifié, complétant l'arrêté du 25 juin 1980 modifié
S	Bibliothèques – centres de documentation et de consultation d'archives	Arrêté du 12 juin 1995, complétant l'arrêté du 25 juin 1980 modifié
T	Salles d'expositions	Arrêté du 18 novembre 1987, complétant l'arrêté du 25 juin 1980 modifié
U	Établissements de soins	Arrêté du 23 mai 1989 modifié, complétant l'arrêté du 25 juin 1980 modifié
V	Établissements de culte	Arrêté du 21 avril 1983 modifié, complétant l'arrêté du 25 juin 1980 modifié
W	Administrations, banques, bureaux	Arrêté du 21 avril 1983 modifié complétant l'arrêté du 25 juin 1980 modifié
X	Établissements sportifs couverts	Arrêté du 4 juin 1982 modifié, complétant l'arrêté du 25 juin 1980 modifié
Y	Musées	Arrêté du 12 juin 1995, complétant l'arrêté du 25 juin 1980 modifié

Établissements spéciaux		
PA	Établissements de plein air	Arrêté du 6 janvier 1983 modifié
CTS	Chapiteaux, tentes et structures	Arrêté du 23 janvier 1985 modifié
SG	Structures gonflables	Arrêté du 6 janvier 1983 modifié
PS	Parcs de stationnement couverts	Arrêté du 9 mai 2006
GA	Gares	Arrêté du 24 décembre 2007
OA	Hôtels-restaurants d'altitude	Arrêté du 23 octobre 1986 modifié
EF	Établissements flottants	Décret et arrêté du 9 janvier 1990
REF	Refuges de montagne	Arrêté du 10 novembre 1994 modifié

B - Les établissements recevant des travailleurs

Les règles de protection contre les risques d'incendie dans ce type d'immeuble ont été remaniées par le décret n° 2008-244 du 7 mars 2008 et se trouvent désormais dans le Code du travail aux articles R.4216-1 à R.4216-34.
Les bâtiments et les locaux sont conçus et réalisés de manière à permettre en cas de sinistre :
1° « *L'évacuation rapide de la totalité des occupants ou leur évacuation différée, lorsque celle-ci est rendue nécessaire, dans des conditions de sécurité maximale ;* » (décret n° 2011-1461 du 7 novembre 2011)
2° L'accès de l'extérieur et l'intervention des services de secours et de lutte contre l'incendie ;
3° La limitation de la propagation de l'incendie à l'intérieur et à l'extérieur des bâtiments.

En particulier, sont assujettis à ces dispositions :

Les établissements industriels, commerciaux et agricoles (ainsi que leurs dépendances)	Il faut prendre cette définition au sens large car le statut de l'entreprise n'influe en rien sur la nature des obligations réglementaires. Elles concernent autant les employeurs publics que privés, laïques ou religieux, et même les entreprises n'employant que du personnel familial. Tous sont soumis aux mêmes règles
Les offices publics ou ministériels	Leur caractère public ne les écarte pas de cette réglementation
Les professions libérales	Un cabinet de travail, ne recevant pas de public, sera concerné
Les associations	Dès lors qu'une association emploie des salariés, les locaux où ceux-ci exercent leur activité sont un lieu de travail relevant de cette réglementation
Les travailleurs indépendants	Les professionnels exerçant seuls leur activité, dans un atelier spécifique et à proximité ou non de leur domicile, sont soumis aux mêmes obligations
Les établissements de soins privés	Il ne s'agit pas là de cabinets médicaux ou cliniques ouverts au public car ces établissements relèvent du règlement ERP (type U), mais plutôt de centres médicaux internes à certaines entreprises à l'usage des travailleurs de cette entreprise (médecine professionnelle)
Les établissements publics à caractère industriel et commercial (EPIC)	Quel que soit le statut de leurs employés (public ou privé), ces établissements y sont soumis
Les ateliers d'enseignement technique	Selon le décret n° 91-1162 du 7 novembre 1991, ces établissements ne relèvent pas du règlement ERP (type R) mais de la réglementation du travail, en raison probablement de la connaissance des lieux que peuvent avoir acquis les professeurs et les élèves

C - Les immeubles d'habitation

Art. R.122-1 à R.122-29 du CCH

Ce type de bâtiment a ses propres règles de protection contre les risques d'incendie, contenues dans l'arrêté du 31 janvier 1986. Ce règlement spécifique concerne donc toutes les habitations, y compris les logements foyers dont *« le plancher bas du logement le plus haut est situé au plus à 50 m au-dessus du sol accessible aux engins des services de secours et de lutte contre l'incendie »*. En clair, dès lors que l'immeuble dépasse cette hauteur, il est classé dans les immeubles à grande hauteur (IGH) qui font l'objet d'une réglementation spécifique (Code de l'urbanisme, art. R.421-47 à R.421-51 et R.460-1 à R.460-7, texte d'origine : arrêté du 18 octobre 1977, art. GH 58 à GH 65).

D - Les immeubles à grande hauteur (IGH)

Texte de référence
Arrêté du 30 décembre 2011 portant règlement de sécurité pour la construction des immeubles de grande hauteur et leur protection contre les risques d'incendie et de panique

Les trois groupes précédents font référence à la destination des locaux. Les IGH sont quant à eux définis par leur hauteur : dépasser 50 m pour les immeubles d'habitation ou 28 m pour tous les autres.

Les immeubles classés IGH doivent répondre à des prescriptions générales qui leur sont propres. Citons-en quelques-unes parmi les plus courantes : être situés à moins de 3 km d'un centre de secours, être divisés en compartiments, ne contenir aucun matériau susceptible de propager rapidement le feu, le taux d'occupation moyen d'un tel immeuble ne doit pas dépasser 1 personne pour 10 m^2, et en cas d'incendie les ascenseurs ne doivent en aucun cas s'arrêter aux étages touchés par l'incendie. Ces conditions seront développées ultérieurement dans cet ouvrage.

Classification des IGH

GHA	Immeuble à usage d'habitation
GHO	Immeuble à usage d'hôtel
GHR	Immeuble à usage d'enseignement
GHS	Immeuble à usage de dépôt d'archives
GHU	Immeuble à usage sanitaire
GHW 1	Immeuble à usage de bureau dont le PBDN est compris entre 28 m et 50 m
GHW 2	Immeuble à usage de bureau dont le PBDN est supérieur à 50 m
GHZ	Immeuble à usage mixte ou incluant un ERP

Partie 2

L'évaluation du risque

Chapitre I

Le classement des ERP

Art. GN de 1 à 3 et 5
Art. PE 1 et dispositions particulières
CCH, art. R.123-19 et 21

La réglementation relative à la protection des risques d'incendie repose sur l'expérience acquise par les services de secours au fil des années. L'observation des causes de sinistres a conduit les rédacteurs de ces textes à adapter les règles aux bâtiments en fonction de leur importance et de leur destination. Le classement de l'établissement est donc défini selon ces deux critères dès la conception de ce dernier. À ce stade, maître d'ouvrage (celui qui fait construire) et maître d'œuvre (celui qui en assure la conception, l'architecte) s'entendent sur le classement à proposer lors du dépôt de demande de permis de construire. Cette proposition de classement figure dans **une notice descriptive de sécurité** qui décrit les dispositions prises pour assurer la protection du public contre les risques d'incendie.

Dans le cadre de son classement, un établissement appartient à la fois à un **type** et à une **catégorie**. Le choix du type doit être établi en premier puisqu'il conditionne le calcul de l'effectif, lequel dépend **des dispositions particulières** (voir tableau ci-avant) prévues par la réglementation. Cet effectif permet en second lieu de déterminer la catégorie.

Il n'est pas rare que le classement d'un établissement relève de plusieurs types et catégories afin d'être adapté au mieux aux risques qui peuvent être rencontrés. À titre d'exemple, un centre de congrès pourra être classé « N » pour la zone de l'établissement dédiée à la restauration, « S » pour celle affectée à la documentation, « L » pour les salles de conférences, « O » pour la partie hébergement. En outre, chacune de ces zones recevant un effectif de public ou de personnel différent, elles pourront relever d'une catégorie différente.

Chaque catégorie entre dans un autre rang de classement appelé **groupe** défini par l'article GN1 § 2 du règlement de sécurité contre l'incendie relatif aux établissements recevant du public. Les quatre premières catégories constituant le premier groupe sont définies en fonction des seuils suivants :

Effectifs par catégorie relevant du 1er groupe

Catégorie	Effectif
1re catégorie	Au-dessus de 1 500 personnes
2e catégorie	De 701 à 1 500 personnes
3e catégorie	De 301 à 700 personnes
4e catégorie	Au-dessous de 300 personnes à l'exception des établissements compris dans la 5e catégorie

Sont classés dans le **2e groupe** les établissements relevant de la 5e catégorie, les conditions distinguant les établissements du 1er ou du 2e groupe (ou de la 4e ou 5e catégorie).

Conditions d'assujettissement pour les établissements du 2e groupe
(synthèse des dispositions particulières pour chaque type d'établissement)

Type	Exploitation	Sous-sols	Étages	Total
J	Structure d'accueil pour personnes âgées et personnes handicapées			20 (locaux à sommeil) ou 100
L	Salles d'audition, de conférence, de réunion, réservées aux associations, de quartier (ou assimilée). Les équipements de projection y sont admis dès lors qu'ils ne sont pas utilisés pour des spectacles	100		200
L	Salles de spectacle (y compris les cirques non forains), de projections, cabarets, salle polyvalente à dominante sportive dont la superficie est supérieure ou égale à 1 200 m2, ou dont la hauteur sous plafond est inférieure à 6,50 m	20		50
M	Magasins de vente, centres commerciaux	100	100	200
N	Restaurants ou débits de boissons	100	200	200

O	Hôtels ou pensions de famille			100
P	Salles de danse ou salles de jeux (s'ils existent, les installations de projection et les aménagements de spectacle sont classés en type L)	20	100	120
R	Crèches, écoles maternelles, jardins d'enfants ou haltes-garderies	Interdit	1	100 (rez-de-chaussée)
R	Établissements d'enseignement	100	100	200
R	Établissements avec locaux réservés au sommeil			30
S	Bibliothèques, centres de documentation ou de consultation d'archives	100	100	200
T	Salles d'expositions	100	100	200
U	Établissements de soins sans hébergement			100
U	Établissements de soins avec hébergement			20
V	Établissement de culte	100	200	300
W	Administrations, banques, bureaux	100	100	200
X	Établissements sportifs couverts	100	100	200
Y	Musées	100	100	200
OA	Hôtels-restaurants d'altitude			20
GA	Gares			200
PA	Établissements de plein air			300
EF	Établissements flottants	Pas de catégorie		
PS	Parcs de stationnement couverts	Plus de 10 véhicules		
SG	Structures gonflables	Pas de catégorie		
CTS	Chapiteaux et tentes			50
REF	Refuges de montagne	Selon le nombre de places de couchage		

Chapitre II

Le classement des locaux d'habitation

L'arrêté du 31 janvier 1986, portant règlement de protection contre les risques d'incendie, prévoit également des dispositions de classement des immeubles d'habitation. Il n'est pas tenu compte de l'importance de l'effectif d'habitants mais essentiellement de la configuration des lieux. Les immeubles sont classés dans l'une des quatre catégories appelées « familles », dont le tableau ci-après rappelle les conditions de classement prévues par ce texte.

Critères et classement des bâtiments d'habitation

Classement	Nature de construction	Niveaux maxima
1re famille	Habitation individuelle isolée	R +1
1re famille	Habitations individuelles jumelées	R +1
1re famille	Habitations individuelles en bande	R +0
1re famille	Habitations individuelles en bande à structures indépendantes	R +1
2e famille	Habitation individuelle isolée	> R +1
2e famille	Habitations individuelles jumelées	> R +1
2e famille	Habitations en bande à structures non indépendantes	R +1
2e famille	Habitations en bande à structure indépendante	> R +1
2e famille	Immeuble collectif d'habitation (4e étage en duplex admis si une pièce principale et accès au troisième. En outre, si la hauteur du bâtiment est supérieure à 8 m les escaliers sont obligatoirement encloisonnés)	Maximum R +3

3e famille A	Immeuble collectif d'habitation de hauteur < 28 m, dont les portes palières sont au maximum à 7 m de l'escalier et dont les rez-de-chaussée et les accès aux escaliers sont atteints par la voie-échelle	R +7 maximum ou inférieur à 28 m
3e famille B	Immeuble collectif ne répondant pas à l'une des trois conditions de la 3e famille A ; toutefois le maire pourra classer l'immeuble en 3e famille A si les services de secours dont il relève sont dotés d'une échelle de hauteur suffisante et s'il est doté d'une colonne sèche pour les étages supérieurs à R +7	Inférieure à 28 m
4e famille	Immeubles collectifs dont la hauteur est supérieure à 28 m et inférieure ou égale à 50 m [au-delà voir réglementation spécifique des immeubles à grande hauteur (IGH)]	Supérieure à 28 m et inférieure ou égale à 50 m

Chapitre III

Le classement des établissements de travail

En matière de prévention incendie, les établissements de travail ne possèdent pas de classement par type et catégorie comme les ERP mais les règles techniques tiennent compte de l'effectif pour calculer les dégagements ou de la hauteur du bâtiment pour en prévoir l'évacuation par voie d'échelle. Le tableau ci-après indique le nombre de dégagements nécessaires et le nombre d'unités de passage nécessaires en fonction de l'effectif de l'établissement.

Nombre et largeur des dégagements en fonction de l'effectif dans un établissement de travail

Effectif du local	Nombre de dégagements desservant le local	Nombre total d'unités de passage
Inférieur à 20 personnes	1	1
De 20 à 50 personnes	1 + 1 dégagement accessoire (ou 1 si le local n'est pas situé en sous-sol et s'il est à moins de 25 m de l'extérieur)	2 (ou 1)
De 51 à 100 personnes	2 (ou 1 + 1 dégagement accessoire)	2
De 101 à 200 personnes	2	3
De 201 à 300 personnes	2	4
De 301 à 400 personnes	2	5
De 401 à 500 personnes	2	6
Supérieur à 500 personnes	2 + 1 par tranche supplémentaire de 500 personnes	1 pour 100 personnes

Qu'est-ce qu'un dégagement accessoire ?

Il s'agit de sorties, d'escaliers, de coursives, de passages souterrains rapides et sûrs de largeur supérieure à 0,60 m, ou de balcons filants, de terrasses, d'échelles fixes, de manches d'évacuation.

Qu'est-ce qu'une unité de passage ?

La largeur des dégagements est exprimée en unité de passage de 0,60 m. Ainsi, un dégagement de « n » unités de passage aura une largeur de (n x 0,60 m). Cette règle comporte deux exceptions :
1 unité de passage = 0,90 m et 2 unités de passage = 1,40 m (0,90 + 0,60).

Chapitre IV

Le régime des petits établissements ERP

Nous avons vu que le classement des établissements recevant du public (ERP) comporte deux groupes : les quatre premières catégories composant le 1er groupe et la 5e catégorie qui, à elle seule, constitue le 2e groupe. Les établissements concernés sont les moins importants mais aussi, et de loin, les plus nombreux.

Le classement dans cette catégorie résulte d'un calcul d'effectif qui ne prend pas en compte le personnel de l'établissement. Celui-ci est supposé connaître parfaitement la distribution des locaux et donc être en mesure de s'échapper facilement du bâtiment en cas de sinistre (à noter toutefois que si les dégagements sont communs, les autres dispositions prennent en compte le personnel).

Ces petits établissements font l'objet de règles spéciales intitulées « PE » (comme « petit établissement ») pour la plupart d'entre eux, puis PO (O comme Hôtel) pour les petits hôtels et PU (U comme le type U relatif aux établissements de soins) pour les petits établissements de soins (voir tableau en partie 2 : « L'évaluation du risque », puis partie 2 : « L'évaluation du risque », I • « Le classement des ERP »).

Outre les établissements de 5e catégorie, répondant aux conditions du tableau cité ci-avant, sont concernés :
- les locaux collectifs de plus de 50 m^2 des logements foyers, des maisons familiales et de l'habitat de loisirs à gestion collective ;
- les chambres chez l'habitant, dès lors que le nombre de chambres offertes en location à une clientèle de passage par le même exploitant est supérieur à cinq ;
- les structures d'accueil de groupes (privées ou publiques), y compris les gîtes d'étapes et équestres ;
- les structures d'hébergement d'enfants, dès lors que les chambres sont aménagées dans des bâtiments distincts du logement familial ou lorsque le logement familial permet d'accueillir soit plus de sept mineurs, soit plus de quatre mineurs dans la même chambre.

A - Vérifications techniques

L'article PE4 précise que lorsque l'établissement comporte des locaux à sommeil, l'exploitant doit prendre un contrat annuel d'entretien pour les systèmes de détection automatique d'incendie. Il doit également faire procéder par un « technicien compétent » aux opérations d'entretien et de vérification des installations et des équipements techniques de son établissement (chauffage, éclairage, installations électriques, appareils de cuissons, ascenseurs, moyens de secours, etc.). Cette disposition est reprise pour les hôtels (PO 1).

B - Les accès de secours

L'exploitant devra veiller au maintien libre de tout stationnement des accès de secours, voies sapeurs-pompiers et échelles. Il fera procéder au besoin à la pose de bornes d'un modèle agréé, déverrouillable par les services de secours.

C - Les locaux à risques particuliers

Dans les petits établissements, les locaux considérés comme présentant des risques particuliers sont ceux susceptibles de contenir un potentiel calorifique important : réceptacles de vide-ordures, locaux d'extraction de VMC inversée, locaux contenant des groupes électrogènes, les postes transformateurs, etc.

Un chapitre est consacré dans cet ouvrage à la définition et au traitement des locaux à risques particuliers (*cf.* VII • « Les locaux à risques particuliers »).

D - Les dégagements

Comme dans tout ERP, ils doivent être surveillés pour éviter leur occupation par du matériel réduisant leur capacité d'évacuation d'urgence.

E - Les aménagements intérieurs

Éléments de décoration, peintures, papiers peints, mobiliers, agencements divers, ils seront l'objet d'une attention particulière des exploitants, notamment en ce qui concerne leur inflammabilité. Leur encombrement pourra aussi, dans certains cas, être un obstacle à une bonne évacuation des lieux en cas de sinistre (à noter que les petits établissements sont régis par les mêmes dispositions que les établissements du 1er groupe).

F - Les cuisines

Une section IV « installations d'appareils de cuisson destinés à la restauration » est consacrée à ces locaux dédiés. 5 articles (PE 15 à PE 19) décrivent la configuration des lieux en fonction de la finalité des appareils (préparation, remise en température, etc.).
Ces textes sont très diserts sur la conception des lieux. En revanche, il n'y est plus question de consignes à destination de l'exploitant. Néanmoins, le bon sens nous fera rappeler une pratique courante qui répond aux exigences des services vétérinaires départementaux et qui consiste à nettoyer quotidiennement le matériel en fin d'utilisation. Le nettoyage des conduits d'évacuation des fumées sera lui effectué semestriellement, et celui des conduits d'extraction d'air vicié, de buée et de vapeurs grasses annuellement.
Il est possible d'utiliser des appareils de cuisson électriques ou à gaz dans les locaux accessibles au public, à condition qu'ils n'excèdent pas 20 kW et qu'ils soient à poste fixe (art. PE 19).

G - Les appareils de chauffage

La puissance des petits appareils mobiles électriques ou à gaz dédiés au chauffage ou à la cuisine est limitée à 3,5 kW. De plus, les appareils à alcool ne doivent pas contenir plus de 0,25 litre et les appareils à gaz ne doivent pas en contenir plus d'1 kg.

À partir de 30 kW, les appareils à combustion doivent être installés dans une chaufferie. Ce local sera non accessible au public et à usage exclusif de production de chauffage. Les sols, planchers et murs de ce local seront conformes à l'article PE 21 en ce qui concerne leur pouvoir coupe-feu et pare-flammes. L'exploitant ne devra donc pas les faire modifier.

À partir de 70 kW et pour des puissances supérieures, ces appareils sont placés dans des locaux répondant à une réglementation spécifique relative aux locaux à risques particuliers importants.

Les appareils de chauffage à combustion non raccordés (exemple : poêle à gaz ou à pétrole) sont interdits.
À titre dérogatoire, un appareil de production d'eau chaude sanitaire (chauffe-eau à gaz par exemple) peut être installé dans une cuisine ou une laverie.

H - VMC, éclairage, signalisation

Le parfait fonctionnement des installations de distribution et de conditionnement d'air, ainsi que des réseaux d'éclairage et de signalisation est indispensable à la mise en sécurité du bâtiment. Il est donc recommandé de les faire vérifier une fois par an.

I - Les ascenseurs, escaliers mécaniques, trottoirs roulants

L'article PE 25 qui traite des ascenseurs, escaliers mécaniques et trottoirs roulants dans les petits établissements n'aborde pas la question de l'entretien et de la vérification, mais une réglementation spécifique impose depuis la loi de Robien (loi Urbanisme et Habitat du 2 juillet 2003) un entretien parfaitement défini de ces installations. Plus encore, elle a entrepris un véritable rajeunissement du parc. Ainsi, cette loi, dans son article 79, impose une mise en sécurité des ascenseurs sous 15 ans. Elle a été promulguée suite à des accidents graves dont les médias se sont fait l'écho.

Le décret d'application (décret n° 2004-964 du 9 septembre 2004) fixe les modalités d'application des obligations d'entretien et de contrôle technique :

- il abroge l'arrêté du 11 mars 1977 sur les contrats d'entretien et fixe de nouvelles règles pour les contrats à compter du 30 septembre 2005 (au fur et à mesure pour contrats arrivant à échéance après cette date et au plus tard à cette date pour les contrats échus avant, avec possibilité de les proroger pour les négocier) ; il prévoit des clauses obligatoires (exemple : une clause de pénalité en cas de retard ou d'inexécution d'une prestation) et crée des obligations nouvelles pour l'ascensoriste (exemple : il doit faire un état des lieux au démarrage du contrat ; il doit assurer un dépannage 7 jours/7, 24h sur 24h, etc.) ;
- il précise les modalités du contrôle technique obligatoire tous les 5 ans ; le premier contrôle technique doit être effectué au plus tard le 3 juillet 2009 pour les ascenseurs installés avant le 3 juillet 2003 ;
- il crée un droit d'information des résidants (par exemple celui de consulter le rapport du contrôle technique) et fixe des sanctions pénales pour les propriétaires ou gestionnaires qui ne respecteraient pas les obligations créées.

Ce décret est complété par 3 arrêtés qui fixent les conditions techniques d'application :

- arrêté du 18 novembre 2004 relatif aux contrôles techniques à réaliser dans les installations d'ascenseurs ;
- arrêté du 18 novembre 2004 relatif à l'entretien des installations d'ascenseurs ;
- arrêté du 18 novembre 2004 relatif aux travaux de sécurité à réaliser dans les installations d'ascenseurs.

Ils imposent 17 mesures de modernisation des ascenseurs dont les échéances sont étagées sur 3 dates : 31 décembre 2010 (initialement juillet 2008 reporté par décret publié au *JO* le 30 mars 2008), 1er juillet 2013 et 1er juillet 2018.

Le diagnostic de mise en sécurité, réalisé par un expert, permettra un examen objectif de l'ascenseur, et d'en déduire :

- les travaux obligatoires au sens des textes en vigueur (loi de Robien, arrêté du 26 février 2007 sur l'accessibilité à tous, etc.) ;
- un conseil sur l'échelonnement des travaux ;
- une estimation du prix des travaux ;
- les travaux recommandés pour améliorer le confort, l'esthétique, la fiabilité, etc.

J - Les moyens d'extinction

Ils sont constitués d'extincteurs et éventuellement de colonnes sèches.

En base, chaque établissement doit être doté d'un extincteur à eau pulvérisé d'au moins 6 litres par zone de 300 m^2 avec un minimum d'un appareil par niveau.

Selon les risques présentés par l'activité de l'établissement, des extincteurs appropriés compléteront cette base.

Lorsque le plancher bas du niveau le plus élevé de l'établissement est situé à plus de 18 m de la voie d'accès des engins de sapeurs-pompiers, des colonnes sèches sont installées dans les escaliers protégés. Elles doivent être testées annuellement et cette vérification consignée dans le registre de sécurité de l'établissement.

À noter que l'arrêté du 29 janvier 2003 permet qu'un appareil ou dispositif d'extinction ne soit pas apparent, à condition qu'il soit signalé par un panneau conforme aux signaux normalisés, définis par la norme NF X 08-003 relative aux couleurs et signaux de sécurité.

K - Alarme, alerte et consignes

Les obligations concernant la mise en œuvre de l'alarme, de l'alerte et des consignes sont citées plus loin concernant les ERP recevant moins de 20 personnes. Comme elles s'appliquent, bien entendu, à tous les établissements du 2e groupe, il y a lieu de s'y reporter.

Les « petits » petits établissements

Le nouvel article PE 2 de l'arrêté du 16 juillet 2007, complétant l'arrêté du 25 juin 1980 portant règlement de sécurité incendie, précise que « *ne sont assujettis aux seules dispositions des articles PE 4 alinéas 2 et 3, PE 24 alinéa 1, PE 26 alinéa 1 et PE 27, s'ils reçoivent au plus 19 personnes constituant le public :*
- *les ERP de 5e catégorie sans locaux à sommeil ;*
- *les locaux professionnels recevant du public situés dans les bâtiments d'habitation ou dans les immeubles de bureaux* ».

Il faut préciser que cet effectif de 19 personnes ne concerne que le public (art. PE 3). Le personnel n'y est pas comptabilisé.

L'article PE 26 concerne les moyens d'extinction : « *Les établissements doivent être dotés d'extincteurs portatifs à eau pulvérisée, de 6 litres au minimum, conformes aux normes, à raison d'un appareil pour 300 m^2, avec un minimum d'un appareil par niveau.*
En outre les locaux présentant des risques particuliers d'incendie doivent être dotés d'un extincteur approprié aux risques.
Tous les extincteurs doivent être facilement accessibles, utilisables par le personnel de l'établissement et maintenus en bon état de fonctionnement.
Des colonnes sèches doivent être installées dans les escaliers protégés des établissements dont le plancher bas le plus élevé est à plus de 18 m du niveau de la voie accessible aux engins des sapeurs-pompiers. »

Le rôle de l'exploitant d'un tel établissement se limitera à faire vérifier les extincteurs et colonnes sèches une fois par an et ces interventions seront consignées dans le registre de sécurité de l'établissement.

L'article PE 27 traite de l'alarme, de l'alerte et des consignes :

« *§1 Un membre du personnel ou un responsable au moins doit être présent en permanence lorsque l'établissement est ouvert au public.*
Toutefois, cette disposition n'est pas applicable aux établissements recevant moins de 20 personnes et ne comportant pas de locaux à sommeil.

§2 Tous les établissements doivent être équipés d'un système d'alarme selon les modalités définies ci-dessous :
L'alarme générale doit être donnée par établissement recevant du public et par bâtiment si l'établissement comporte plusieurs bâtiments.
Le signal sonore d'alarme générale ne doit pas permettre la confusion avec d'autres signalisations utilisées dans l'établissement. Il doit être audible de tout point de l'établissement pendant le temps nécessaire à l'évacuation.
Le personnel de l'établissement doit être informé de la caractéristique du signal sonore d'alarme générale. Cette information peut être complétée par des exercices périodiques d'évacuation.
Le choix du matériel d'alarme est laissé à l'initiative du chef d'établissement qui devra s'assurer de son efficacité.
Le système d'alarme doit être maintenu en bon état de fonctionnement.

§3 La liaison avec les sapeurs-pompiers doit être réalisée par téléphone urbain dans tous les établissements. Toutefois, dans le cas d'occupation épisodique ou très momentanée de l'établissement, cette liaison n'est pas exigée.

§4 Des consignes précises, affichées bien en vue, doivent indiquer :
- *le numéro d'appel des sapeurs-pompiers ;*
- *l'adresse du centre de secours de premier appel ;*
- *les dispositions immédiates à prendre en cas de sinistre.*

§5 Le personnel doit être instruit de la conduite à tenir en cas d'incendie et être entraîné à la manœuvre des moyens de secours.

§6 Dans les établissements implantés en étage ou en sous-sol, un plan schématique, conforme aux normes sous forme d'une pancarte indestructible, doit être apposé à l'entrée pour faciliter l'intervention des sapeurs-pompiers. Ce plan comporte l'emplacement des locaux techniques, des stockages dangereux, des dispositifs de coupure des fluides et des commandes des équipements de sécurité. »

En résumé, les dispositions de cet article solliciteront l'exploitant pour la mise en application d'une permanence de personnel, de la maintenance du système d'alarme, de l'affichage des consignes et des plans d'évacuation, ainsi que de la formation du personnel.

L - Locaux réservés au sommeil

Les articles PE 28 à PE 37 prescrivent les mesures à mettre en œuvre dans les petits ERP possédant des locaux à sommeil. La plupart des prescriptions concernent la mise en œuvre des locaux. L'exploitant devra veiller à la maintenance régulière des systèmes de désenfumage du système d'alarme et de détection d'incendie, au maintien en position fermée des portes de recoupement (à moins qu'elles ne soient asservies). Il veillera au maintien en position visible des plans d'évacuation et d'orientation présents aux entrées de l'établissement ainsi qu'à chaque étage près des escaliers. Un plan sommaire de repérage par rapport aux dégagements à utiliser en cas d'incendie sera affiché dans chaque chambre aux côtés d'un document intitulé « Conduite à tenir en cas d'incendie ». Ce document, depuis l'arrêté du 24 juillet 2006, doit comporter les consignes ci-après rédigées en français. Il doit en outre comporter une bande dessinée illustrant les consignes à tenir. L'interdiction d'utiliser les ascenseurs en cas d'incendie doit y être particulièrement explicite.

Texte des consignes à afficher dans chaque chambre selon l'annexe 1 du livre III, chapitre III du règlement de sécurité des ERP

Conduite à tenir en cas d'incendie

En cas d'incendie dans votre chambre, si vous ne pouvez maîtriser le feu :
- gagnez la sortie en refermant bien la porte de votre chambre et en suivant le balisage ;
- prévenez la réception.

En cas d'audition du signal d'alarme

Si les dégagements sont praticables :
- gagnez la sortie en refermant bien la porte de votre chambre et en suivant le balisage.

Si la fumée rend le couloir ou l'escalier impraticable :
- restez dans votre chambre ;
- manifestez votre présence à la fenêtre, en attendant l'arrivée des sapeurs-pompiers.

NOTA 1 : Une porte mouillée et fermée, rendue étanche par des moyens de fortune (chiffons humides), protège longtemps.

NOTA 2 : L'utilisation des ascenseurs est strictement interdite.

NOTA 3 : Certains ascenseurs spécialement protégés sont réservés à l'usage exclusif de personnes handicapées.

L'exploitant doit tenir à jour un registre de sécurité qui doit pouvoir être présenté à chaque visite de la commission de sécurité.

M - Signalisation

Toutes les portes, les escaliers et en règle générale tous les différents cheminements permettant l'évacuation du bâtiment devront comporter des pictogrammes visibles de jour comme de nuit et pourvus de symboles normalisés (norme NF S 60-304) signifiant sans aucune ambiguïté leur rôle dans la sécurité des personnes.

Les portes des locaux non accessibles au public et donnant sur les circulations seront fermées à clé ou munies d'un ferme-porte afin de remplir leur fonction coupe-feu ou pare-flammes. Elles seront en outre munies d'un pictogramme de sécurité approprié.

N - Règles spécifiques

Certains petits établissements doivent répondre à des règles complémentaires aux règles PE, en raison des risques particuliers qu'entraîne la nature de leur activité.

Ainsi les hôtels doivent suivre les règles PO. Les exigences de classement au feu des matériaux de décoration s'en trouvent allégées à l'intérieur des chambres. La mise en route du système de désenfumage des circulations horizontales doit être asservie à la détection automatique d'incendie de ces mêmes locaux. Le personnel est soumis à des séances de formation tous les 6 mois comportant un entraînement compatible avec les conditions d'exploitation.

Les établissements de soins sont visés par les articles PU. Ainsi, à titre exceptionnel, certains établissements réservés aux enfants, adolescents ou d'autres centres spécialisés tels que les centres psychiatriques ou de traitement de la toxicomanie, peuvent être autorisés à maintenir fermée à clé une partie de leurs locaux. La contrepartie étant que le personnel soit présent et porte en permanence les clés sur eux pour procéder, le cas échéant, à une ouverture d'urgence. Le personnel sera tout spécialement formé à l'application des mesures d'urgence nécessitées par le déclenchement des systèmes d'alarme et de détection automatique d'incendie.

Les établissements sportifs sont visés par la règle PX 1. Cette dernière a pour unique objet de préciser que les dispositions du règlement ERP qui visent les établissements sportifs du 1er groupe concernent aussi ceux du 2e groupe.

Chapitre V

Les visites de la commission de sécurité

Couramment appelées ainsi, les « visites de la commission de sécurité » sont la plupart du temps effectuées par un « groupe de visite » sauf lorsqu'il existe une commission communale de sécurité et d'accessibilité. En effet, l'article 49 du décret n° 95-260 du 8 mars 1995 relatif à la Commission consultative de sécurité et d'accessibilité prévoit que ces groupes de visite peuvent être créés auprès des commissions ou sous-commissions spécialisées départementales ou d'arrondissement mais pas communales. Ces commissions, dont le rôle essentiel est de formuler un avis, ne se déplacent que rarement.

Après chaque visite, le groupe de visite propose à la commission dont elle dépend un avis qui sera la base des prescriptions que l'exploitant devra faire exécuter. Cet avis sera favorable ou défavorable et le maire appréciera s'il doit décider la fermeture de l'établissement ou permettre la poursuite de son exploitation.

A - Composition d'un groupe de visite

Ce même article 49 prévoit que les groupes de visite sont au minimum composés d'un représentant du SDIS, de la DDE, de la gendarmerie ou de la police, et de la mairie. D'autres membres peuvent y être associés en cas de besoin.

Le maire de la commune ou l'adjoint au maire délégué [le président d'un établissement public communautaire intercommunal (EPCI) ou un vice-président délégué lorsque cette structure en a la compétence] est généralement président du groupe de visite encore que les textes permettent que ce rôle puisse être tenu par un agent municipal. Il est en tout cas « animé » par un officier sapeur-pompier titulaire du brevet de préventionniste qui sera, en sa qualité de technicien de la sécurité incendie, chargé de « dire le droit » et d'apporter un avis éclairé lors de l'évaluation *in situ* des risques potentiels rencontrés.

B - Contenu du rapport du groupe de visite

Si le groupe de visite n'émet pas un avis, il produit un rapport de visite. Il constate sur place l'application de la réglementation, puis présente à la commission ses conclusions. Le rapport est assorti d'une proposition d'avis formelle, c'est-à-dire favorable ou défavorable. En principe, ce document, qui est conservé dans le dossier de l'ERP, n'est pas communiqué à l'exploitant, sauf s'il le demande expressément. Ce document étant préparatoire à une décision du maire, il ne pourra être communiqué qu'après la notification du procès-verbal de la visite.

Périodicité de visite des ERP du 2e groupe

Type	1re catégorie	2e catégorie	3e catégorie	4e catégorie
J	2 ans	2 ans	3 ans	3 ans
L (auditions, conférences, réunions, spectacles)	2 ans	3 ans	3 ans	5 ans
M (magasins, centres commerciaux)	2 ans	3 ans	5 ans	5 ans
N (restaurants et débits de boissons)	2 ans	3 ans	5 ans	5 ans
O (hôtels et pensions de famille)	2 ans	2 ans	3 ans	3 ans
P (salles de danse et jeux)	2 ans	2 ans	3 ans	5 ans
R sans héberg. (enseignement, colonies)	2 ans	3 ans	3 ans	5 ans
R avec héberg. (enseignement, colonies)	2 ans	2 ans	3 ans	3 ans
S (bibliothèques et archives)	3 ans	3 ans	5 ans	5 ans
T (salles d'expositions)	2 ans	3 ans	5 ans	5 ans
U (établissements de soins)	2 ans	2 ans	3 ans	3 ans
V (établissements de culte)	5 ans	5 ans	5 ans	5 ans
W (administration, banques, bureaux)	3 ans	3 ans	5 ans	5 ans
X (établissements sportifs couverts)	3 ans	3 ans	5 ans	5 ans
Y (musées)	3 ans	3 ans	5 ans	5 ans

Préalablement à l'ouverture d'un ERP, la commission doit émettre un avis permettant au maire de statuer sur l'ouverture de l'établissement au public. La vérification des parfaites conditions de sécurité constitue une toute première visite qui est obligatoire pour les établissements du 1er groupe. Cette décision est officialisée par un arrêté municipal cité dans l'**avis relatif au contrôle de la sécurité** obligatoirement affiché à l'entrée de l'établissement. Par la suite, et seulement pour les établissements du 1er groupe, des visites périodiques seront effectuées (un ERP de 5e catégorie peut ouvrir sans autorisation de travaux. La jurisprudence le précise à plusieurs reprises). Le tableau ci-avant rappelle la périodicité à respecter en fonction de l'importance de l'établissement et de la nature de son activité. Il s'adresse pour cela au maire.

Pour les établissements appartenant au 2e groupe, le maire apprécie l'intérêt de procéder à une visite de l'établissement. L'exploitant pourra solliciter le passage de la commission de sécurité notamment dans un souci de précautions si les conditions de sécurité dans son établissement lui semblent avoir été modifiées.

Chapitre VI

L'utilisation exceptionnelle des locaux

Art. GN 6

Certains locaux peuvent être exceptionnellement utilisés à d'autres fins que ce à quoi ils sont destinés (exemple : une salle de réunion peut, à titre exceptionnel, être utilisée en salle d'exposition). Les risques sont alors différents et il faut adapter les moyens de prévention à cette nouvelle situation temporaire.

Dans cette occurrence, une **demande d'autorisation** présentée par l'exploitant, ou, s'il n'est pas l'organisateur, présentée conjointement par l'organisateur et l'exploitant, sera déposée en mairie quinze jours au moins avant la manifestation ou la série de manifestations.

Cette demande précisera la nature de la manifestation, les risques qu'elle présente, sa durée, sa localisation exacte, l'effectif prévu, les matériaux utilisés pour les décorations envisagées, le tracé des dégagements et les mesures complémentaires de prévention et de protection proposées.

Le maire, en sa qualité d'autorité de police en matière de sécurité publique, pourra solliciter l'avis de la commission de sécurité qui émettra un avis à partir du dossier. Cette autorisation sera généralement assortie de prescriptions dont la mise en application sera placée sous la responsabilité de l'exploitant (à noter que la consultation de la commission par le maire n'est pas une obligation. Selon le ministère de l'Intérieur, cette consultation ne nécessite pas de demande d'autorisation de travaux si la manifestation ne nécessite pas d'aménagements particuliers).

Chapitre VII

Les locaux à risques particuliers

Art. CO 28

Il est distingué deux sortes de risques : les risques courants et les risques particuliers. La plupart des locaux sont classés à risques courants parce que l'usage auquel ils sont destinés ne nécessite pas la prise de précautions particulières pour éviter ou minimiser la survenance d'un incendie.

D'autres n'inspirent pas ce même degré de confiance. Soit que leur destination renferme un danger évident, soit que les statistiques de la sinistralité les désignent comme présentant des risques sortant de l'ordinaire. Ils sont donc classés dans les locaux à risques particuliers.
Les locaux appartenant à cette dernière catégorie sont également classés en locaux à risques particuliers importants ou locaux à risques particuliers moyens.

Ce classement concerne des locaux et non des bâtiments. Ainsi sera-t-il possible de rencontrer un local à risques particuliers importants dans un ensemble de locaux à risques courants ou l'inverse.

Il est très important pour un chef d'établissement (l'exploitant au sens de la réglementation) de savoir reconnaître un local à risques particuliers (voir liste dans le tableau de synthèse ci-après), car la destination des locaux évolue dans le temps au fil des besoins de l'établissement. Ainsi, tel local à usage de réserve classé initialement à risques particuliers moyens deviendra un local à risques particuliers important dès lors qu'il sera transformé en local de stockage d'archives. La configuration des lieux ne sera pas suffisante et présentera dès lors un danger pour le personnel et le public fréquentant l'établissement. Cette situation entraîne directement la responsabilité de l'exploitant qui aurait dû, dans ce cas, faire réaliser la mise en conformité du local avant son changement de destination.

Les locaux à risques particuliers importants ou moyens se distinguent par des contraintes d'isolement au feu par rapport au reste des locaux.

Ainsi, pour les locaux à risques particuliers importants, les structures porteuses doivent-elles répondre à des critères particuliers de stabilité, les parois verticales et les planchers hauts et bas doivent contenir l'incendie potentiel pendant au moins deux heures et les dispositifs de communication avec les autres locaux (les portes) doivent avoir un degré coupe-feu d'une heure (CF 1 heure). Les conduits et les gaines les traversant ou les desservant sont également soumis à des dispositions particulières évitant la propagation du feu par leur intermédiaire. Enfin, ils ne doivent pas être en communication directe avec les locaux et les dégagements accessibles au public.

Pour les locaux à risques particuliers moyens, les dispositions touchent les mêmes éléments de construction mais avec des contraintes plus modestes concernant les parois verticales et les planchers hauts qui doivent être coupe-feu durant au minimum une heure, et une demi-heure pour les dispositifs de communication avec les autres locaux.

Avis important

Les prescriptions qui précèdent sont à suivre au moment de la conception et de la construction des locaux. Elles ne concernent donc pas directement l'exploitant (le responsable d'établissement). Cependant, puisqu'il lui incombera de veiller à une parfaite utilisation des locaux, il est important qu'il en ait eu connaissance afin qu'il assure en cours d'exploitation un suivi complet des installations dont il a la charge.

En particulier, il veillera :
- à ce que le local ne soit pas utilisé pour d'autres usages que sa destination initiale ;
- à demander l'accord du maître d'ouvrage avant tout changement de destination ;
- à ne pas engager lui-même de modification des lieux ;
- à ce que les portes coupe-feu des locaux restent constamment en position fermée (en particulier qu'elles soient bien munies d'un ferme-porte en parfait état de fonctionnement) ;
- à ce que le contrôle et la maintenance des clapets coupe-feu qui peuvent exister soient réalisés régulièrement (la périodicité et la consignation de ces contrôles doivent figurer sur le registre de sécurité de l'établissement) ;
- à ne pas modifier l'installation électrique ;
- au respect de l'interdiction de fumer ;
- au respect de l'interdiction d'accès du public.

Les locaux à risques courants ne sont soumis à aucune disposition particulière relative à l'isolation par rapport aux autres locaux, dès lors qu'ils ne sont pas accessibles au public. Toutefois, les logements affectés au personnel doivent être séparés des autres locaux par des parois verticales et des portes ayant la résistance au feu exigée pour les locaux à sommeil et être desservis par des dégagements indépendants de ceux réservés au public. La commission de sécurité aura pu cependant accorder des mesures d'atténuation de ces prescriptions en fonction de la configuration des lieux et de leur usage.

Les locaux présentant des risques particuliers sont définis par les conditions particulières de chaque catégorie de bâtiments. Le tableau ci-après rassemble tous les types de locaux classés à risques particuliers importants ou moyens.

	Catégories de bâtiment	Types de locaux à risques particuliers	Classement	Article du règlement
P E	Petits établissements	Locaux réceptacles de vide-ordures Locaux de VMC inversée Locaux contenant des groupes moteurs thermiques-générateurs (groupes électrogènes) Postes transformateurs et de livraison électrique Cellules à haute tension Cuisines dont les appareils totalisent une puissance supérieure à 20 kW Dépôts d'archives Réserves Stockage et utilisation de récipients contenant des hydrocarbures	Importants	Art. PE 9 PE 10
J	Structures d'accueil pour personnes âgées et personnes handicapées	Cuisine collective dont la puissance totale des appareils de cuisson et de réchauffage est supérieure à 20 kW Lingerie Buanderie Réserves Bagageries Locaux de stockage d'oxygène ou de liquides inflammables (Q > à 10 l) Locaux de déchets Locaux d'entretien (peinture, menuiserie), etc.	Moyens	Art. J 16
J	Structures d'accueil pour personnes âgées et personnes handicapées	Locaux de stockage de bouteilles d'oxygène dont la capacité en eau totale est supérieure à 200 litres Locaux de stockage dont le volume unitaire est supérieur à 250 m^3	Importants	Art. J 16
L	Salles à usage d'audition, de conférence, de réunion, de spectacle ou à usages multiples	Blocs-scènes Magasins de décors et d'accessoires Les locaux à usage de dépôts de matériels (sièges, gradins télescopiques, praticables, etc.) Ateliers de fabrication, de nettoyage ou d'entretien des costumes Ateliers de fabrication de décors Locaux des perruquiers et des cordonniers Ateliers d'entretien, de réparation et de décoration Locaux d'archives Salles de reprographie Infothèques (archivage de films, bandes vidéo, documents graphiques, etc.) Resserres à accessoires	Importants	Art. L 8
L	Salles à usage d'audition, de conférence, de réunion, de spectacle ou à usages multiples	Loges des artistes individuelles et collectives Foyers et salles de réunions (à usage professionnel et non accessibles au public) Salles de répétition	Moyens	Art. L 8
M	Magasins, centres commerciaux	Locaux de stockage et de manipulation des matériaux d'emballage Dépôts des déchets d'emballage Réserves (sauf réserves d'approches qui sont assimilées aux risques des locaux de vente)	Importants	Art. M 47
O	Hôtels et pensions de famille	Ateliers d'entretien, de réparation et de maintenance Locaux considérés comme tels par la commission de sécurité s'ils comportent des risques d'incendie (ou d'explosion) associé à la présence d'un potentiel calorifique (ou fumigène) important et de matières très facilement inflammables	Importants	Art. O 5
O	Hôtels et pensions de famille	Cuisines, offices, réserves et resserres Lingeries, blanchisseries et bagageries	Moyens	Art. O 5

	Catégories de bâtiment	Types de locaux à risques particuliers	Classement	Article du règlement
P	Salles de danse et salles de jeux	Locaux de stockage de disques et de bandes sonores (non utilisés dans une soirée)	Importants	Art. P 5
P	Salles de danse et salles de jeux	Magasins de réserve et d'articles de cotillons Offices et lingeries	Moyens	Art. P 5
R	Établissements d'enseignement, colonies de vacances	Locaux de stockage de liquides inflammables destinés à la recherche et l'enseignement, dont la capacité totale équivalente (voir encadré suivant sur le calcul de la CTE) est supérieure à 300 litres et est inférieure à 1 000 litres. Au-delà de ce seuil, ces locaux doivent être isolés au même titre qu'un bâtiment tiers (voir art. CO7 à CO10). Locaux classés dans cette catégorie par la commission de sécurité (CO 28 § 2)	Importants	Art. R 10
R	Établissements d'enseignement, colonies de vacances	Locaux de stockage de liquides inflammables destinés à la recherche et l'enseignement, dont la capacité totale équivalente (voir encadré suivant sur le calcul de la CTE) est supérieure à 20 litres et est inférieure à 300 litres. Locaux classés dans cette catégorie par la commission de sécurité (CO 28 § 2)	Moyens	Art. R 10
S	Bibliothèques, centres de documentation et de consultation d'archives	Ateliers de reliure et de restauration Magasins de conservation de documents Locaux d'archives Locaux d'emballage et de manipulation des déchets Locaux de stockage et de manipulation des matières dangereuses	Importants	Art. S 8
S	Bibliothèques, centres de documentation et de consultation d'archives	Réserves de proximité d'un volume inférieur à 300 m3 (s'ils sont « ouverts » ou en « libre accès », ils sont considérés comme à risques courants)	Moyens	Art. S 8
T	Salles d'exposition	Réserves et dépôts d'un volume supérieur à 500 m^3 Locaux de réception des matériels et des marchandises Locaux d'emballage et de manipulation des déchets	Importants	Art. T 13
T	Salles d'exposition	Réserves et dépôts d'un volume maximal de 500 m^3 Ateliers d'entretien, de maintenance et de réparations	Moyens	Art. T 13
U	Établissements de soins	Menuiseries Ateliers techniques dont le volume des locaux est supérieur à 100 m^3 ou abritant un volume de liquide inflammable compris entre 200 et 400 litres Stockage de gaz médicaux dont la capacité en eau est supérieure à 200 litres Groupes de locaux de laboratoires de pharmacies dont le volume de liquide inflammable est supérieur à 400 litres Service ou unité de soins abritant un liquide inflammable d'un volume supérieur à 10 litres Locaux d'archives d'un volume supérieur à 100 m^3 (200 m^3 si la zone ne comporte pas de locaux à sommeil) Lingerie d'un volume supérieur à 100 m^3 (200 m^3 si la zone ne comporte pas de locaux à sommeil) Locaux de stockage de déchets dont le volume est supérieur à 100 m^3 (200 m^3 si la zone ne comporte pas de locaux à sommeil) Locaux de réserves d'un volume supérieur à 100 m^3 (200 m^3 si la zone ne comporte pas de locaux à sommeil) Pharmacie d'un volume supérieur à 100 m^3 (200 m^3 si la zone ne comporte pas de locaux à sommeil)	Importants	Art. U 13

	Catégories de bâtiment	Types de locaux à risques particuliers	Classement	Article du règlement
U	Établissements de soins	Cuisines dont la puissance des appareils de cuisson est supérieure à 20 kW (les cuisines de puissance inférieure sont classées à risque courant) ou en cas d'utilisation de gaz ou de friteuses ouvertes, quelle que soit la puissance (au-delà la cuisine doit répondre aux articles GC – grande cuisine de l'arrêté du 25 juin 1980 modifié) Ateliers techniques dont le volume est compris entre 5 et 100 m^3 dans lesquels il existe un point chaud (10 litres<Q<200 litres) Locaux de stockage de gaz médicaux dont la capacité en eau est comprise entre 50 et 200 litres Groupes de locaux de laboratoires, de pharmacies dont le volume de liquide inflammable est compris entre 10 et 400 litres avec un maximum de 200 litres par local Service ou unité de soins abritant un volume de liquide inflammable et compris entre 3 et 10 litres Locaux d'archives d'un volume compris entre 50 et 100 m^3 (ou entre 100 et 200 m^3 si la zone ne comporte pas de locaux à sommeil) Lingerie d'un volume compris entre 5 et 100 m^3 (ou 200 m^3 si la zone ne comporte pas de locaux à sommeil) Locaux de déchets d'un volume compris entre 5 et 100 m^3 (ou 200 m^3 si la zone ne comporte pas de locaux à sommeil) Locaux de réserves d'un volume compris entre 5 et 100 m^3 (ou 200 m^3 si la zone ne comporte pas de locaux à sommeil) Pharmacie sans liquides inflammables mais avec matières inflammables d'un volume compris entre 5 et 100 m^3 (ou 200 m^3 si la zone ne comporte pas de locaux à sommeil)	Moyens	Art. U 13
W	Administrations, banques, bureaux	Locaux d'archives et de stockage du papier Ateliers d'imprimerie	Importants	Art. W 4
W	Administrations, banques, bureaux	Magasins de réserves Ateliers de reprographie Locaux de conservation de documents informatiques Dépôts contenants au moins 150 litres de liquides inflammables	Moyens	Art. W 4
X	Établissements sportifs couverts	Locaux contenant des installations frigorifiques	Importants	Art. X 10
X	Établissements sportifs couverts	Locaux porte-habits Locaux de stockage de tapis de chute, ou de matériels équivalents, qui ne sont pas ouverts en permanence sur une aire de jeux Locaux contenant des produits de désinfection des eaux de piscines	Moyens	Art. X 10
Y	Musées	Réserves d'œuvres d'art, de collections, de documents, et autres combustibles Ateliers de restauration Locaux d'archives Locaux d'emballage et de manipulation de déchets Ateliers d'entretien et de réparation	Importants	Art. Y 8
Y	Musées	Ateliers photographiques Locaux contenant au moins 150 litres de liquides inflammables (ou assimilés)	Moyens	Art. Y 8

Calcul de la CTE (capacité totale équivalente)

Le classement des locaux de stockage de liquide inflammable est déterminé en fonction de la « capacité totale équivalente » exprimée en capacité équivalente à celle d'un liquide inflammable selon la formule :

C totale équivalente = 10A+B

dans laquelle, suivant la classification de l'inflammabilité des liquides établie par l'arrêté du 20 avril 1994 modifié relatif à la déclaration, la classification, l'emballage et l'étiquetage des substances :
A représente la capacité relative aux liquides extrêmement inflammables (F+)
B représente la capacité relative aux liquides facilement inflammables (F) et inflammables.

Chapitre VIII

Les immeubles à grande hauteur (IGH)

La construction et l'exploitation des IGH sont soumises au « règlement de sécurité pour la construction des IGH et leur protection contre les risques de panique », objet de l'arrêté du 18 octobre 1977.

Ce règlement n'est pas applicable aux IGH accueillant un effectif inférieur à 1 personne/100 m^2 de SHON ainsi que les parcs de stationnement souterrains séparés des autres niveaux par des parois coupe-feu 4 heures et sans communication intérieure avec l'immeuble.

Les installations classées sont interdites dans les IGH lorsque le classement résulte de dangers d'incendie et d'explosion.

Définition d'un IGH

« Tout corps de bâtiment dont le plancher bas du dernier niveau (PBDN) est situé par rapport au niveau du sol utilisable par les engins :
- à plus de 50 m pour les immeubles d'habitation ;
- à plus de 28 m pour les autres immeubles. »

A - Quelle réglementation appliquer aux ERP situés dans les IGH ?

L'article GN 7 du règlement de sécurité contre l'incendie précise que tout ERP *« dont le plancher bas du dernier niveau est à plus de 28 m par rapport au niveau du sol utilisable par les engins des services publics de secours et de lutte contre l'incendie »* doivent répondre aux dispositions de ce règlement et du règlement de sécurité des IGH.

B - Quelle réglementation appliquer aux habitations situées dans les IGH ?

L'article 1er de l'arrêté du 31 janvier 1986 modifié précise que les IGH d'habitation relèvent à la fois des articles R.122-1 à R.122-55 du Code de la construction et de l'habitation et du règlement de sécurité des IGH.

C - Quelle réglementation appliquer aux locaux de travail situés dans les IGH ?

L'article R.232-12 du Code du travail exclut les IGH du champ d'application de ses dispositions :

Article R.232-12 du Code du travail
« Les dispositions de la présente section s'appliquent à tous les établissements mentionnés à l'article L.231-1 à l'exception de ceux qui constituent des IGH au sens de l'article R.122-2 du CCH, pour lesquelles des dispositions spécifiques sont applicables. » Il poursuit en précisant que *« ces dispositions sont prises sans préjudice des dispositions plus contraignantes prévues pour les ERP au sens de l'article R.132-2 du CCH ou pour les bâtiments d'habitation ».*

D - Le classement des IGH

Les IGH sont classés en fonction de leur destination comme les ERP. De ce classement découle l'application de conditions particulières. Dans le tableau ci-après est regroupé l'ensemble des titres de conditions particulières applicables à chaque type d'IGH.

Seules sont développées, dans le tableau ci-après, les conditions particulières qui concernent le responsable d'exploitation de l'établissement. Les autres sont destinées à la construction.

La colonne intitulée « Conditions particulières et conduite à tenir » cite le texte réglementaire en italique et le commentaire qui s'impose sur l'action à mener par l'exploitant.

Dispositions particulières relatives aux IGH

Type d'immeuble	Sommaire des conditions particulières	Conditions particulières et conduite à tenir
Immeuble à usage d'habitation	Art. GHA 1 : encloisonnement	Ne faire modifier ni le cloisonnement ni la position ou la nature des portes
	Art. GHA 2 : distance maximale d'évacuation	Ne faire modifier ni le cloisonnement ni la position ou la nature des portes
	Art. GHA 3 : caves et celliers	*« Les issues doivent donner sur une circulation générale commune et être fermées par des blocs-portes coupe-feu de degré 1 heure, munies d'un ferme-porte et ouvrant sans clés dans le sens de la sortie en venant des caves. »* Ne faire modifier ni le cloisonnement ni la position ou la nature des portes Veiller au respect de la position fermée des portes coupe-feu en toutes circonstances *« Chaque unité doit comporter un système de détection conforme aux normes françaises »* Assurer la maintenance du système de détection
	Art. GHA 4 : installations électriques	Assurer la maintenance du système
	Art. GHA 5 : moyens d'alarmes et de secours	Assurer la maintenance du système
	Art. GHA 6 : service de sécurité	*« En application de l'article GH 62, l'effectif du service de sécurité doit permettre de faire assurer la permanence au poste central de sécurité par un agent de sécurité au moins, titulaire du certificat d'aptitude à l'emploi de chef d'équipe de sécurité d'IGH »* *« Des rondes doivent être effectuées tous les jours et aussi dans les cas particuliers ci-après :* *- lors des aménagements et déménagements ;* *- après le travail des ouvriers lorsque les travaux ont été réalisés dans les parties communes.* *Pendant les rondes, la permanence doit être assurée au poste de sécurité par une personne disposant de consigne et qui n'est pas nécessairement titulaire du Certificat d'aptitude à l'emploi d'agent de sécurité d'IGH.* *Le service de sécurité peut être commun à plusieurs IGH à usage d'habitation, sous réserve du respect des conditions suivantes :* *- le service de sécurité commun est placé sous une direction unique ;* *- l'ensemble des alarmes de ces immeubles est regroupé au même poste central de sécurité ;* *- la composition de ce service et ses moyens de liaison sont déterminés par la commission de sécurité. »* Organiser le service de sécurité et contrôler son bon fonctionnement
Immeuble à usage d'hôtel	Art. GHO 1 : enclоisonnement	Ne faire modifier ni le cloisonnement, ni la position ou la nature des portes
	Art. GHO 2 : distance maximale d'évacuation	Ne faire modifier ni le cloisonnement, ni la position ou la nature des portes
	Art. GHO 3 : réglementation applicable	*« Les articles O 16, O 18 et O 24 concernant les ERP s'appliquent :* *- O 16 (concerne la conception du réseau électrique) ;* *- O 18 : les appareils à combustible solide et liquide (ou alcool solidifié), ainsi que les appareils électriques ou à combustibles gazeux d'une puissance supérieure ou égale à 10 kW, sont interdits ;* *- O 24 : consigne et affichage. Il est formellement interdit de fumer dans les réserves, resserres, lingeries, etc., et en général dans les locaux présentant un risque particulier d'incendie. Cette interdiction doit être affichée bien en évidence* *Les locaux où le personnel est autorisé à fumer doivent être équipés de cendriers judicieusement répartis* *Une consigne, rédigée dans la langue parlée par les usagers habituels, doit être affichée dans chaque chambre. Idem pour le plan d'évacuation »* Veiller au quotidien à la bonne application de ces articles

Type d'immeuble	Sommaire des conditions particulières	Conditions particulières et conduite à tenir
Immeuble à usage d'hôtel (suite)	Art. GHO 4 : accès des sapeurs-pompiers	*« Pour accéder aux ascenseurs prioritaires, les sapeurs-pompiers doivent pouvoir utiliser une entrée signalée et distincte des accès réservés au public »* Veiller au quotidien à la bonne application de cet article
	Art. GHO 5 : alarme	*« Les dispositifs sonores doivent être installés au moins dans chaque chambre, dans les locaux recevant plus de 20 personnes et dans les circulations horizontales »* Faire contrôler régulièrement le dispositif et consigner ce contrôle sur le registre de sécurité de l'établissement
	Art. GHO 6 : utilisation de liquides inflammables	*« Il est interdit de conserver plus d'un litre de liquide inflammable dans chaque chambre »* Veiller au quotidien à la bonne application de cet article
	Art. GHO 7 : service de sécurité	*« Le service de sécurité d'un IGHO doit comprendre, sous la direction d'un chef de service de sécurité, un service central assuré en permanence par 3 agents de sécurité au moins, dont un chef d'équipe ainsi qu'un service local par compartiment, constitué par le personnel de service. Le service central doit, en fonction de la capacité d'accueil de l'immeuble, être composé au minimum comme suit : moins de 250 chambres, un chef de sécurité exclusivement affecté aux tâches de sécurité et 2 agents de sécurité au moins recrutés, soit parmi le personnel de maintenance, soit parmi le personnel administratif ou de réception ; de 250 à 550 chambres : 1 chef d'équipe de sécurité exclusivement affecté aux tâches de sécurité et 2 agents de sécurité au moins appartenant au personnel de maintenance ; de 551 à 850 chambres : 1 chef de sécurité et un agent exclusivement affectés à la sécurité plus au moins 1 agent recruté parmi le personnel de maintenance ; plus de 850 chambres : l'ensemble du personnel de sécurité est exclusivement affecté aux tâches de sécurité »* Veiller au quotidien à l'application de ces dispositions
	Art. GHO 8 : plans	*« Dans les locaux utilisés par le public et, en particulier, dans les chambres, un plan sommaire doit indiquer la ou les directions à prendre en cas d'évacuation* *Ce plan doit être accompagné de consignes simples sur la conduite à tenir en cas d'incendie ou d'audition du signal d'alarme »* Veiller à la présence et à la mise à jour de ces plans
Immeuble à usage d'enseignement	Art. GHR 1 : densité d'occupation	*« Dans les IGH à usage exclusif d'enseignement, l'occupation moyenne peut être de plus d'une personne pour 10 m² sans dépasser 1 personne pour 5 m² »* Veiller au quotidien à l'application de ces dispositions
	Art. GHR 2 : types de locaux	*« Les IGH à usage d'enseignement sont réservés aux disciplines ne nécessitant pas l'existence de laboratoires qui présentent des risques d'explosion ou d'incendie »* Veiller au quotidien à l'application de ces dispositions
	Art. GHR 3 : IGH réservé au logement des élèves	*« La surveillance des locaux d'internat doit comporter une installation de détection conforme aux normes françaises »* Faire contrôler régulièrement le dispositif et consigner ce contrôle sur le registre de sécurité de l'établissement
	Art. GHR 4 : locaux recevant du public	*« Les dispositions du règlement de sécurité des ERP non contraire au présent règlement sont applicables aux locaux recevant du public »* Voir pour application les dispositions du règlement des ERP concernant l'exploitation
	Art. GHR 5 : gaines	Disposition sans incidence sur l'exploitation
	Art. GHR 6 : faux plafonds	Disposition sans incidence sur l'exploitation
	Art. GHR 7 : encloisonnement	Disposition sans incidence sur l'exploitation
	Art. GHR 8 : réduction des risques et du potentiel calorifique	*« Le potentiel calorifique des éléments mobiliers doit toujours être inférieur simultanément à 200 mégajoules (MJ) /m² (soit 12,5 kg de bois) de surface dans œuvre par compartiment et à 400 MJ/m² (soit 25 kg de bois) de surface dans œuvre par local. Si le compartiment est protégé en totalité par une installation d'extinction automatique à eau, ces valeurs peuvent être doublées »* Vérifier le respect de ces limites
	Art. GHR 9 : distance maximale d'évacuation	Disposition sans incidence sur l'exploitation

Type d'immeuble	Sommaire des conditions particulières	Conditions particulières et conduite à tenir
Immeuble à usage d'enseignement *(suite)*	Art. GHR 10 : aménagement d'un troisième escalier	Disposition sans incidence sur l'exploitation
	Art. GHR 11 : moyens d'alarme et d'alerte	Faire vérifier les dispositifs d'alarme et d'alerte et s'assurer que la liaison du poste central de sécurité est bien reliée au centre de secours des sapeurs-pompiers le plus proche par une ligne directe ou un avertisseur privé
	Art. GHR 12 : service de sécurité	*« 1. Le service de sécurité d'un IGHR doit comprendre, sous la direction d'un chef de sécurité :* *- un service central, assuré en permanence par trois agents de sécurité au moins, dont un chef d'équipe ;* *- un agent de service par niveau, les jours de présence des étudiants ; à défaut d'agent permanent au niveau, des rondes supplémentaires devront être effectuées par le service central* *2. Les rondes assurées par le service de sécurité doivent avoir lieu, la première immédiatement après le départ des étudiants, la suivante deux heures plus tard et une troisième au moins dans le courant de la nuit* *Le service central de sécurité doit organiser des exercices d'évacuation périodiques dans les conditions prévues à l'article GH 60 ; les occupants sont tenus d'y participer* *3. En période de non-occupation de l'immeuble et sous la responsabilité du mandataire, le service de sécurité peut être composé de deux agents seulement dont un chef d'équipe »* Veiller au bon fonctionnement du service de sécurité Organiser des exercices d'évacuation tous les ans conformément aux prescriptions de l'art. GH 60
Immeuble à usage de dépôt d'archives	(Ces dispositions particulières ne sont toujours pas publiées)	
Immeuble à usage sanitaire	Art. GHU 1 : champ d'application	Disposition sans incidence sur l'exploitation
	Art. GHU 2 : réglementation applicable	Disposition sans incidence sur l'exploitation
	Art. GHU 3 : communication entre bâtiments	Disposition sans incidence sur l'exploitation
	Art. GHU 4 : nature des locaux admis dans l'IGH	Ne pas changer la destination des locaux
	Art. GHU 5 : locaux dangereux exclus de l'IGH	Ne pas changer la destination des locaux
	Art. GHU 6 : sous-compartiments	Disposition sans incidence sur l'exploitation
	Art. GHU 7 : isolement	Disposition sans incidence sur l'exploitation
	Art. GHU 8 : cas particuliers d'isolement	Veiller à ce que le nombre de lits en unités de soins spéciaux ne dépasse pas 20 lits et que les portes coupe-feu et pare-flammes soient fermées en permanence
	Art. GHU 9 : cloisonnement des blocs opératoires	Vérifier que les portes coupe-feu et pare-flammes soient fermées en permanence
	Art. GHU 10 : locaux dangereux	Disposition sans incidence sur l'exploitation
	Art. GHU 11 : gaines et faux plafonds	Disposition sans incidence sur l'exploitation

Type d'immeuble	Sommaire des conditions particulières	Conditions particulières et conduite à tenir
Immeuble à usage sanitaire *(suite)*	Art. GHU 12 : application des articles U 22, U 23 et U 43	Si le bâtiment reçoit moins de 1 500 personnes, le service de sécurité sera composé d'un chef d'équipe uniquement employé à la sécurité et par des employés spécialement désignés et entraînés à la mise en œuvre des moyens de secours Si le bâtiment reçoit plus de 1 500 personnes, le service de sécurité est placé sous la direction d'un chef de sécurité incendie spécialement affecté à cette tâche et pouvant justifier d'une qualification approuvée par la commission de sécurité
	Art. GHU 13 : circulations horizontales communes	Disposition sans incidence sur l'exploitation
	Art. GHU 14 : installations électriques	Disposition sans incidence sur l'exploitation
	Art. GHU 15 : combustibles	Les quantités maximales de stockage des combustibles dans les différents locaux, définies lors de la mise en service de l'établissement, devront être respectées
	Art. GHU 16 : alarme et alerte	Faire contrôler régulièrement le dispositif et consigner ce contrôle sur le registre de sécurité de l'établissement
	Art. GHU 17 : dispositif de détection	Faire contrôler régulièrement le dispositif et consigner ce contrôle sur le registre de sécurité de l'établissement
	Art. GHU 18 : extincteurs	Faire contrôler régulièrement les extincteurs et consigner ce contrôle sur le registre de sécurité de l'établissement
	Art. GHU 19 : dispositions spéciales	Disposition sans incidence sur l'exploitation
	Art. GHU 20 : service de sécurité	*« Le service de sécurité doit comprendre, sous la direction du chef de sécurité :* *- un service central de sécurité, dont la composition doit permettre d'assurer une permanence de cinq agents de sécurité au moins dont un chef d'équipe ;* *- un service local de sécurité par compartiment (ou service hospitalier équivalent), constitué du personnel chargé de la surveillance, dont un chef désigné par la direction de l'établissement. Ce service n'est pas imposé dans les compartiments réservés uniquement à l'enseignement.* *En outre, le service central de sécurité a notamment pour mission :* *- de connaître les risques particuliers que présentent certains services de l'établissement ;* *- d'assurer des rondes dans tous les locaux qui ne sont pas surveillés en permanence. La fréquence de ces rondes est fonction des risques, avec un minimum de quatre rondes par 24 heures ;* *- d'organiser au moins chaque trimestre des exercices d'évacuation simulée des chambres d'hospitalisation par compartiment.* *Le service local de sécurité a pour mission en cas de sinistre :* *- de déclencher l'alerte et l'alarme ;* *- d'organiser l'évacuation du sous-compartiment ;* *- de mettre en œuvre les moyens des premiers secours ;* *- de rendre compte de la situation au poste central de sécurité »* Veiller au bon fonctionnement du service de sécurité
Immeuble à usage de bureau	Art. GHW 1 : dispositions spéciales	Disposition sans incidence sur l'exploitation
	Art. GHW 2 : encloisonnement	Vérifier que les portes coupe-feu et pare-flammes soient fermées en permanence
	Art. GHW 3 : distance maximale d'évacuation	Disposition sans incidence sur l'exploitation
	Art. GHW 4 : installations électriques	Disposition sans incidence sur l'exploitation
	Art. GHW 5 : alarme	Faire contrôler régulièrement le dispositif et consigner ce contrôle sur le registre de sécurité de l'établissement

Type d'immeuble	Sommaire des conditions particulières	Conditions particulières et conduite à tenir
Immeuble à usage de bureau *(suite)*	Art. GHW 6 : service de sécurité	*« Le service de sécurité des IGHW doit comprendre, sous la direction du chef de sécurité de l'immeuble :* *- un service central de sécurité dont la composition est fixée comme suit en fonction de la classe de l'immeuble :* ** GHW 1 inférieur à 750 m² : 2 agents de sécurité en permanence dont un chef d'équipe,* ** GHW 1 de plus de 750 m² : 3 agents de sécurité en période d'occupation de l'immeuble dont un chef d'équipe et 2 dont toujours un chef d'équipe en période de non-occupation,* ** GHW 2 : trois agents de sécurité en permanence dont 1 chef d'équipe. Toutefois ce chiffre peut être ramené à deux en période de non-occupation après avis de la commission de sécurité ;* *- un service local de sécurité par compartiment, constitué comme suit :* ** les occupants de chaque compartiment sont tenus de participer au service local de sécurité. Il doit être composé d'un chef de compartiment et d'agents désignés parmi le personnel permanent de chaque entreprise au prorata de son effectif. Le nombre des agents est égal au 25ᵉ au moins des occupants du compartiment, avec un minimum de 5 personnes,* ** les rondes assurées par le service central de sécurité doivent avoir lieu, la première immédiatement après le départ des employés, la suivante deux heures plus tard, et une troisième au moins dans le courant de la nuit* *Le service central de sécurité doit organiser des exercices d'évacuation périodiques dans les conditions prévues à l'article GH 60 et les occupants sont tenus d'y participer* *Le service local de sécurité a pour mission en cas de sinistre :* *- de déclencher l'alarme et l'alerte ;* *- de vérifier l'isolement du compartiment par la fermeture des portes coupe-feu ;* *- d'organiser l'évacuation du compartiment ;* *- de mettre en œuvre les moyens des premiers secours ;* *- de rendre compte de la situation au poste central de sécurité »* Veiller au bon fonctionnement du service de sécurité Organiser des exercices d'évacuation tous les ans conformément aux prescriptions de l'art. GH 60
	Art. GHW 7 : possibilité de verrouillage des portes d'accès aux escaliers et ascenseurs pendant les heures d'occupation des locaux	*« La fermeture des accès aux étages, occupés ou non en multilocation ou multipropriété, par des dispositifs électriques ou électroniques permettant le contrôle et le déverrouillage des portes à partir du poste central de sécurité tout en maintenant la possibilité d'une ouverture manuelle dans le sens de la sortie, est admise sous réserve du respect des dispositions suivantes :* *- verrouillage de l'accès dans le seul sens de l'entrée du compartiment ;* *- déverrouillage permanent par action sur la poignée de la serrure dans le sens de la sortie du compartiment ;* *- commande à distance du déverrouillage de toutes les portes à partir du poste central de sécurité de l'immeuble ;* *- commande de déverrouillage automatique asservie à la détection automatique d'incendie ;* *- déverrouillage manuel possible par le service de sécurité à l'aide de clés »* Veiller au quotidien à la stricte application de ces dispositions
Immeuble à usage mixte	Art. GHZ 1 : activités entraînant ou non le classement en GHZ d'un bâtiment d'habitation de la quatrième famille	Veiller au non-dépassement des seuils d'effectif du public
	Art. GHZ 2 : activités autorisées dans les immeubles de la classe GHA	Disposition sans incidence sur l'exploitation
	Art. GHZ 3 : installations électriques	Disposition sans incidence sur l'exploitation
	Art. GHZ 4 : moyens de secours	Faire vérifier les moyens de secours selon la périodicité définie par la commission de sécurité et faire consigner ces contrôles dans le registre de sécurité

Type d'immeuble	Sommaire des conditions particulières	Conditions particulières et conduite à tenir
Immeuble à usage mixte *(suite)*	Art. GHZ 5 : service de sécurité	*« Dans l'ensemble de ces bâtiments, en ce qui concerne les accès des sapeurs-pompiers et l'organisation des services de sécurité intérieurs, les dispositions à retenir sont les plus exigeantes de celles prescrites pour les diverses activités qu'ils abritent* *Toutefois, certains allégements à cette règle peuvent être admis, après avis de la commission de sécurité. En particulier, la surveillance est assurée par un service de sécurité unique, composé sous la direction d'un même chef, d'un service central permanent et de services locaux par compartiment, lorsque ces services sont prévus pour le type d'occupation réalisé »* Organiser le service de sécurité selon les prescriptions de la commission de sécurité
	Art. GHZ 6 : généralités	Veiller au non-dépassement des seuils d'effectif du public
	Art. GHZ 7 : établissements recevant du public installés aux niveaux inférieurs	Veiller au quotidien au respect du seuil de 800 MJ/m2 (soit 50 kg/m2 de bois) pour le potentiel calorifique du mobilier S'ils existent, faire vérifier périodiquement les robinets d'incendie armés (RIA) et faire consigner leur vérification sur le registre de sécurité de l'établissement
	Art. GHZ 8 : établissements recevant du public installés aux autres niveaux	Veiller au quotidien au respect du seuil de l'effectif du public admis (500 personnes) et à son cantonnement dans les niveaux autorisés Veiller au quotidien au respect du seuil de 400 MJ/m^2 (soit 25 kg/m2 de bois) pour le potentiel calorifique du mobilier Faire vérifier périodiquement les robinets d'incendie armés (RIA) et, lorsqu'ils existent, les installations d'extinction automatique d'incendie Faire consigner leur vérification sur le registre de sécurité de l'établissement

Outre ces conditions particulières, il faut ajouter les obligations qui suivent à la liste des opérations de sécurité qui incombent aux responsables d'exploitation. Chacune de ces opérations sera consignée dans le registre de sécurité de l'établissement.

Art. GH 43

Système de désenfumage : il faut veiller à la constance de la signalisation relative au fonctionnement des volets et à leur positionnement (ouvert, fermé en position d'attente), à ce que les bouches ne soient pas obstruées ou leur section diminuée par le stockage de matériels. Il est soumis à une vérification annuelle.

Aménagements intérieurs : comme ils sont susceptibles d'évoluer en fonction de l'activité pratiquée dans les différents locaux, l'exploitant veillera tout particulièrement à la continuité des classements au feu des matériaux d'origine.

Dégagements : ils devront rester libres en permanence pour assurer leur fonction d'évacuation.

Ascenseurs et monte-charge : ils devront être équipés d'une commande permettant d'interdire l'arrêt aux étages sinistrés ; cette fonction devra être vérifiée à chaque opération de maintenance.

Blocs autonomes de sécurité (BAS) : ils doivent être régulièrement testés (une fois par an). Les appareils défectueux seront remplacés.

Secours en eau : l'installation de secours en eau comprendra, selon les installations, des surpresseurs, des pompes, des réserves, des colonnes sèches ou humides, etc., dont le parfait fonctionnement doit être annuellement testé, révisé, entretenu.

Ventilation mécanique : son entretien consiste essentiellement à un nettoyage des bouches d'aspiration, et de soufflage lorsque l'installation est de type à double flux. Certains équipements de ventilation sont adaptés à l'emploi de chaudières ou préparateurs d'eau chaude fonctionnant au gaz. Ces systèmes de ventilation mécanique ne mettent pas la pièce en dépression ce qui aurait pour effet de répandre les gaz de combustion dans le local.

Installations de télécommunication : contribuant à la diffusion de l'alerte et des consignes de lutte contre l'incendie, le bon fonctionnement des réseaux et appareils doit être surveillé.

Qualification du personnel permanent des services de sécurité incendie des IGH

L'arrêté du 18 mai 1998, abrogeant l'arrêté du 21 février 1995, définit les conditions de qualification des agents de sécurité, des chefs d'équipe de sécurité et des chefs de service de sécurité incendie des IGH. Il définit en outre les conditions des formations agréées aboutissant après examen à la délivrance de ces qualifications.

Partie 3

Les acteurs de la sécurité dans l'établissement

Chapitre I

Le propriétaire ou le maître d'ouvrage

Le propriétaire d'un bâtiment en est souvent le constructeur au sens large du terme. C'est-à-dire celui qui va en assurer la maîtrise d'ouvrage, de la définition du programme à la réception des travaux en passant par le financement. Il choisira l'équipe de maîtrise d'œuvre (architecte, bureaux d'études et de contrôle) ainsi que les entreprises et prendra toutes les responsabilités liées à l'acte de construire. Il devra agir dans le respect des règles de construction, et en particulier celles concernant la sécurité incendie.

En matière de sécurité incendie, il doit agir principalement au moment de la construction pour confier à l'exploitant, s'il ne l'est pas lui-même, un bâtiment conforme aux règles.

Dès les premiers instants du projet, le futur exploitant, s'il est déjà connu, pourra utilement se rapprocher du propriétaire et apporter sa contribution dans chacune des étapes ultérieures. Son expérience et surtout sa qualité de futur utilisateur du bâtiment devraient le conduire à poser aux concepteurs, de nombreuses questions pratiques propres à affiner les études.

Outre le bénéfice d'un bâtiment mieux adapté à l'activité future dont il sera le premier responsable, il appréhendera le bâtiment dont il aura la charge au fil de sa construction.

Dans un contexte différent, si l'exploitant prend en charge un bâtiment déjà construit, il se tournera vers le propriétaire pour tous les travaux modifiant la distribution (percement de porte, démolition de cloison, etc.) ou la destination des locaux (bureau transformé en salle d'archive, cafétéria transformée en bureau, garage transformé en magasin, vestiaire transformé en dortoir, etc.). Ce dernier fera exécuter (à ses frais ou ceux de l'exploitant) les travaux dans les règles de construction qui s'imposent.

Le propriétaire se chargera de la mise aux normes de son patrimoine après le passage de la commission de sécurité, lorsque les prescriptions visent les éléments d'origine du bâtiment ou ceux qu'il aura accepté de faire modifier. En revanche, lorsque ces mises aux normes résulteront de modifications réalisées par l'exploitant sous sa seule initiative, ce dernier devra s'en charger entièrement.

Chapitre II

L'exploitant

Art. GN 6
Art. GN 14
Art. PE 4
Art. GE 6 à GE 10
CCH, art. R.123-13 et 14
R.123-36/R.123-43 à 45/R.123-48
R.123-50/R.123-51/R.123-54 et 55

L'exploitant est l'autorité qui, sur place, va veiller au quotidien à ce que toutes les conditions de sécurité et d'accessibilité dans l'établissement soient respectées. C'est lui que les règlements de sécurité incendie retiennent comme principal responsable.

Lorsqu'il prend la direction de l'établissement, il est supposé recevoir un bâtiment en conformité. Il a donc tout intérêt à vérifier, tout d'abord par l'examen du registre de sécurité, que toutes les opérations de contrôle ont bien été effectuées. Ensuite que le bâtiment n'a pas subi de modifications compromettant la sécurité en comparant les plans d'origine avec la réalité des lieux.

S'il a reçu en toute bonne foi un bâtiment parfaitement aux normes, ce n'est pas sa responsabilité mais celle du maître d'ouvrage, de la maîtrise d'œuvre ou d'une entreprise qui sera recherchée lorsqu'un élément du bâtiment ne sera pas conforme (exemple : mauvais classement d'une porte coupe-feu, non-conformité du nombre d'issues de secours, non-conformité de la chaufferie). Sa responsabilité sera cependant entière chaque fois qu'il modifiera, fera modifier, ou tolérera des pratiques qui tendent à limiter ou à neutraliser les dispositifs entrant dans le processus de sécurité du bâtiment (exemples : encombrement d'un couloir, blocage en position ouverte de portes coupe-feu, sureffectif dans une salle de réunion).

L'établissement placé sous sa responsabilité a été conçu et réalisé par des spécialistes (un bureau de contrôle agréé a probablement suivi l'opération). En outre, le projet a été examiné par la commission de sécurité lors de l'instruction du permis de construire. L'exploitant a donc reçu un bâtiment conforme à la réglementation en vigueur au moment de la construction. Sa première obligation est de pérenniser cette conformité.

L'établissement a été construit pour abriter une activité donnée, selon un programme mûri en concertation avec les futurs utilisateurs. Chaque pièce a été conçue pour répondre à un usage précis. Le modifier peut engendrer de lourdes conséquences.

Un exemple à ne pas suivre : un bureau est transformé en local d'archivage...

Conséquence technique :
La surcharge d'exploitation retenue pour le calcul du plancher était de 300 kg/m2. Celle résultant du changement de destination du local peut s'élever à 800 kg/m2. Cette décision compromet gravement la résistance du plancher.

Autre grave conséquence, le potentiel calorifique ainsi constitué entraîne désormais un classement de la pièce en local à risque particulier important alors que les dispositions de sécurité ne l'ont pas prévu.

Pour ces raisons, toute réaffectation de local doit être opérée avec la plus grande prudence et en dehors de toute précipitation en en référent au propriétaire.

Au fil du temps et par l'usage, les éléments constitutifs d'un bâtiment peuvent subir des dégradations les rendant inefficaces. Pour la plupart, ces désordres se détecteront facilement par une simple constatation visuelle. D'autres seront découverts à l'occasion des contrôles périodiques obligatoires. C'est là une des responsabilités importantes de l'exploitant que de faire exécuter ces contrôles périodiques dont le contenu sera détaillé plus loin. À la suite de ces contrôles, un certain nombre de travaux plus ou moins lourds seront à envisager. Certains pourront s'avérer urgents, d'autres pourront supporter un certain délai de réalisation.

Puisqu'un bâtiment évolue nécessairement avec l'activité qu'il abrite, les modifications qui en résultent (déplacement d'une porte, suppression d'une cloison, adjonction d'une prise électrique etc.), aussi minimes soient-elles, ne sont pas sans conséquence sur les conditions de sécurité du bâtiment. C'est pour cette raison que nous insistons sur la nécessité de ne jamais faire l'économie de l'autorisation du propriétaire dont la responsabilité est engagée en matière de sécurité incendie, lorsqu'une modification du bâtiment s'avère nécessaire.

Chapitre III

Les agents de sécurité

MS 45, MS 46
Arrêté du 21 février 1995
Arrêté du 20 novembre 2000

Tous les ERP doivent avoir un service de sécurité constitué de membres du personnel de l'établissement formés aux premières interventions. Dans les ERP importants ou les IGH, il est demandé la création d'un service de sécurité incendie permanent qui sera chargé de l'organisation générale de la sécurité dans l'établissement. Il veillera tout particulièrement au maintien permanent des cheminements d'évacuation des personnes, public ou personnel de l'établissement, jusqu'à la voie publique. Il sera l'interlocuteur de la commission de sécurité et assurera à cette dernière l'accès à tous moments de l'ensemble des locaux. Il sera chargé de faire appliquer les consignes en cas d'incendie et de diriger les secours en attendant l'arrivée des sapeurs-pompiers. Le matériel de protection contre l'incendie est placé sous sa responsabilité et il en assurera l'entretien ou le fera réaliser sous son contrôle. La mise à jour du registre de sécurité de l'établissement est placée sous sa responsabilité. Il veillera donc à ce que toute intervention ayant trait à la sécurité y soit consignée.

En fonction du type, de la catégorie et des caractéristiques de l'établissement, le service de sécurité incendie peut être constitué, de membres du personnel désignés, éventuellement de sapeurs-pompiers appartenant à un centre de secours et détachés dans cet établissement, enfin d'agents de sécurité incendie justifiant d'une formation professionnelle reconnue.

L'activité de ces agents est exclusivement dédiée à la sécurité incendie. Leur effectif varie en fonction de l'importance du bâtiment, mais il ne peut être inférieur à trois personnes au moins présentes simultanément sur le site, dont un chef d'équipe.

Ces professionnels de la sécurité incendie doivent justifier d'une compétence reconnue par différents niveaux de qualifications qui leur sont délivrées dans les conditions définies par l'arrêté du 18 mai 1998. Elles justifient de leur aptitude physique et de leurs connaissances techniques suffisantes pour assurer les fonctions d'agents de sécurité (qualification ERP1), de chefs d'équipe (qualification ERP2) ou de chefs de service de sécurité incendie (qualification ERP/IGH 3). Elles sont délivrées par des organismes de formation titulaires d'un agrément préfectoral. Pour bénéficier de cet agrément, ces organismes doivent présenter un dossier faisant état des moyens pédagogiques et matériels dont ils disposent. Il leur est notamment demandé de décrire le site dans lequel s'effectueront les exercices d'incendie effectués dans les conditions les plus proches de la réalité. Ils fourniront également la liste des instructeurs qui devront justifier d'une compétence en rapport avec la matière et le niveau de formation qu'ils seront chargés de dispenser. L'un d'eux au moins devra être titulaire de la qualification ERP-IGH 3 et le formateur en secourisme sera titulaire du brevet national de moniteur de premiers secours. S'agissant d'organismes privés à but lucratif, les tarifs pratiqués feront partie intégrante du dossier et feront partie de l'agrément.

Chapitre IV

Les sapeurs-pompiers

La vocation d'un sapeur-pompier, fonctionnaire territorial dans la majorité des cas, ou militaire pour les sapeurs-pompiers de Paris et les marins pompiers de Marseille, est de servir la population en portant secours à toute personne en danger sans distinction. Dans certains cas, la commission de sécurité pourra demander que ces agents du service public soient mis à la disposition d'un organisme, public ou privé, pour assurer les premiers secours. Pour bénéficier d'une telle mise à disposition, qui n'est pas gratuite car elle fait l'objet d'une convention prévoyant la rémunération de la prestation, il faut que l'activité de l'établissement présente des risques tels que la mise en place d'un poste avancé du centre de secours le plus proche soit justifiée. L'intérêt d'une telle prestation réside dans une recherche de gain de temps lorsque le sinistre survient mais n'exonère pas l'exploitant de son obligation de mettre sur pied un service de sécurité.

Les agents ainsi détachés continuent de dépendre hiérarchiquement de leur corps d'origine. Le chef d'établissement doit considérer que c'est la prestation qui est fournie et non la mise à disposition d'agents spécialisés sur lesquels il n'aura aucune autorité.

L'article MS 49 de l'arrêté du 25 juin modifié précise d'ailleurs que :

Article MS 49 de l'arrêté du 25 juin modifié

« § 1 - Les services de sécurité incendie assurés dans certains établissements par des sapeurs-pompiers doivent être inspectés par leurs officiers ou sous-officiers dans le but de veiller à la bonne exécution du service.

§2 - Ces services et ces rondes sont rétribués par la direction des établissements intéressés dans les conditions fixées par arrêté préfectoral. »

Chapitre V

Les responsables de sécurité

Les agents de sécurité ou les sapeurs-pompiers sont des professionnels de la sécurité incendie qui agissent exclusivement dans ce domaine d'activité. Leurs postes sont créés pour répondre aux différentes obligations réglementaires liées à la nature de l'établissement et à leur importance.

Pour les établissements de moindre importance, le respect de la réglementation incendie demeure une affaire d'initiés sinon de spécialistes. Les préoccupations premières de l'exploitant en titre ne sont que rarement les conditions de sécurité rencontrées dans son établissement. Même s'il assume pleinement ces responsabilités, il doit au quotidien se battre sur d'autres fronts et son métier est avant tout d'assurer la direction de l'établissement, aussi est-il souhaitable que, dans l'organisation de l'entreprise, un responsable de sécurité soit clairement identifié.

Ainsi, le directeur d'établissement, exploitant en titre et de ce fait responsable de la sécurité incendie, pourra néanmoins utilement en confier la gestion au quotidien à un agent dont c'est la spécialité. À défaut, si cet agent ne possède pas les connaissances élémentaires en ce domaine, il devra s'imprégner de la réglementation afin de pouvoir organiser la sécurité incendie dans l'établissement.

Le responsable de sécurité doit être investi de certaines prérogatives. En particulier, en cas d'absence de la direction de l'établissement, il doit pouvoir prendre seul les premières mesures de sécurité et, si nécessaire, déclencher l'évacuation du bâtiment.

Chapitre VI

Les autres acteurs externes à l'établissement

La sécurité incendie fait appel à d'autres intervenants dans l'établissement. Ainsi, les opérations de maintenance de certains équipements techniques du bâtiment pourront avoir une incidence sur la sécurité incendie et, pour cette raison, il est nécessaire de les consigner dans le registre de sécurité de l'établissement. Il en est de même de certaines vérifications comme celles concernant les ascenseurs, monte-charge ou escaliers mécaniques. Les moyens de secours doivent aussi être vérifiés périodiquement. Toutes ces opérations peuvent être effectuées soit en interne par des agents spécialement formés appartenant à l'établissement, soit par des agents d'une entreprise spécialisée. Dans tous les cas la responsabilité individuelle du vérificateur est engagée par sa consignation sur le registre de sécurité.

Une série d'opérations de contrôles doit aussi être réalisée par un organisme agréé sur un certain nombre d'installations (ascenseurs, installations électriques, réseau gaz). Au-delà de ces contrôles imposés par la réglementation, les bureaux de contrôles agréés sont aussi des conseillers techniques importants qu'il ne faut pas hésiter à consulter lorsqu'un doute survient. Leur rôle est de dire le droit en matière de sécurité, ce ne sont pas des censeurs mais des partenaires qui pourront effectuer des missions diagnostics permettant au chef de l'établissement de mieux connaître l'étendue de ses responsabilités.

Partie 4

Le suivi de la sécurité incendie

Chapitre I

L'organisation interne autour de la sécurité incendie

Articles MS 45 à MS 52

Le chapitre précédent a cité les différents acteurs de la sécurité incendie dans l'établissement. Pour les plus importants d'entre eux, la réglementation définit la composition du service de sécurité incendie et des services de sécurité d'étages, notamment dans les IGH mais, pour les plus courants, l'organisation à mettre en œuvre pour aboutir à un degré de sécurisation acceptable reste à l'initiative du chef d'établissement.

Il appartient au responsable de sécurité, dont nous avons défini précédemment le rôle, d'organiser la sécurité dans l'établissement. Il devra s'entourer d'autres agents dont ce n'est pas la vocation première mais qui ont accepté de prendre quelques responsabilités de sécurité incendie, soit dans leur domaine d'activité, soit dans leur secteur géographique d'intervention pavillon, étage, aile, plateau, cantonnement, etc. Ces agents constituent le personnel de sécurité de l'établissement. Le rôle premier de ce personnel est de déclencher l'alerte. Ils doivent donc connaître parfaitement les consignes afin de les employer sans perte de temps lorsque survient un sinistre. Une fois l'alerte donnée, ils doivent être capables d'attaquer le feu avec les moyens de premiers secours appropriés. Ces personnels doivent donc recevoir une formation effectuée dans les locaux de l'établissement afin qu'elle soit la plus proche possible des conditions ultérieurement rencontrées.

L'organisation la plus courante consiste à diviser l'établissement en zones situées sur un même niveau et constituant une même unité de travail. Elles ne devront pas être trop grandes afin que le personnel de sécurité ait une connaissance exacte, précise et permanente des personnes qui y sont présentes.

À chaque zone seront affectés un responsable de zone et au moins un serre-file. Ces agents auront reçu une formation sur la lutte contre l'incendie, connaîtront les consignes générales relatives à l'établissement et connaîtront parfaitement les cheminements d'évacuation de la zone dont ils ont la responsabilité. Leurs noms figurent sur les consignes affichées auprès des plans d'évacuation.

Chapitre II

La tenue du registre de sécurité

Art. PE4 § 2
Articles du CCH : R.123-14, R.123-43 et 44, R.123-48 et R.123-50

Nous l'avons cité à de nombreuses reprises car la tenue du registre de sécurité est une des obligations les plus importantes qui incombent à l'exploitant. Les renseignements que ce document communique à l'administration lui permettent de juger de la bonne tenue de l'établissement. Le registre de sécurité est systématiquement demandé par la commission de sécurité et les interventions obligatoires qui n'y ont pas été consignées sont supposées non effectuées. En fonction de la gravité des manques, la commission de sécurité pourra prononcer un avis défavorable à la poursuite de l'exploitation et le maire, au vu de cet avis, en décider la fermeture.

Une tenue régulière du registre de sécurité, au fil des interventions est donc importante. L'article R.123-51 du CCH en donne succinctement le contenu :

Article R.123-51 du CCH
« Les renseignements indispensables à la bonne marche de l'exploitation doivent être consignés sur un registre de sécurité et notamment :
- la liste du personnel chargé du service incendie ;
- les consignes en cas d'incendie ;
- les dates et natures des travaux d'aménagements ou de transformation, ainsi que les noms des entrepreneurs et des maîtres d'œuvre ;
- les contrats d'entretien des installations de sécurité. »

Outre ces renseignements, il est souhaitable de présenter à l'administration tous les documents lui permettant de bien saisir les évolutions du bâtiment depuis la dernière visite. Autant que possible, l'exploitant doit joindre au registre de sécurité les plans des derniers aménagements et la notice de sécurité qui a dû accompagner la dernière déclaration de travaux, le travail du groupe de visite s'en trouvera facilité.

Un modèle de registre de sécurité

Il n'existe pas de modèle type de registre de sécurité, le législateur ayant considéré que ce document doit être adapté à la configuration des lieux et à l'activité qu'ils abritent. Les services de la ville de Rennes ont mis au point pour leurs propres établissements voici quelques années un modèle de registre de sécurité regroupant tous les contrôles nécessaires à la bonne tenue d'un ERP. D'autres administrations territoriales s'en sont fortement inspirées pour leur propre usage. Le cahier se compose de fiches dont nous vous donnons ci-après les titres :
- identité de l'ERP (en fait rappel des renseignements figurant sur l'« avis relatif aux commissions de sécurité ») ;
- numéros de téléphones utiles (police ou gendarmerie, sapeurs-pompiers, Samu, mairie, urgences, EDF-GDF, service des eaux) ;
- rappel de la réglementation concernant le contrôle des ERP (CCH : art. R.123-43 et R.123-51 et article GE 4 du règlement de sécurité incendie pour les ERP) ;
- visites périodiques (tableau de consignation : date de la visite, avis de la commission de sécurité, référence, suite donnée) ;
- personnel chargé de la sécurité incendie (tableau de consignation : nom, fonction, partie de l'établissement concerné, date, visa) ;
- instruction du personnel (rappel des textes MS 51 et MS 72) (tableau de consignation : date, personnel concerné, intervenant, nature de l'exercice) ;
- exercices d'évacuation (tableau de consignation : date, nature de l'exercice, référence, bilan de l'exercice) ;
- travaux réalisés après ouverture (date, nature des travaux, avis de la commission de sécurité, vérifications techniques) ;
- installations de désenfumage - vérifications techniques (tableau de consignation : date, nom et qualité de l'intervenant, nature de l'intervention et observations éventuelles, visa) ;
- installations de désenfumage - entretien (tableau de consignation : date, nom et qualité de l'intervenant, nature de l'intervention et observations éventuelles, visa) ;
- installations de chauffage - vérifications techniques (tableau de consignation : date, nom et qualité de l'intervenant, nature de l'intervention et observations éventuelles, visa) ;
- installations de chauffage - entretien (tableau de consignation : date, nom et qualité de l'intervenant, nature de l'intervention et observations éventuelles, visa) ;
- ramonage (tableau de consignation : date, nom et qualité de l'intervenant, nature de l'intervention et observations éventuelles, visa) ;
- installations électriques éclairage de sécurité paratonnerres - vérifications techniques - (tableau de consignation : date, nom et qualité de l'intervenant, nature de l'intervention et observations éventuelles, visa) ;
- éclairage de sécurité paratonnerres - entretien - (tableau de consignation : date, nom et qualité de l'intervenant, nature de l'intervention et observations éventuelles, visa) ;
- ascenseurs, escaliers mécaniques trottoirs roulants - vérifications techniques (tableau de consignation : date, nom et qualité de l'intervenant, nature de l'intervention et observations éventuelles, visa) ;
- ascenseurs, escaliers mécaniques trottoirs roulants - entretien (tableau de consignation : date, nom et qualité de l'intervenant, nature de l'intervention et observations éventuelles, visa) ;
- systèmes d'alarmes (tableau de consignation : date, nom et qualité de l'intervenant, nature de l'intervention et observations éventuelles, visa) ;
- installations de gaz - vérifications techniques (tableau de consignation : date, nom et qualité de l'intervenant, nature de l'intervention et observations éventuelles, visa) ;
- installations de gaz - entretien (tableau de consignation : date, nom et qualité de l'intervenant, nature de l'intervention et observations éventuelles, visa) ;

- installations d'appareils de cuisson - vérifications techniques (tableau de consignation : date, nom et qualité de l'intervenant, nature de l'intervention et observations éventuelles, visa) ;
- installations d'appareils de cuisson - entretien (tableau de consignation : date, nom et qualité de l'intervenant, nature de l'intervention et observations éventuelles, visa) ;
- moyens de secours - extincteurs (tableau de consignation : date, nom et qualité de l'intervenant, nature de l'intervention et observations éventuelles, visa) ;
- moyens de secours - RIA (tableau de consignation : date, nom et qualité de l'intervenant, nature de l'intervention et observations éventuelles, visa) ;
- événements pouvant avoir une incidence sur la sécurité incendie (tableau de consignation : date, nom et qualité de l'intervenant, nature de l'intervention et observations éventuelles, visa).

Chapitre III

L'avis relatif au contrôle de la sécurité

Tout établissement, quels que soient son type ou sa catégorie, doit afficher un avis relatif au contrôle de la sécurité dans les conditions prévues à l'article GE 5 : « *Dans tous les établissements assujettis aux dispositions du présent titre, il doit être affiché d'une façon apparente, près de l'entrée principale, un « avis » relatif au contrôle de la sécurité. Cet avis, du modèle ci-après, est dûment rempli par l'exploitant et sous sa responsabilité en fonction des renseignements figurant dans l'autorisation d'ouverture, puis visé par l'autorité ayant délivré cette autorisation (Cerfa 20 3230, arrêté du 24 janvier 1984).* »

MODELES-experts.com

MODÈLES **experts**

SÉCURITÉ INCENDIE

Conformément aux dispositions des articles R.123-18 et R.123-19, R.123-45 et R.123-46 du Code de la construction et de l'habitation, notre établissement répond aux caractéristiques suivantes :

Type :... Catégorie :...
Effectif maximal du public autorisé :...
Date de la visite de réception par la commission de sécurité :...
Date de l'autorisation d'ouverture :...

Vu,
L'autorité ayant délivré l'autorisation d'ouverture

Le chef d'établissement

Chapitre IV

Travaux en présence de public

Un bâtiment se dégrade avec le temps. La plupart des interventions nécessaires à sa maintenance peuvent être planifiées parce que prévisibles. Il arrive aussi que des dégradations surviennent sans qu'elles aient pu être envisagées et, de plus, leur traitement ne supporte aucun délai. Dans ce dernier cas, les réparations s'effectueront en présence du public, l'urgence excusant tout. Dans le premier cas, le fait de connaître à l'avance la nécessité de lancer une intervention à l'intérieur des locaux fréquentés par le public ne facilite pas forcément le choix d'écarter le public des lieux des travaux. La forte demande du public en matière d'ouverture de certains services, ou plus simplement des contraintes commerciales s'opposent aux difficultés croissantes que rencontrent les entreprises à intervenir en dehors des heures ouvrables. Il faut alors évaluer les risques qu'entraîne une intervention en présence du public, mesurer les dégradations sur l'environnement, les agressions sonores, visuelles ou olfactives, tenir compte enfin des dégradations admissibles en termes d'image avant d'accepter le principe d'une fermeture pour travaux.

Il faut retenir que la décision d'engager des travaux dans de telles circonstances doit revêtir un caractère exceptionnel. L'article GN 13 rappelle que « *l'exploitant ne peut effectuer ou faire effectuer, en présence du public, des travaux qui feraient courir un danger quelconque à ce dernier ou qui apporteraient une gêne à son évacuation* ». L'accent étant mis sur le danger encouru par le public et l'obstacle à une bonne évacuation que pourrait constituer l'ouverture d'un chantier dans certains locaux, il convient alors de neutraliser les causes de ces deux facteurs aggravants pour permettre le déroulement du chantier.

Une étude spécifique pour la sécurité du public pendant les travaux

Lorsque la décision d'exécuter un chantier en présence du public est prise, une bonne attitude consiste à réaliser une étude spécifique sur la protection des personnes par rapport au chantier. On y trouvera :
- les différents cheminements des piétons (attention : ils ne doivent pas rallonger les cheminements d'évacuation) ;
- les protections mises en place vis-à-vis du fonctionnement de certains appareils ;
- la signalétique provisoire pour conduire le public ;
- l'information donnant la description des travaux en cours ainsi que leur date d'achèvement.

Les solutions apportées pour résoudre les problèmes de pollution environnementale (sonores, visuelles, olfactives) inhérents aux travaux seront affichées afin d'éclairer le public sur les intentions du maître d'ouvrage et lui permettre un recours si ces conditions clairement exprimées ne sont pas respectées par l'entreprise.

Lorsque des travaux exécutés en présence du public doivent excéder une journée, l'exploitant aura intérêt à demander une autorisation au maire de la commune, qui pourra, s'il le juge utile, solliciter l'avis de la commission de sécurité. Au-delà d'un délai de 15 jours, la demande est réputée acceptée. Une réponse favorable peut être formulée et assortie de prescriptions complémentaires, notamment la délivrance aux entreprises qui en feront la demande de « permis de feu » permettant l'exécution de travaux créant des points chauds générateurs de risques. Cette procédure consiste à établir un document d'autorisation cosigné par l'exploitant et les ouvriers utilisant un chalumeau et rappelant les règles de sécurité élémentaires qui permettent d'éviter le danger. Dans certains cas, la présence d'un agent de sécurité prêt à mettre en œuvre les premiers secours sera exigée. La mise en place d'écrans de protection vis-à-vis d'un stock de matières combustibles peut être exigée et, dans tous les cas, une inspection minutieuse effectuée après l'intervention est essentielle pour éviter le développement d'un sinistre.

S'il est nécessaire de demander un permis de construire pour les travaux de construction, les travaux intérieurs qui ne sont pas destinés à modifier la destination des locaux ne nécessitent pas de formalité, sauf s'ils sont situés dans un ERP. Rappelons à cet effet que l'article R.123-23 du Code de la construction et de l'habitation précise que « *les travaux qui ne sont pas soumis au permis de construire ne peuvent être exécutés qu'après autorisation du maire, donné après avis de la commission de sécurité compétente* ».

Chapitre V

L'effectif de l'établissement

Toutes les dispositions particulières qui réglementent les différents types d'établissement contiennent un article définissant le mode de détermination de l'effectif retenu pour chaque établissement. Certains textes qualifient même explicitement de « théorique » l'effectif résultant de l'application de ces règles.

Elles s'appuient effectivement souvent sur des principes d'apparence arbitraires par l'application de ratios (1 personne/m^2 par exemple ou 1 personne/0,50 m de table). Ceux-ci sont le fruit de l'expérience et donnent finalement des résultats assez proches de la réalité. Une autre possibilité consiste à demander à l'exploitant de « déclarer » l'effectif qu'il projette de recevoir dans son établissement.

Ces différentes façons d'estimer l'effectif de personnes fréquentant l'établissement paraissent approximatives, mais elles n'ont qu'un but : déterminer un seuil de fréquentation au-delà duquel les conditions de sécurité deviennent précaires voire carrément dangereuses.

En cours d'exploitation, il arrive que l'effectif maximal soit dépassé. Soit parce que l'accès à l'établissement s'avère être mal contrôlé, entraînant régulièrement un dépassement de ce seuil ; soit parce qu'au contraire son strict respect crée finalement un lourd handicap à l'activité. Dans tous les cas, il sera préférable de réexaminer le mode de calcul de l'effectif maximal, qui entraînera alors un reclassement de l'établissement dans une catégorie inférieure.

L'exploitant proposera ce nouveau classement à l'autorité administrative compétente. Sur avis de la commission de sécurité qui aura pu procéder à une visite de l'établissement, un arrêté précisant le nouveau classement sera pris. Il sera éventuellement assorti d'une liste des prescriptions qu'il sera nécessaire de mettre en œuvre pour mettre l'établissement en conformité avec sa nouvelle catégorie. La commission de sécurité constatera la prise en compte de toutes les prescriptions avant de prononcer l'effectivité du nouveau classement.

De toute façon, le simple fait de reclasser l'établissement entraînera au minimum un contrôle renforcé de la part de la commission de sécurité ; puisque le fait de passer à une catégorie inférieure entraînera une périodicité de visite plus courte.

Doit-on compter le personnel de l'établissement dans l'effectif maximal admissible ?

Il convient de se reporter aux articles des dispositions particulières traitant de la détermination de l'effectif maximal car les attitudes adoptées sont très différentes d'un type d'établissement à un autre.

Pour les petits établissements de 5e catégorie, l'article PE 3 exprime clairement que le personnel ne doit pas être compté, même s'il existe des dégagements communs.

Cette disposition repose sur le fait que le personnel connaît bien l'établissement et ses possibilités d'évacuation, à la différence du public qui n'est censé le fréquenter qu'occasionnellement.

Chapitre VI

Les préoccupations quotidiennes relatives à la sécurité

L'exploitant, surtout s'il est seul à se préoccuper de sécurité incendie, devra acquérir un certain nombre de réflexes qui l'amèneront à réagir au quotidien lorsque surviennent certaines pratiques ou comportement du personnel ou du public :

- il ne devra pas accepter que des objets encombrants ou du mobilier soient entreposés, même provisoirement, dans un couloir compté comme dégagement. La présence d'une armoire, d'un photocopieur ou de tout autre appareil diminue la largeur disponible à l'évacuation des personnes. Se rappeler qu'1 unité de passage = 0,90 m ; 2 UP = 1,40 m, 3 UP = 1,80 m et qu'un meuble léger (chaise ou banc) non fixé peut être emporté par une foule en panique et occasionner des chutes ;
- il devra veiller au maintien en position fermée des portes de recoupement des dégagements. Celles-ci doivent rester fermées en permanence car leur rôle est de retarder la propagation d'un incendie. Pour cette raison, elles bénéficient d'un classement coupe-feu et pare-flammes et sont munies de ferme-portes (et de sélecteurs de fermeture pour les doubles portes) ;
- il fera en sorte que l'effectif fréquentant les salles (de réunion, de classes, de conférence, etc.) qui ne disposent que d'une seule issue soit limité à 19 personnes ;
- il limitera au maximum le stockage de matériaux combustibles dans les pièces qui ne sont pas prévues à cet effet (attention au papier dans les bureaux) ;
- il luttera contre l'incivisme qui sévit sur les parkings et abords des bâtiments : stationnement sur les places réservées aux handicapés, dans les circulations, dans les allées réservées aux véhicules de secours voire devant les accès à ces voies de secours ;
- il vérifiera quotidiennement que toutes les issues de secours sont bien déverrouillées dès l'ouverture au public et ne sont à nouveau condamnées qu'après la fermeture de l'établissement ;
- il aura un œil vigilant sur le matériel de premiers secours (extincteurs, RIA, système d'alarme) afin que ceux-ci ne soient pas dérobés ou vandalisés ou sinon que leur réparation ou leur remplacement soit exécuté sans délai.

Chapitre VII

La planification des vérifications et des contrôles

CCH : articles R.123-43 et R.123-51
Articles GE 6 à GE 9

Les équipements dédiés à la sécurité incendie ou qui y sont indirectement liés nécessitent un maintien en parfait état de fonctionnement permanent afin que son action soit complète lorsque survient un sinistre. Ce parfait état de fonctionnement exige des contrôles et, selon l'équipement considéré, des opérations de maintenance que la réglementation rend obligatoires.

Les contrôles et les vérifications sont confiés à des organismes agréés par le ministre de l'Intérieur (Socotec, Apave, Véritas, Norisko, pour les principaux) appelés bureaux de contrôle. Lorsqu'ils interviennent dans une opération de construction, il est souvent appelé le « contrôleur technique ».

Les opérations de maintenance qu'il est nécessaire d'opérer sur certains équipements permettront de réaliser une vérification au passage. Elles pourront être effectuées soit par du personnel spécialisé de l'établissement, soit une entreprise. L'exploitant veillera à ce que l'intervenant, quel qu'il soit, consigne son intervention sur le registre de sécurité.

La commission de sécurité vérifie lors de ses visites, dont la périodicité est fixe pour les quatre premières catégories (voir tableau en partie 2 : « L'évaluation du risque »), la bonne exécution de ces contrôles et vérifications.

Chapitre VIII

Les exercices d'évacuation

Arrêté du 4 juin 1982 : article R.33
Code du travail : article 232-12-21, décret du 31 mars 1992

Cela peut surprendre, mais les exercices d'évacuation ne sont prévus par la réglementation que dans deux cas :
- dans les établissements scolaires :

Article R.33 de l'arrêté du 4 juin 1982
« Des exercices pratiques, ayant pour objet d'entraîner les élèves et le personnel sur la conduite à tenir en cas d'incendie doivent avoir lieu au moins trimestriellement. Le premier exercice doit obligatoirement se dérouler au cours du premier mois de l'année scolaire. »

- dans les lieux de travail :

Article R.232-12-21, décret du 31 mars 1992
« La consigne doit prévoir des essais et visites périodiques du matériel et des exercices au cours desquels le personnel apprend à reconnaître les caractéristiques du signal sonore d'alarme générale, à se servir des moyens de premier secours et à exécuter les diverses manœuvres nécessaires. Ces exercices et essais périodiques doivent avoir lieu au moins tous les six mois. Leur date et les observations auxquelles ils peuvent avoir lieu sont consignées sur un registre tenu à la disposition de l'inspecteur du travail. »

Il faut admettre que le côté quelque peu traumatisant des exercices d'incendie les rend difficilement compatibles avec l'exploitation de certains établissements (restaurants ou établissements hospitaliers par exemple). Cette raison est sans doute à l'origine de cette absence d'obligation. Toutefois, les responsables d'établissement qui l'estiment nécessaire pourront toujours organiser un exercice afin d'évaluer les risques que comporte réellement son établissement.

Comment organiser un exercice d'évacuation ?

L'initiative de l'organisation d'un exercice d'évacuation incendie appartient au responsable d'établissement. La date de l'exercice sera tenue secrète afin que les conditions d'urgence soient au plus proche des conditions réelles.

Il pourra prendre contact avec le responsable du centre de secours le plus proche qui pourra associer son service à l'exercice. Dans ce cas, même les sapeurs-pompiers pour qui cela constitue un entraînement seront amenés à jouer le jeu jusqu'à son terme. Et la mesure du temps d'intervention de ces derniers sera l'essentiel de leur exercice.

Pour le personnel de l'établissement et son service de sécurité, le regroupement en un lieu sécurisé de toutes les personnes présentes dans l'établissement constitue la fin de l'exercice. Un bilan est ensuite établi. Il comportera le temps nécessaire à l'arrivée des secours, l'effectif des personnes évacuées (et surtout de celles qui sont restées dans l'établissement !), les difficultés rencontrées (obstacles dans les dégagements, sorties de secours verrouillées, imprécision dans les circuits d'évacuation, etc.).

Il peut arriver que les centres de secours fassent parvenir un rapport à l'exploitant pour rendre compte du déroulement de l'exercice et des points qu'il y a lieu d'améliorer. Copie de ce rapport est adressée à l'autorité de police concernée (maire ou préfet).

Chapitre IX

L'instruction du personnel

Articles MS 51 et MS 72

Indépendamment de la formation initiale exigée des agents de sécurités professionnels et de la formation continue qui leur est nécessaire, la réglementation prévoit aussi une formation pour les personnels appartenant à l'établissement et dont le métier ne relève pas de la sécurité incendie.

Sur ce point, la réglementation reste imprécise quant à la périodicité, le contenu de la formation ou les personnes à former :

Article MS 51
« Des exercices d'instruction du personnel doivent être organisés sous la responsabilité de l'exploitant. La date de ceux-ci doit être portée sur le registre de sécurité de l'établissement. »

Toute l'initiative revient, là aussi, à l'exploitant. À lui d'apprécier qui dans son personnel doit acquérir les connaissances de bases propres à assurer la sécurité de l'établissement. Il doit choisir l'organisme de formation et déterminer la fréquence des actions de formations à lancer.

Cette absence de réglementation doit laisser la place à une stratégie personnalisée de l'établissement qui sera fonction de son importance et de ses spécificités. Le chef d'établissement aura nommé des responsables de sécurité par étages, ailes ou cantons qui pourront être assistés de serre-files. Ces personnels seront, bien entendu, prioritairement formés, puis pourront être associés les volontaires que la sécurité incendie intéresse.

Contenu type d'une formation devant apporter les bases indispensables

- Éléments pour comprendre comment le feu se déclare et se propage (triangle du feu, différents types de sources d'incendie, classement au feu des matériaux) ;
- éléments pour prendre les mesures d'urgences les plus efficaces (prévenir le centre de secours, lancer l'évacuation du bâtiment, attaquer l'incendie) ;
- présentation des moyens de secours présents dans l'établissement, choix de l'extincteur en fonction de la nature du feu ;
- manipulation des moyens de secours de première urgence ;
- description du rôle du responsable d'évacuation et du serre-file, circuits d'évacuation, lieux de rassemblements.

Partie 5

Les outils et dispositifs de la sécurité incendie

Chapitre I

L'éclairage normal

Articles EC 1 à EC 15

Il faut entendre par éclairage normal tout moyen d'apporter de la lumière à un endroit donné du bâtiment. Ce peut être une fenêtre apportant un éclairage naturel le jour ou un luminaire permettant d'éclairer les lieux à tout moment. L'existence d'un éclairage normal est importante car elle contribue aux bonnes conditions d'évacuation des personnes en cas de sinistre.

Article EC 6 :

« § 1. Les locaux et dégagements, les objets faisant obstacle à la circulation, les marches ou gradins, les portes et sorties, les indications de balisage visées à l'article CO 42, etc., doivent être éclairés.

Les dégagements ne doivent pas pouvoir être plongés dans l'obscurité totale à partir des dispositifs de commande accessibles au public ou aux personnes non autorisées.

§ 2. Le schéma général unifilaire de l'éclairage normal doit être conçu de façon à permettre les coupures générales ou divisionnaires des circuits spécifiques à l'éclairage normal des dégagements et des locaux nécessitant un éclairage de sécurité. Cette disposition permet la réalisation de la mesure visée à l'article EC 12, § 6.

§ 3. Dans le cas d'une gestion automatique de l'éclairage, toute défaillance du système de gestion doit entraîner ou maintenir le fonctionnement de l'éclairage normal.

§ 4. Dans tout local pouvant recevoir plus de cinquante personnes, l'installation d'éclairage normal doit être conçue de façon que la défaillance d'un élément constitutif n'ait pas pour effet de priver intégralement ce local d'éclairage normal sauf si l'éclairage de sécurité peut être activé. En outre, un tel local ne doit pas pouvoir être plongé dans l'obscurité totale à partir de dispositifs de commande accessibles au public ou aux personnes non autorisées. »

Il apparaît clairement à la lecture de cet article que l'éclairage artificiel fait partie intégrante du dispositif de mise en sécurité d'un bâtiment. Il convient dans ce cas de prendre toutes dispositions pour que ce réseau demeure opérationnel, notamment en prévoyant toutes les actions de maintenance utiles : remplacement des lampes usagées, resserrage des contacts dans les armoires, le cas échéant vérification périodique des appareils de régulation de tension, de secours, redresseurs, etc.

L'éclairage normal contribue à mettre en évidence les objets faisant obstacles à la circulation. Les luminaires placés en saillie ne doivent pas eux-mêmes devenir un obstacle. En conséquence il vaudra mieux, dans le cas où ils se trouveront particulièrement exposés, choisir des modèles encastrés.

Chapitre II

L'éclairage de sécurité

L'éclairage de sécurité se compose de deux catégories de luminaires reliés à un même réseau constitué de câbles résistant au feu.

Le balisage comportant une signalétique d'orientation de couleur verte (flèche ou mot « Sortie »).

L'éclairage d'ambiance, qui a pour fonction essentielle de donner un minimum de lumière le temps de l'évacuation, doit assurer un éclairage d'au moins 5 lumens/m^2.

Tous ces luminaires, reliés au réseau de sécurité, doivent être secourus. Cette fonction est assurée, soit par un appareil de secours spécifique centralisé suffisamment puissant pour fournir l'énergie à la totalité des points du réseau, soit par un BAS (bloc autonome de sécurité). Ce dernier comporte un petit accumulateur lui assurant une autonomie minimum. Il existe sur le marché depuis quelques années des BAS autotesteurs qui permettent de repérer immédiatement les blocs défectueux. Le surcoût engendré est très vite amorti par le gain de temps au contrôle.

Il appartient à l'exploitant de faire vérifier le bon état de marche de ces appareils qui se remplacent facilement lorsqu'ils sont défectueux.

La source de secours centralisée peut être constituée d'une batterie d'accumulateurs ou d'un groupe électrogène. Dans les deux cas, un entretien est à prévoir au plan de maintenance du bâtiment.

Fonctionnement du système d'éclairage de sécurité

La réglementation concernant l'éclairage a été totalement refondue par l'un des deux arrêtés du 19 novembre 2001 qui modifiaient et complétaient le règlement de sécurité contre les risques d'incendie et de panique. En particulier, il convient d'examiner les articles EC 13, EC 14 et EC 15 qui traitent respectivement de la maintenance, de l'exploitation et des vérifications relatives aux installations d'éclairage.

Plus détaillée que la réglementation précédente, elle oblige entre autres l'exploitant à :
- disposer en permanence de lampes de rechanges pour l'éclairage de sécurité ;
- disposer d'une notice descriptive du système d'éclairage dans le registre de sécurité ;
- s'assurer que l'éclairage de sécurité est mis en état de veille avant toute ouverture de l'établissement au public ;
- s'assurer que l'éclairage de sécurité est à l'état de repos dès lors que l'éclairage normal est volontairement mis hors service (par coupure générale) ;
- vérifier au moins une fois par mois que le passage de l'éclairage normal à l'éclairage de sécurité s'effectue bien et que toutes les lampes sont en état de marche ;
- vérifier au moins une fois par mois que la mise hors service volontaire de l'éclairage normal entraîne bien la mise en repos de l'éclairage de sécurité et que le retour à la position de service de l'éclairage normal entraîne bien la mise en veille de l'éclairage de sécurité ;
- vérifier tous les six mois l'autonomie minimale d'une heure de l'éclairage de sécurité.

Chapitre III

L'éclairage de remplacement

Nous avons vu que l'éclairage normal était utilisé dans les conditions courantes de l'exploitation de l'établissement puisque l'éclairage de sécurité prenait le relais en cas de défaillance du précédent. Cela signifie donc que l'évacuation du bâtiment devient obligatoire dans ce cas. L'éclairage de remplacement, lorsqu'il existe, permet de poursuivre l'ouverture au public lors d'une simple défaillance du réseau normal. Sa défaillance entraîne, bien entendu, la mise en route de l'éclairage de sécurité et, dans ce cas, l'évacuation de l'établissement doit être ordonnée.

Chapitre IV

Les dégagements

Les couloirs de circulation, les escaliers et les sorties constituent les dégagements d'un bâtiment. Leur bon dimensionnement est très important au moment de la conception car il constitue un élément de sécurité majeur.

En phase d'exploitation, il convient de veiller à ce que rien ne les entrave. C'est là un des principaux points de responsabilité du chef d'établissement en termes de sécurité incendie. C'est aussi là où les entorses aux règles sont les plus fréquentes. Plusieurs raisons l'expliquent :
- parce que l'espace que représentent les circulations semble toujours surdimensionné en fonctionnement courant ;
- les escaliers de secours facilitent l'intrusion non contrôlée ou parasite ;
- les portes coupe-feu, en revanche, représentent une gêne en fonctionnement courant. Il est tentant de les bloquer en position ouverte.

En dépit de ces contraintes admissibles, le chef d'établissement a tout intérêt à parfaitement surveiller le respect des dégagements. Pour s'en convaincre, il lui suffit d'imaginer chaque fois quelles seraient les conséquences d'une évacuation panique contrariée par les obstacles qu'il serait enclin à tolérer.

Parmi les points à surveiller concernant les dégagements :
- l'encombrement, même provisoire ;
- le bon fonctionnement des portes coupe-feu : ferme-porte, sélecteur de fermeture sur les doubles portes, pas de systèmes de blocage en position ouverte ;
- la continuité du dégagement. Toutes les portes doivent être libres à l'ouverture.

Chapitre V

Les issues de secours

Les issues de secours doivent permettre l'évacuation rapide des personnes en cas d'incendie.

Leur gestion quotidienne est problématique parce que :
- la décondamnation des issues de secours chaque matin est une contrainte ;
- le contrôle d'accès d'un bâtiment est compliqué par la présence des issues de secours.

Leur largeur a été déterminée en fonction de l'effectif à évacuer. Elles doivent être impérativement décondamnées avant toute ouverture de l'établissement.

Elles peuvent être munies de barres antipanique permettant une ouverture par simple pression d'un corps mais la présence de tels dispositifs n'est pas systématique. Ils peuvent toutefois être prescrits dans certains cas par la commission de sécurité.

Chapitre VI

Le service de sécurité incendie

Articles MS 45 à 52

En présence de public, la surveillance de l'établissement doit être permanente. Cette obligation est rappelée à plusieurs reprises dans le règlement de sécurité incendie tout comme l'article MS 45 qui concerne les services de sécurité incendie.

Ces services ne sont obligatoires que dans les établissements importants. Lorsqu'il s'agit d'un ERP du 1er groupe, l'obligation d'un service de sécurité et sa composition sont fixées par les dispositions particulières prévues pour chaque type d'établissement. Les établissements recevant des travailleurs sont régis par le Code du travail. Ce dernier n'oblige pas directement à la création d'un service de sécurité incendie, mais de nombreux articles font référence à la réglementation relative aux ERP. Dans certains cas c'est la nature de l'activité pratiquée dans l'établissement qui créera cette obligation, notamment pour ceux assujettis à la réglementation des « installations classées » ou présentant un risque répertorié « Seveso ». Les IGH comporteront systématiquement un service de sécurité incendie en raison des risques particuliers qu'engendre la configuration des lieux.

Lorsque l'établissement comporte un service de sécurité incendie, le premier devoir du chef d'établissement est de désigner les personnes le composant. Selon l'importance de l'établissement, ce personnel assurera ces fonctions à plein-temps ou à titre accessoire. Dans ce dernier cas, il sera entraîné à l'emploi des moyens de lutte contre l'incendie et à l'évacuation du public. Les postes permanents seront tenus par des agents de sécurité incendie professionnels ayant été formés par des organismes agréés (voir partie 3 : « Les acteurs de la sécurité dans l'établissement »).
L'existence d'un service de sécurité incendie ne libère pas le chef d'établissement de ses responsabilités d'exploitant. Il aura donc tout intérêt à contrôler le bon fonctionnement de ce service. Sur les sept principales tâches incombant au service de sécurité incendie (pour mémoire, article MS 46 § 1), cinq sont de contrainte permanente. Le chef d'établissement devra par de fréquents contrôles s'assurer de leur bonne exécution :
- assurer la vacuité et la permanence du cheminement d'évacuation jusqu'à la voie publique ;
- organiser des rondes contre les risques d'incendie ;
- appliquer les consignes ;
- veiller au bon fonctionnement de tout le matériel de protection contre l'incendie ;
- tenir à jour le registre de sécurité.

Il peut paraître tentant de confier au service de sécurité incendie des tâches qui peuvent sembler être une extension naturelle de leur activité (contrôle d'accès, GTC, réception des livraisons, etc.). Cette pratique est cependant vivement déconseillée car le temps ou l'attention nécessaire à ces activités seront nécessairement exécutés au détriment de celles dédiés à la sécurité incendie.

Chapitre VII

Système de détection d'incendie

Articles MS 56 à 58

Dans les établissements importants, un système de détection d'incendie complète le dispositif de lutte contre l'incendie placé sous le contrôle d'un service de sécurité incendie. Les anomalies détectées sont transmises au poste de surveillance ou déclenchent automatiquement un processus (alarme, lutte contre l'incendie, désenfumage). Dans les établissements plus petits, il permet d'assurer une surveillance constante d'un bâtiment sans pour autant faire appel à un service de sécurité incendie.

Le chef d'établissement veillera à ce que le parfait fonctionnement de ce système soit contrôlé régulièrement par un installateur qualifié et cette prestation fera l'objet d'un contrat d'entretien qui sera joint, avec une notice décrivant les conditions d'entretien et de fonctionnement, au registre de sécurité. Bien évidemment chaque intervention de ce prestataire devra être consignée par lui dans le registre de sécurité de l'établissement.

Dans tous les établissements équipés d'un système de détection incendie, la présence permanente du personnel suffisamment qualifié (c'est-à-dire qui aura suivi une formation lui apportant les connaissances essentielles sur la lutte contre l'incendie et sur les moyens et dispositifs propres à l'établissement) est obligatoire pour donner une suite immédiate à toute alarme. En appelant le centre de secours le plus proche, puis en mettant en œuvre les moyens de lutte contre l'incendie et en organisant l'évacuation.

Chapitre VIII

Appareils mobiles

Mis à part les parties privatives, tous les locaux de tous les établissements, dès lors qu'ils reçoivent des personnes sont tenus d'être équipés, en fonction des risques encourus, d'appareils mobiles de lutte contre l'incendie. Sont regroupés sous ce vocable :

- les seaux-pompes qui, comme leur nom l'indique, sont des seaux équipés d'une pompe manuelle et d'une lance permettant d'arroser un foyer d'incendie naissant et d'éviter ainsi qu'il ne se propage ;
- les extincteurs portatifs dont il existe trois classes appropriées à des types de feux très différents et dont la préconisation d'emploi est développée dans le tableau ci-après :

Emploi des différents types d'extincteurs

Classe de feux	Matériau inflammable	Procédés d'extinction	Agent d'extinction efficace	Agent d'extinction non efficace
A (feux de solides)	Bois Charbons Caoutchouc Végétaux Papiers et cartons Textiles naturels ou synthétiques Matières plastiques	Refroidissement	Eau à jet plein ou pulvérisé	Poudres BC CO2 Halogénés
		Étouffement	Eau avec additif Eau « légère » (*light water*) Poudre polyvalente	
		Inhibition suivie d'étouffement	Liquide ignifuge Mousse	
B (feux de liquides ou solides liquéfiables)	Liquides particulièrement inflammables (tels que sulfure de carbone, oxydes de méthylène, éthylène, propylène) Alcools méthyliques, propyliques, éthyliques Liquides inflammables miscibles à l'eau (éther, méthyliques, éthyliques ou sulfuriques, acrylonitrile, etc.)	Inhibition Étouffement	Poudre BC ou ABC Dioxyde de carbone (CO_2) Poudre BC ou ABC Dioxyde de carbone (CO_2) Mousse Eau légère	Eau simple
	Liquides inflammables de 1re catégorie : alcools butyliques et amyliques, essence auto et avions, essences spéciales, white-spirit, etc. Liquide inflammable de 2e catégorie : gas-oil, fuels domestiques, fuels lourds n° 1 et n° 2, huiles spindles Liquide inflammable de PE > 100 °C : huiles, fuels lourds de PE > à 100 °C, bitumes, fluides thermiques Solides liquéfiables : graisses, paraffines, etc.	Refroidissement Étouffement Inhibition	Eau pulvérisée avec ou sans additif Poudre BC ou ABC Dioxyde de carbone (CO_2) Mousse Eau légère	
C (feux dits de gaz)	Gaz de ville Hydrocarbures gazeux (méthanes, éthanes, propane, butane) Acétylène Hydrogène Etc.	Inhibition	Poudre BC ou ABC Dioxyde de carbone (CO_2)	Eau Mousses chimiques Mousses physiques
D (feux de métaux)	Aluminium Magnésium Sodium Potassium Lithium Calcium Etc.	Étouffement Extinction par transfert	Poudres spéciales Liquides spéciaux Sable sec Graphite Huiles lourdes	Poudres ABC Eau Halogénés CO2 Mousses chimiques Mousses physiques

NOTA 1 : Les feux de type C (gaz) ne doivent être éteints que pour permettre une manœuvre annulant la fuite du gaz. Sinon, laisser brûler en protégeant les parties inflammables.

NOTA 2 : Couper l'alimentation avant toute attaque du feu à proximité d'un conducteur électrique ou sinon utiliser un extincteur approprié.

Les extincteurs sur roues sont des extincteurs mobiles dont la capacité d'action est adaptée aux risques. Leur classification est identique aux extincteurs portatifs.

Chapitre IX

Installations d'extinction automatique ou à commande manuelle

Ce type d'installation se rencontre dans les locaux généralement de vastes dimensions et présentant un potentiel calorifique élevé, soit par le matériel qu'ils abritent soit par la configuration même des lieux (matériaux de construction et distribution des locaux).

Le système se caractérise par un déclenchement automatique en présence de chaleur. Les têtes d'arrosage (sprinkler ou sprinkleur) se mettent en action dès qu'une température donnée est atteinte.

Les installations d'extinction peuvent être fixes ou mobiles (notamment dans le cas de manifestations exceptionnelles mettant en œuvre un fort pouvoir calorifique). Dans certains cas, le fluide d'extinction ne peut être de l'eau, soit en raison de sa conductivité électrique, soit pour les dégradations qu'elle cause. Des systèmes spéciaux existent, mettant en œuvre des produits plus adaptés aux biens à traiter (hydrocarbures halogénés, halon 1301, CO_2, poudres polyvalentes, etc.).

Le chef d'établissement devra s'assurer du bon fonctionnement permanent du système. En particulier il s'assurera, personnellement ou confiera cette tâche à une personne responsable, que rien ne s'oppose à la détection d'un sinistre naissant, par masquage des sprinkleurs, détérioration d'un des éléments du système, fermeture inopinée du réseau d'alimentation en eau, etc.

Il fera procéder deux fois par an à une vérification, par l'installateur ou un vérificateur agréé, portant sur :
- le contrôle de l'ouverture des sprinkleurs ;
- la température de déclenchement ;
- le bon fonctionnement des vannes, clapets antiretour, manomètres, appartenant au système ;
- le respect du rayon de couverture de chaque sprinkleur ;
- l'incidence de modifications éventuelles des locaux ;
- l'alimentation en eau (pression et débit) ;
- le contrôle des pompes et surpresseurs ;
- le cas échéant la vérification des groupes thermiques motopompes.

L'excellente efficacité des systèmes d'extinction automatique d'incendie est parfaitement connue des compagnies d'assurance et l'exploitant d'un établissement aura tout intérêt à en signaler la présence à ces derniers qui pourront consentir un abattement appréciable sur les primes à devoir.

Chapitre X

Colonnes sèches

Articles MS 18 à MS 21

Lorsque des locaux présentent des risques importants et que leur plancher est situé à plus de 18 m de hauteur par rapport à la voie accessible aux véhicules des sapeurs-pompiers, la mise en place de colonnes sèches est prescrite par l'autorité investie du pouvoir de police (le maire ou le préfet).

Une colonne sèche est constituée d'un tuyau d'acier d'une section généralement égale à 65 mm posé verticalement dans une cage d'escalier. À sa base, une prise permet son raccordement à une source d'alimentation en eau (réserve d'eau sur camion-citerne ou poteau ou bouche d'incendie). Les sapeurs-pompiers établissent ce raccordement

au moyen des tuyaux équipant leurs camions. Des sapeurs-pompiers en intervention dans les étages pourront alors y brancher des tuyaux souples sur les prises prévues à chaque niveau.
Le chef d'établissement s'assurera au moins annuellement du bon état de cet équipement. Il pourra confier l'ensemble de ces opérations à un prestataire agréé qui devra consigner ses interventions sur le registre de sécurité. Les contrôles consisteront en une vérification de l'étanchéité, en un contrôle visuel de l'état général de l'ensemble (tuyaux, bouchons, vannes, manomètres). Il veillera en permanence à ce qu'aucun obstacle n'entrave l'accessibilité de cet équipement de premiers secours.

Chapitre XI

Robinets d'incendie armés

Articles MS 14 à 17

Lorsque l'importance des bâtiments l'exige, les moyens de lutte contre l'incendie les équipant peuvent aussi comporter des RIA (robinets d'incendie armés). Ceux-ci sont un moyen d'attaque des foyers particulièrement efficaces en raison de leur mise en œuvre immédiate et du débit qu'ils assurent. Ils doivent couvrir la totalité de la surface de l'établissement.

Le chef d'établissement fera contrôler annuellement ce matériel pour qu'il soit opérationnel en permanence. Cette opération portera sur le bon état de fonctionnement du robinet qui permet la mise sous pression de l'équipement. Cette pression sera contrôlée en permanence par un manomètre dont la précision sera étalonnée à chaque visite de contrôle. Le tuyau devra être étanche sur toute sa longueur afin de ne pas subir de perte de charge préjudiciable à son efficacité. Ce dernier sera muni d'une lance dont le fonctionnement de la vanne fera également l'objet d'un contrôle. Ces opérations peuvent être confiées à un prestataire extérieur agréé. Lorsque les RIA seront placés dans des placards, une signalisation parfaitement visible signalera leur présence au personnel de secours. Ce dernier, s'il appartient à l'établissement, aura été formé à l'utilisation de ce matériel et connaîtra parfaitement leur existence et leur localisation dans le bâtiment.

Chapitre XII

Bouches et poteaux d'incendie

Articles MS 5 à 7

La lutte contre l'incendie nécessite un volume d'eau important fourni à une pression souvent insuffisante aux robinets de puisage courants. Les services de sécurité incendie utilisent alors des points de puisage situés sur le domaine public. Lorsque ces derniers n'existent pas ou sont trop éloignés, les constructeurs sont tenus d'installer des bouches ou poteaux d'incendie « privés » normalisés à dessein d'être utilisés par les sapeurs-pompiers lors d'un éventuel incendie.

S'agissant d'une prescription de la commission de sécurité rendue exécutoire par arrêté municipal, l'exploitant aura donc obligation, tant que le bâtiment sera ouvert à l'activité objet de son classement, de veiller à l'accessibilité permanente de ces points d'eau ainsi qu'à leur maintien en parfait état de fonctionnement. Les opérations d'entretien à effectuer annuellement consisteront en un contrôle régulier des pressions (supérieures à 1 bar) et débits (supérieur à 60 m^3/h), à la vérification, au nettoyage et au graissage éventuels des organes de connexion ou prises, à la remise en peinture (rouge « pompiers ») des parties initialement peintes et qui auraient subi des dégradations.

Aucune modification d'aménagement ne devra rallonger l'itinéraire de passage des tuyaux utilisés par les sapeurs-pompiers. Couramment, cette distance ne devra pas excéder 200 m et une largeur minimale de 1,40 m devra être respectée pour permettre le passage des dévidoirs équipant les véhicules de secours, mais la commission de sécurité pourra prescrire des conditions de parcours différentes si la configuration des lieux l'exige.

Chapitre XIII

Les trappes de désenfumage

Article DF 10

Lors d'un incendie, la chaleur n'est pas seule à compromettre l'évacuation des occupants. Les fumées et les gaz toxiques dégagés sont aussi des obstacles infranchissables, causant de nombreuses victimes.

Le désenfumage des circulations et des dégagements pour permettre l'évacuation des occupants et l'action de secours est pour cette raison particulièrement étudié par les sapeurs-pompiers préventionnistes lorsqu'ils instruisent un nouveau projet. Des trappes de désenfumage sont disposées aux endroits de l'établissement qui le nécessitent.

Dans certains cas, des fenêtres ou des châssis mobiles peuvent faire office de trappes de désenfumage pourvu qu'elles aient la surface requise. Si cette condition n'est pas remplie, il sera exigé plusieurs ouvrants permettant l'évacuation des fumées dont la somme sera alors au moins égale à cette surface requise.

La commande de ces appareils, de type tirer/lâcher, permet une ouverture rapide et immédiate des trappes en cas d'urgence. L'action d'ouverture est transmise soit par un câble soit par un gaz circulant dans un tuyau de métal jusqu'à la baie. Cette dernière, sous l'effet d'un ressort, s'ouvrira seule. De plus, il peut y être adjoint des asservissements commandant d'autres organes du dispositif (portes, alarme, etc.).

Le déclenchement de secours peut être soit manuel soit automatique s'il est asservi à un système de détection d'incendie.

Il est important que ce système fonctionne parfaitement ; aussi l'exploitant devra en faire contrôler le bon fonctionnement (voir les conditions particulières applicables à chaque type d'établissement, généralement la périodicité des vérifications est annuelle).

Les opérations de maintenance à prévoir sont les suivantes :
- vérification de l'étanchéité des gaines et conduits ;
- graissage des pièces mécaniques ;
- vérification de l'écran thermique composé de matériau réfractaire quand il existe ;
- vérification de la validité des cartouches de gaz (sparclets).

Les opérations de vérifications porteront sur :
- le fonctionnement des dispositifs de commandes manuelles ou automatiques ;
- le fonctionnement des transmissions et signalisations ;
- l'arrêt des systèmes de VMC ;
- la fermeture des éléments mobiles de compartimentage ;
- le fonctionnement des ventilateurs de désenfumage ;
- la mesure des pressions, débits et vitesses.

Toutes ces opérations consignées dans le registre de sécurité peuvent être réalisées par un agent appartenant à l'établissement ou par un prestataire extérieur.

Chapitre XIV

Les blocs-portes coupe-feu ou pare-flammes

Le feu peut se propager rapidement dans un bâtiment lorsqu'il rencontre les trois éléments nécessaires à son existence : un combustible (bois, papiers, cartons, etc.), un comburant (l'oxygène de l'air) et la chaleur.
Pour enrayer cette progression, les différents règlements assurant la prévention contre les risques d'incendie prévoient lors de la construction des bâtiments, la mise en œuvre de portes coupe-feu voire pare-flammes lorsqu'elles doivent s'opposer à l'avancée du brasier (portes de recoupement).

Ces blocs-portes peuvent sembler identiques aux autres, mais il n'en est rien. Fabriquées en série, elles répondent à un cahier des charges très précis qui fixe le modèle dans ses dimensions et les matériaux et équipements qui le composent. Ce modèle fait l'objet d'un procès-verbal de classement au feu établi par un laboratoire agréé [le Centre scientifique et technique du bâtiment (CSTB) par exemple] et qui est délivré après mise en situation d'un prototype. Les résistances au feu et le temps d'opposition aux flammes. Ce résultat expérimental détermine le classement (par exemple : porte CF 1/2 h signifie qu'en position fermée, elle assurera une protection efficace contre le feu pendant une demi-heure).

Définition des classements de résistance au feu

Stable au feu (SF)	Coupe-feu (CF)	Pare-flammes (PF)
Ne concerne que les structures du bâtiment	Concerne les portes et fenêtres fixes ou mobiles, les parois intérieures ou extérieures, les planchers hauts ou bas d'un bâtiment	Concerne les portes et fenêtres fixes ou mobiles, les parois intérieures ou extérieures, les planchers hauts ou bas d'un bâtiment
Signifie que la chaleur ou les flammes n'altéreront pas les éléments porteurs de l'édifice au point de compromettre sa stabilité	Signifie que l'élément considéré s'oppose durant le temps objet de son classement à la chaleur, aux flammes ainsi qu'aux gaz inflammables	Signifie que l'élément considéré s'oppose durant le temps objet de son classement aux flammes ainsi qu'aux gaz inflammables. En revanche, contrairement aux éléments coupe-feu, ils ne s'opposent pas à la propagation de la chaleur

Les portes sont des appareils dont le fonctionnement mécanique est très simple. Au niveau maintenance, il suffira d'un graissage et d'une vérification de l'état général.

L'exploitant aura cependant une attention particulière et soutenue sur ces équipements qui doivent être maintenus en permanence en position fermée. Pour cette raison, ils seront complétés par des ferme-portes et, lorsqu'il s'agira de portes à double battant, le sélecteur de fermeture permettra le recouvrement des feuillures en fixant l'ordre de fermeture.

L'utilisation permanente des portes en position fermée peut s'avérer très contraignante au cours de l'exploitation, mais elle est une des mesures essentielles pour limiter l'importance du sinistre en cas d'incendie. C'est donc un point de surveillance majeur qui incombe au chef d'établissement.

Il existe toutefois un moyen d'éviter cette surveillance permanente lorsque l'établissement est déjà équipé d'un système de détection incendie. Il suffira d'asservir la fermeture de ces portes à ce système par l'adjonction de « ventouses » selon l'appellation courante, mais qui sont en réalité des électroaimants entrant dans la composition d'un système d'asservissement ayant pour fonction de libérer les portes en cas de détection.

Dans ce cas, une vérification régulière (semestrielle) du parfait fonctionnement de l'ensemble s'impose, car la fermeture doit être immédiate en cas d'alerte. Notons également que l'encombrement des dégagements contre lesquels il faut de toute façon lutter est de nature à s'opposer à la fermeture des portes asservies.

Chapitre XV

Les équipements d'alarme

Articles MS 61 à 67

Un équipement d'alarme doit permettre de transmettre à tout occupant d'un bâtiment ou d'une zone définie la consigne d'évacuation immédiate en cas de danger.
L'équipement d'alarme le plus simple (classé en type 4) se compose d'une simple cloche ou d'un sifflet à roulette. Ce système peut parfaitement fonctionner à condition toutefois que le service de sécurité incendie de l'établissement (il peut ne se composer que d'agents de sécurité occasionnels) sache le reconnaître en tant que signal d'alarme. L'organisation fréquente d'exercices d'évacuation permettra une reconnaissance de ce signal.
Selon le classement de l'établissement, il sera possible de rencontrer des systèmes d'alarme plus sophistiqués faisant d'ailleurs l'objet d'un classement du plus simple au plus compliqué (mais aussi plus efficace) de 4 à 1.

Les systèmes d'alarme peuvent être constitués d'un réseau se composant de déclencheurs manuels et de bruiteurs placés de telle sorte que l'alarme soit transmise en tout point du bâtiment ou de la zone considérée.

Plusieurs types d'alarmes sont distingués :
- **l'alarme générale :** comme son nom l'indique, elle signale à l'ensemble des occupants et immédiatement l'ordre d'évacuer l'établissement ;
- **l'alarme générale sélective :** se distingue de la précédente par sa destination uniquement réservée à une certaine catégorie de personnel (chargé de la sécurité incendie par exemple) ;
- **l'alarme restreinte :** elle n'apparaît qu'au niveau du tableau de signalisation du poste de surveillance et ne sera exploitée que par le service de sécurité incendie. Ce type d'alarme existe lorsqu'il y a nécessité de vérifier si l'alarme résulte bien d'un sinistre ou plutôt d'un déclenchement intempestif. Dans ce cas l'alarme générale est temporisée avec un maximum de 5 minutes (seulement les types 1, 2a et 2b) afin de permettre une exploitation de l'alarme restreinte.

Définition des équipements d'alarme (norme NF S 61-943)

Type	Description du système	Classement de l'établissement
1	Il est associé à un système de détection d'incendie qui comprend : - des détecteurs manuels ; - des détecteurs automatiques ; - une unité de gestion d'alarme (UGA1) ; - des diffuseurs sonores ou des BAAS de type Sa	Type J toutes cat. Type L (> 3 000 pers.) Type O toutes cat. Type P 1re cat. Type R (sommeil) Type S 1re cat. Type U toutes cat. Type OA toutes cat.
2a	Il comprend : - une unité de gestion d'alarme (UGA 2) ; - des déclencheurs manuels ; - des diffuseurs sonores ou des BAAS de type Sa ; - facultatif : un tableau répartiteur	Type M 2e cat. Type P 2e cat. Type S 2e cat. Type T (> à 6 000 pers.) Type Y 1re cat.
2b	Il comprend : - un BAAS de type Pr (norme NFC 48150) ; - des BAAS de type Sa ; - des déclencheurs manuels	Type L 1re cat. Type M 2e cat. Type P 3e cat. et 4e cat. avec salle de danse en sous-sol Type R 1re à 3e cat. Sans risque Type S 3e cat. Type T 1re et 2e cat. Type W 1re et 2e cat. Type EF 1re et 2e cat.
3	Il comprend : - un ou plusieurs déclencheurs manuels ; - un ou plusieurs BAAS de type Ma ; - un dispositif de commande de mise à l'état d'arrêt	Type L 2e cat. avec 1 ou plusieurs salles polyvalentes Type M 3e cat. Type N 1re et 2e cat. Type P 4e cat. avec salle de danse Type T 3e cat. Type U de jour 1re à 4e cat. Type W 3e cat. Type X 1re et 2e cat. Type Y 2e à 5e cat. Type EF 3e et 4e cat. Locaux de travail > 700 personnes
4	Peut être constitué de tout dispositif sonore, à condition qu'il soit autonome : sifflet, corne de brume, cloche, ou bloc autonome d'alarme sonore (BAAS) de type Sa Nota : n'est pas soumis à la norme NF S61-936	Type L 2e à 5e cat. Type M 4e et 5e cat. Type N 3e à 5e cat. Type P 4e avec salle de jeu et 5e cat. Type R 4e et 5e cat. Type S 5e cat. Type T 4e et 5e cat. Type U de jour 5e cat. Type V toutes cat. Type W 4e et 5e cat. Type X 3e à 5e cat. Type Y 2e à 5e cat. Type EF 5e cat. Type CTS toutes cat. Type REF toutes cat. Locaux de travail de 50 à 700 personnes

Chapitre XVI

Le système d'alerte

Articles MS 70 et 71

L'article MS 70 donne la définition de l'« alerte » : c'est *« l'action de demander l'intervention d'un service public de secours et de lutte contre l'incendie »*. Certains établissements particulièrement sensibles, soit par l'effectif de leurs occupants soit par leur nature (hôpital par exemple) ou bien encore si l'activité qui y est pratiquée s'avère être particulièrement dangereuse, font l'objet d'un raccordement téléphonique direct avec le centre de secours le plus proche ou encore une ligne spécialisée permettant de transmettre un message d'alerte : soit par message téléphonique, soit par un signal produit par un avertisseur.

L'exploitant aura aussi dans cette éventualité l'obligation de faire vérifier et entretenir cette installation.

Il devra en outre s'assurer de la permanence et de l'exactitude de la signalisation permettant l'utilisation de ces moyens.

Les sapeurs-pompiers du centre de secours pourront à tout moment vérifier le parfait état de fonctionnement de ces moyens.

Chapitre XVII

Les SDI (systèmes de détection d'incendie)

Articles MS 56 à 58

Le service de sécurité incendie (SSI) peut être complété voire remplacé, pour ce qui concerne la surveillance des locaux, par un système automatique. Il comporte des détecteurs qui recherchent dès qu'ils sont actionnés les flammes, la chaleur ou la fumée. La détection est adaptée au type de bien à protéger en recherchant sur l'une ou plusieurs de ces trois sources la présence d'un incendie. Il existe donc différents types de détecteurs adaptés à ces différents types de situation (thermiques, ioniques, thermovélocimétrique, etc.).

La présence d'un tel système dans un établissement facilite grandement la surveillance et constitue un gain important en termes de sécurité, à condition toutefois que certaines précautions de bon sens soient prises :
- les détecteurs doivent toujours être en atmosphère libre ;
- le système est opérationnel en permanence ;
- les opérations de vérification périodiques ont été effectuées ;
- les opérations de maintenance sont régulièrement effectuées.

Les têtes de détection défectueuses sont très facilement remplacées. Cette opération n'est pas plus compliquée que le remplacement de lampes d'éclairage. Il faut toutefois prévoir, dans l'opération, l'élimination des têtes qui ont été déposées et qui, dans certains cas, renferment des particules radioactives. Pour cette raison, le coût de cette élimination n'est pas négligeable. Bien souvent les installateurs précisent un temps de fiabilité au bout duquel les têtes sont systématiquement changées.

Un SSI a pour objet :
- de collecter les informations provenant des différents détecteurs d'incendie installés dans l'établissement, qu'ils soient manuels ou automatiques ;
- de traiter les ordres et les informations qu'il reçoit ;

- d'effectuer toutes les fonctions propres à mettre le bâtiment en sécurité : mise en sécurité des zones sinistrées, évacuation des personnes par la mise en action des signaux sonores, le déverrouillage des issues et la gestion de l'éclairage de secours ;
- d'assurer le déclenchement des systèmes de désenfumage ;
- lorsqu'ils existent, de mettre en action les systèmes d'extinction automatique d'incendie ;
- de neutraliser l'arrêt des ascenseurs dans les parties de l'établissement touchées par le sinistre.

Selon l'importance de l'établissement ou la nature de l'activité qui y est pratiquée, le SSI sera de catégorie A, B, C, D ou E.

1. Catégorie A

Il comprend :
- un système de détection d'incendie (SDI) ;
- un système de mise en sécurité incendie (SMSI) qui comprend lui-même un centralisateur de mise en sécurité incendie (CMSI), des dispositifs actionnés de sécurité (DAS) et éventuellement des dispositifs adaptateurs de commande (DAC).

Ils doivent être alimentés par deux sources, une normale et une de remplacement constituée par exemple d'un onduleur ou d'un groupe électrogène.

Destination : types L 1re cat./ O, OA et R (avec zones de sommeil) toutes cat./ P, S, U, 1re cat./ GA 1re et 2e cat.

2. Catégorie B

Il comprend :
- des déclencheurs manuels ;
- un système de mise en sécurité incendie (SMSI) qui comprend lui-même un centralisateur de mise en sécurité incendie (CMSI), des dispositifs actionnés de sécurité (DAS) et éventuellement des dispositifs adaptateurs de commande (DAC).

Ils doivent être alimentés par deux sources, une normale et une de remplacement constituée par exemple d'un onduleur ou d'un groupe électrogène.

Destination : types M de 1re cat./P et S de 2e cat.

3. Catégorie C

Il comprend :
- un dispositif de commande et de signalisation (DCS) ;
- des dispositifs actionnés de sécurité ;
- un équipement d'alarme 2a ou 2b ;
- des dispositifs adaptateurs de commande (DAC) en cas de besoin.

Destination : types M et S, de 2e cat./ T et W de 1re et 2e cat./ P de 3e et 4e cat. avec salle de danse en sous-sol

4. Catégorie D

Il comprend :
- un dispositif de commandes manuelles regroupées (DCMR) ;
- un équipement d'alarme de type 2a, 2b ou 3 ;
- des DAS (dispositifs actionnés de sécurité) ;
- des dispositifs adaptateurs de commande (DAC).

Destination : types M et S, de 2e cat./ T et W de 1re et 2e cat./ P de 3e et 4e cat. avec salle de danse en sous-sol

5. Catégorie E

Il comprend :
- un ou plusieurs dispositifs de commande manuelle (DCM) ;
- un équipement d'alarme de type 2a, 2b, 3, ou 4 ;
- des DAS (dispositifs actionnés de sécurité) ;
- des dispositifs adaptateurs de commande (DAC).

Destination : types M et S, de 2e cat./T et W de 1re et 2e cat./P de 3e et 4e cat. avec salle de danse en sous-sol

Le choix des différentes options n'est pas laissé à l'appréciation de l'exploitant. Chaque disposition particulière cite le type de SSI à prévoir. Au cours de la vie du bâtiment, aucun changement de système ne pourra être opéré sans demander une autorisation de travaux (comme tous travaux susceptibles de modifier les conditions de sécurité des occupants).

Il incombe, bien entendu, à l'exploitant de faire vérifier régulièrement le bon fonctionnement de cet équipement capital en matière de sécurité incendie.

Un contrat de maintenance avec un prestataire agréé sera nécessaire et celui-ci sera joint au registre de sécurité. Le groupe de visite de la commission de sécurité pourra ainsi rapprocher les opérations de vérification et de maintenance effectuées et consignées dans le registre de sécurité, de celles prévues au contrat.

Chapitre XVIII

Les abords des bâtiments

Lorsque les pompiers interviennent, il leur faut parfois entreprendre l'accès au bâtiment par les étages. En brisant les vitres d'une fenêtre, ils peuvent ainsi pénétrer avec leur matériel pour porter secours aux blessés, organiser l'évacuation des personnes bloquées par l'incendie et le combattre pour sauver ce qui peut encore l'être.

Au moment de la construction du bâtiment, un certain nombre de prescriptions relatives à la configuration des abords ont été émises, pour permettre la mise en œuvre d'une grande échelle ou pour permettre l'évacuation rapide de l'immeuble. Ces prescriptions doivent être scrupuleusement respectées et sont placées en permanence sous la responsabilité du chef d'établissement (l'exploitant). Il devra donc veiller à ce qu'aucun stationnement sauvage ne s'installe sur les accès pompiers. Pour les mêmes raisons, il veillera à ce qu'aucune modification des lieux ne soit opérée sans l'approbation de la commission de sécurité.

Chapitre XIX

Les travaux d'entretien sols/murs/plafonds

Articles AM 1 à AM 14

Après quelques années d'utilisation, parfois plus rapidement lorsque surviennent des incidents, les locaux nécessitent quelques travaux de remise en état des « embellissements » intérieurs du bâtiment. Ce terme rassemble tout ce qui, bien qu'intimement lié à l'ouvrage, ne contribue pas à sa structure porteuse ou à sa distribution intérieure et qui a pour unique fonction de rendre habitable les lieux livrés aux occupants.

Les produits utilisés couvrent les sols (moquettes, carrelages, revêtements de sol souple en PVC ou linoléum, dalles de liège ou de caoutchouc, parquets en bois ou en stratifié, etc.), les murs (peinture, papiers peints, moquettes, revêtements muraux en matériaux naturels ou synthétiques, flocages projetés, etc.) et les plafonds (peinture, faux plafonds en fibre ou métalliques, toile ou films synthétiques tendus, etc.) tous ces matériaux doivent être considérés avec leurs produits de mise en œuvre (enduits, sous couche, colles, produits d'accrochage, de ragréage, structures porteuses, etc.). Certains de ces produits sont à base de matières inflammables ; il y a donc lieu d'évaluer leur réaction au feu pour qu'ils répondent à leur fonction de décor sans accroître les risques d'incendie.

Lorsque survient un incendie, sa rapidité de propagation dépend avant tout des combustibles qu'il rencontre. La réglementation a prévu de limiter ce risque en prescrivant des matériaux dont la réaction au feu est contrôlée. Ainsi la combustibilité des matériaux admise sera différente pour les sols, les murs ou les plafonds. Cette classification est définie par la réglementation européenne « Euroclasse ». Organisée en classes et sous-classes, cette réglementation exprime la capacité des matériaux, d'une part, à émettre de la fumée (S comme « Smoke »), d'autre part, à produire des gouttes enflammées (D comme « Drop »).
À noter que cette nouvelle réglementation exempte certains produits notoirement incombustibles des essais réglementaires. Il en est ainsi des chaux, ciments et bétons (agrégats minéraux uniquement), des laines minérales, des blocs en béton cellulaire ou des produits à base de terre cuite (brique, perlite, vermiculite). Enfin le verre et la céramique rejoignent les exemptés qui bénéficient d'un classement A1.

A - Les sols

Un classement particulier est réservé aux revêtements de sols eu égard à leur comportement au feu quelque peu particulier. Nous retrouvons sensiblement les mêmes appellations que pour les autres eurocodes, si ce n'est qu'ils sont complétés de l'indice FL (comme *floor*). Il ne faut cependant pas en déduire que la différence s'arrête là, car les essais réalisés sont tout à fait spécifiques aux matériaux de sol.

Tableau des classes spécifiques sol

Classes selon NF EN 13501-1		Exigence
A1fl	S1	Incombustible
A2fl	S2	M0
A3fl	S1 S2	M3
Bfl		
Cfl	S1 (1) S2	M4
Dfl		

(1) Le niveau de performance S1 dispense de fournir les informations prévues par l'arrêté du 4 novembre 1975 modifié portant réglementation de l'utilisation de certains matériaux et produits dans les établissements recevant du public et l'instruction du 1er décembre 1976 s'y rapportant.

Le choix d'un revêtement de sol nécessite la prise en compte de plusieurs paramètres, objectifs ou subjectifs : sa résistance à l'usure, au poinçonnement, à l'eau ou aux produits chimiques, indications qui peuvent être exprimées par le classement UPEC, les qualités esthétiques (structure, matière, aspect, couleur, etc.) et les réactions au feu.

B - Les murs

Le classement des revêtements sur paroi verticale est défini par l'article AM3 selon l'ancien classement de l'arrêté du 25 juin 1980, mais il convient désormais de se reporter au tableau de correspondance des euroclasses. Retenons que, dans la plupart des cas, l'exigence se situe à la catégorie M2. Les tissus tendus doivent être classés M1 ou sinon ne pas s'écarter de plus de 5 cm du mur. Le vide ainsi créé devra être recoupé de cellules en matériau M3 dont la plus grande dimension ne devra pas excéder 3 m. Sous ces conditions, le revêtement pourra être classé M3.

Rappelons que les papiers collés et peintures ne nécessitent pas de justifications si les murs sont en matériau incombustible.
Les lambris et leurs vernis sont classés M3 et les vides qu'ils créent doivent être de classement M0.

Bon à savoir
Les papiers collés et peintures ne nécessitent pas de justifications si les murs sont incombustibles.

C - Les plafonds

Le secteur tertiaire fait un usage immodéré des plafonds suspendus. Il n'y a d'ailleurs aucune raison pour que cette tendance s'inverse, tant ces systèmes sont pratiques, esthétiques et peu coûteux. Il est en effet commode de disposer d'un plénum pour passer des câbles, cacher des tuyaux tout en se réservant la possibilité de les visiter ou tout simplement assurer la maintenance de certains appareillages. Il convient toutefois de ne pas négliger le classement de l'ensemble du système (et non des seules plaques) qui doit être au minimum M1 et M0 pour les suspentes et fixations.
Les grands plénums doivent être recoupés par cantons de 300 m² maximum et la plus grande dimension ne doit pas excéder 30 m.
Dans les dégagements, les plaques doivent obligatoirement être clipsées pour ne pas s'en aller sous l'effet d'une variation soudaine de pression.
Le cas particulier des plafonds à résilles comporte également son lot d'exigences. De catégorie M1*, ils peuvent relever de la catégorie M2 si la surface des pleins n'excède pas 50 %.
Les lambris, comme pour les parois verticales, bénéficient d'une dérogation (classement M3) assortie de la même condition de remplir les vides au moyen de matériau classé M0.

Tableau de concordance des euroclasses et de l'ancien classement M

EUROCLASSES selon NF EN 13501-1			EXIGENCE
A1			Incombustible
A2	S1	D0	M0
A2	S1	D1	M1
A2	S2 S3	D0 D1	
B	S1 S2 S3	D0 D1	
C(3)	S1(2) (3) S2 (3) S3 (3)	D0 D1(1)	M2
D	S1 (2) S2 S3	D0 D1(1)	M3
			M4 (Non gouttant)
Toutes classes (2) autres que E-d2 et F			M4

(1) Le niveau de performance d1 est accepté uniquement pour les produits qui ne sont pas thermofusibles dans les conditions de l'essai.
(2) Le niveau de performance s1 dispense de fournir les informations prévues par l'arrêté du 4 novembre 1975 modifié portant réglementation de l'utilisation de certains matériaux et produits dans les établissements recevant du public et l'instruction du 1er décembre 1976 s'y rapportant.
(3) Admissible pour M1 si non substantiel au sens de la définition de l'annexe 1

Bon à savoir
Résistance au feu : Le classement sur la résistance au feu s'est également européanisé. Le degré coupe-feu (anciennement CF) est désormais symbolisé par la lettre I (comme isolation thermique), les propriétés pare-flamme (anciennement PF) sont désormais représentées par la lettre E (comme Étanchéité au feu) et la stabilité au feu (anciennement SF) est exprimée par le symbole R (comme Résistance au feu). Autre changement, la durée de résistance est désormais exprimée en minutes. À titre d'exemple, une porte coupe-feu 1 heure porte désormais le symbole I60.

L'ancien classement :

Classement de réaction au feu

Classe	Inflammabilité	Exemples de matériaux
M 0	Incombustible	Carrelage, ciment, plâtre, acier, verre, pierre
M 1	Difficilement inflammable	Plaques de plâtre (cartonnées)
M 2	Moyennement inflammable	Asphalte, certaines laines
M 3	Assez facilement inflammable	Certaines laines, certains bois
M 4	Facilement inflammable	Carton, papier, certains bois

La réaction au feu des matériaux étant ainsi déterminée, il est possible, au moment de la construction tout d'abord, de respecter les contraintes d'inflammabilité imposées pour les matériaux. Ensuite, lors des travaux de remise en état, l'exploitant devra veiller à ce que les produits et matériaux utilisés soient conformes aux classements maxima admissibles.

À noter
Tous les procès-verbaux en réaction au feu, au regard des références de produits utilisés, devront figurer en annexe du registre de sécurité.

Classement admissible pour les matériaux (locaux courants)	
Plafonds	M 0, M 1
Murs	M 0, M 1, M 2
Sols	M 0, M 1, M 2, M 3, M 4

Classement admissible pour les matériaux (escaliers encloisonnés)	
Murs et plafonds	M 0, M 1
Sols (marches et paliers)	M 0, M 1, M 2, M 3

Outre les produits et les matériaux qui viennent d'être cités, l'intérieur des locaux peuvent aussi comporter des éléments de décoration, en relief et fixés aux parois verticales. Ces éléments seront classés M 2 (l'article AM 9 prévoit une tolérance pour les éléments de surface limitée). Dans les dégagements et les locaux dont la surface est supérieure à 50 m^2, lorsque ces éléments sont « flottants » et de surface supérieure à 0,50 m^2, le classement est au maximum M 1.

Les tentures, rideaux, voilages, portières, rideaux de scènes ou d'estrade seront classés M 2 dans les dégagements et locaux de superficie supérieure à 50 m^2 et M 1 dans les escaliers encloisonnés.

À noter que les tentures, rideaux, voilages ou portières sont interdites en travers des dégagements.

Les garnitures (tissu tendu, lambrequins, etc.) des portes pare-flammes sont classées M 2 au maximum.

Les cloisons mobiles ou extensibles seront au maximum classées M 3.

Chapitre XX

L'ameublement

Articles AM 15 à AM 19

Le mobilier et les agencements équipant un bâtiment sont généralement constitués de matériaux inflammables. De plus, non liés par définition à la structure, ils peuvent devenir de véritables obstacles à une évacuation d'urgence.

En règle générale, ils doivent être classés au maximum M 3. S'il est aisé de choisir du matériel de bureau ou de collectivité chez les fournisseurs spécialisés, il est en revanche extrêmement rare que la grande distribution, celle destinée aux particuliers, propose des produits assortis de classement au feu. L'exploitant aura donc tout intérêt à s'adresser directement aux distributeurs dont la cible est le tertiaire. Si le niveau de prix s'y trouve sensiblement élevé, il en est souvent de même de la qualité et du service qui l'accompagne.

Le mobilier et les agencements spécifiques seront placés à l'écart des cheminements piétons et, si besoin, fixés au sol. Ces dispositions peuvent, le cas échéant, faire l'objet d'une observation de la commission de sécurité lors de sa visite d'ouverture ou d'une visite périodique ultérieure.

Les équipements provisoires utilisés pour les spectacles ou manifestations festives doivent faire l'objet de la part de l'exploitant d'une attention toute particulière. Il en est ainsi des planchers provisoires, et par extension de la réglementation des tribunes, des stands, des podiums, des gradins qui répondront au même classement au feu que le mobilier (M 3).

Certains de ces équipements doivent répondre à d'autres contraintes pour garantir la sécurité lors de leur emploi. Les planchers légers doivent être parfaitement jointifs et les vides de construction qu'ils peuvent éventuellement créer ne doivent contenir aucune matière combustible et ne pas être accessible du public. Seules des trappes de visites sont autorisées. Si cet espace excède 100 m^2, il devra être recoupé par des cloisons en matériau M 1 en plusieurs cellules n'excédant pas 100 m^2 elles-mêmes.

Ce type d'aménagement ne peut laisser la place à l'improvisation en raison des risques qu'ils génèrent pour les personnes à qui il est destiné. Il faudra notamment vérifier la stabilité de l'ensemble formé par la structure du bâtiment et celle de l'aménagement provisoire à créer. Le § 4 de l'article AM 17 impose de retenir pour les calculs, les valeurs de charge prévues par la norme NF P 06-001. Pour cette raison, l'exploitant aura tout intérêt à en confier la maîtrise d'œuvre à un bureau d'études qui appliquera toute la réglementation et répondra le cas échéant des désordres qui pourraient survenir.

L'organisation de spectacles nécessite souvent l'installation d'un grand nombre de sièges en rangées. Lorsque survient un mouvement de panique, ces sièges peuvent être emportés par la foule et obstruer les issues. Pour cette raison, les sièges doivent être chacun fixés au sol ou solidaires les uns aux autres en des rangées n'excédant pas 16 unités entre deux allées de circulation ou 8 unités entre une allée de circulation et une paroi. De plus, l'écartement entre les rangées est fixé par des entretoises rigides.

Le classement au feu imposé pour les sièges est de M 3 pour les structures et M 4 pour les rembourrages, mais ce dernier doit être recouvert d'une enveloppe parfaitement close et de classement M 2. En application de cette règle, les chaises en résine de synthèse doivent être de classement M 3.

Les **sapins de Noël** naturels constituent des risques d'incendie particulièrement importants puisqu'ils sont constitués de bois résineux, et qui plus est se dessèchent rapidement à la chaleur des locaux. Ils n'en sont pas pour autant interdits, mais il convient de respecter plusieurs règles de prudence les concernant :
- les bougies sont interdites et, plus généralement, il faudra les laisser à l'écart de toutes flammes nues ou sources de chaleur susceptible de provoquer l'embrasement de l'arbre ;
- les guirlandes électriques répondront aux contraintes de la norme NF EN 60598-2-20 ;
- les décorations de l'arbre seront classées M 4 y compris la neige artificielle ou le givrage ;
- les abords de l'arbre seront débarrassés de toute matière combustible susceptible de propager rapidement la flamme ;
- un moyen d'extinction (RIA, extincteur, sprinkler) suffisant pour éteindre l'incendie sera placé à proximité de l'arbre.

Chapitre XXI

Vérifications et contrôles

De nombreuses opérations d'entretiens et de vérifications peuvent être effectuées par du personnel appartenant à l'établissement à condition qu'il ait été formé à cet effet.

Lorsque l'importance de l'établissement ne permet pas l'emploi d'un agent à temps plein sur ce type de missions, elles peuvent être confiées à des sociétés de maintenance spécialisées dans ce type de service.

MODELES-experts.com

MODÈLES **experts**

MODÈLE DE CONTRAT DE SERVICE
DES INSTALLATIONS DE PROTECTION INCENDIE

Entre

La société.. représentée par ....
Ci-dessous désignée le client,

D'une part,

Et

La société.. représentée par ....
Ci-dessous désignée le prestataire,

D'autre part,

Il a été convenu ce qui suit :

Article 1 - Objet et durée du contrat

Le prestataire s'engage envers le client à réaliser :
Les essais hebdomadaires suivants : ....
Les visites trimestrielles d'entretien suivantes : ....
Les vérifications semestrielles réglementaires suivantes : ....
Les visites d'entretien annuel suivantes : ....
Les prestations à réaliser sont détaillées dans le document joint en annexe 1.
Les caractéristiques des équipements de l'installation sont définies dans le document joint en annexe 2.
Le présent contrat est établi pour une durée de 1 an reconductible 2 fois par reconduction expresse, sauf dénonciation par lettre recommandée avec accusé de réception adressée par l'une des parties 3 mois au moins avant l'échéance dudit contrat.

Article 2 - Obligations contractuelles

2.1 Vérifications réglementaires

Les vérifications réglementaires effectuées par le prestataire comportent exclusivement l'examen technique de bon fonctionnement des divers appareils de l'installation et l'information du client sur l'entretien ou les réparations éventuelles. Elles comportent également l'information pour mise en conformité aux règles en vigueur.
S'agissant de vérification, le prestataire n'est en rien tenu d'effectuer une quelconque des opérations d'entretien nécessaires. Celles-ci seront effectuées dans le cadre de visites d'entretien et réparations par le client ou par un prestataire dans le cadre d'un contrat de maintenance.
Le client fournira le personnel pour effectuer les manœuvres et opérations nécessaires à la réalisation des opérations de vérification réglementaire du bon fonctionnement des installations, et mandaté pour prendre en compte les observations relatives à l'entretien et la réparation.

2.2 Entretien

L'entretien à la charge du prestataire comprendra les prestations de service selon la périodicité définie dans l'annexe n° 1, en fonction des équipements dont le détail figure en annexe n° 2.

2.3 Dépannage

En dehors des visites contractuelles, le prestataire mettra à disposition aux heures ouvrables, soit de... h à... h, y compris les dimanches et jours fériés, un service de dépannage, chargé d'intervenir dans les meilleurs délais, et au plus tard, dans les 24 heures, sur simple appel téléphonique du responsable désigné par le client.
La nuit, le prestataire assurera un service d'urgence chargé de prendre les mesures conservatoires en cas d'avarie grave qui lui serait signalée.
Ces interventions de dépannage seront à la charge du client et facturées selon le tarif horaire en vigueur à la date de l'intervention.

2.4 Prestations non comprises au contrat

D'une manière générale, ne sont pas compris :
- les réparations (fournitures et main-d'œuvre) ;
- les contrôles par organisme agréé ;
- les pièces de rechange et la main-d'œuvre nécessaire à leur remplacement ;
- la fourniture de l'énergie (électricité, eau et carburant) ;
- les appoints et compléments définis en annexe n° 1.

Toutefois, si au cours de la période d'entretien, des réparations, des remplacements de pièces ou des travaux de remise en état se révélaient nécessaires, ils pourraient être effectués par le prestataire. Dans ce cas, un devis de ces travaux sera soumis au client et ceux-ci ne seront exécutés qu'après accord écrit de ce dernier.

2.5 Fournitures diverses

Pour réaliser ses prestations d'entretien, le prestataire aura à sa charge exclusivement les fournitures suivantes :
- tableaux ;
- huiles de graissage ;
- graisses ;
- chiffons ;
- joints de poste ;
- bande enregistreuse, encreur.

Pour toutes les autres fournitures non spécifiées dans le descriptif objet de l'annexe n° 1, telles que consommables, réparations ou remplacement de matériel nécessaire au bon fonctionnement des équipements, le prestataire en assurera l'approvisionnement après accord du client et ces différentes fournitures seront facturées en sus.

2.6 Assurances

Le prestataire est couvert en garantie « responsabilité civile » pour les activités objet du présent contrat, pour lui-même ou le cas échéant, ses sous-traitants. Il remettra au client une copie de la police d'assurance qui couvrira au minimum les préjudices suivant par année calendaire :
- dommages corporels.. euros ;
- dommages matériels et immatériels....................................... euros ;
- dommages aux objets confiés ou sous contrôle total.......... euros ;
- dommage « atteinte à l'environnement » .... euros.

Au-delà de ces montants, le client renonce à tous recours contre le prestataire et fait son affaire d'obtenir les renonciations à recours, dans les limites ci-dessus indiquées, des ayants droit à un titre quelconque. À ce titre, le client informera son assureur de ces dispositions.

Article 3 - Conditions financières

3.1 Redevances

Pour l'ensemble de ces prestations de service (type P2), le prestataire facturera au client une redevance forfaitaire annuelle de :
- pour les essais hebdomadaires .... euros ;
- pour les visites trimestrielles d'entretien.................................. euros ;
- pour les vérifications semestrielles réglementaires .... euros ;
- pour les visites d'entretien annuelles .... euros.

Total HT .... euros.
TVA 19,6 % .... euros.
Total TTC .... euros.
En cas de changement dans le régime des taxes, la nouvelle incidence s'appliquera directement sur la redevance hors taxe, préalablement révisée.

3.2 Révision des redevances

En cas de reconduction du présent contrat, s'il existe une variation des conditions économiques, la redevance hors taxes, ci-avant, sera revalorisée à la date de l'échéance par application de la formule suivante :

P = Po (0,85 S/So +0,15 PsdC/PsdCo)

- dans laquelle, P et Po sont respectivement la redevance révisée et la redevance de base du contrat ;
- S et So sont respectivement les valeurs connues finales et initiales de l'indice des produits et services divers « C », publié au bulletin officiel de la concurrence et de la consommation.

3.3 Conditions de paiement

Prestations de services (P2) : 100 % chaque année à l'échéance du présent contrat.
Interventions hors forfait : .... paiement dans les jours qui suivent la réception de la facture.
Contestation de facture : tout litige opposant le client au prestataire n'est pas suspensif du règlement de la partie non contestée de la facture.

Article 4 - Dispositions diverses

4.1 Responsabilité

Le fait d'assurer l'entretien n'engage la responsabilité du prestataire que pour les seuls dommages qui pourraient être éventuellement imputés à son fait, et ne comporte aucune présomption de responsabilité relative aux accidents matériels ou corporels ou autres, tels que les interruptions de fonctionnement qui pourraient se produire.
L'installation fixe étant propriété du client, le prestataire n'a aucune obligation de surveillance permanente ou occasionnelle des lieux.
La responsabilité du prestataire ne pourra être engagée en cas d'accident provoqué par une intervention extérieure ou par du personnel étranger au prestataire.

4.2 Clause restrictive

Les obligations du prestataire sont des obligations de moyen limitées à l'énoncé des articles du présent contrat.

4.3 Cession

En aucun cas, le prestataire ne peut céder la totalité ou une fraction du présent contrat, même sous forme d'apport en société ou par voie de fusion ou autrement, ni contracter une association pour son exécution sans autorisation écrite préalable du client. Si cette autorisation est accordée, les prescriptions du présent contrat seront applicables au cessionnaire ou associé mais le prestataire n'en reste pas moins entièrement responsable de l'exécution de la totalité du présent contrat.

4.4 Taxes et impôts

Le prestataire supportera les impôts, taxes ou assimilés que la loi met à sa charge à la date du présent contrat.
En ce qui concerne la taxe professionnelle et les impôts locaux, ainsi que leurs taxes annexes ou additionnelles, le prestataire est réputé ne pas avoir la disposition des biens passibles de la taxe foncière tant en ce qui concerne les terrains que les constructions et installations foncières.
En cas de création d'impôts nouveaux ainsi qu'en cas d'augmentation de plus de 30 % des impôts existant à la date du contrat et ayant une incidence sur les tarifs actuels, le prestataire sera autorisé à majorer ses tarifs en conséquence.

4.5 Résiliation

Il est stipulé que l'une ou l'autre partie aura la possibilité de résilier le présent contrat un mois après l'envoi à l'autre partie d'une lettre recommandée avec accusé de réception et sous réserve de ses droits, en cas de :
- violation grave de l'un des engagements précisés au contrat ;
- non-paiement des sommes dues dans les conditions fixées à l'article ci-avant, sans préjudice des recouvrements par tous moyens des sommes restant dues.

4.6 Attribution de compétence

Toutes contestations pouvant naître de la présente convention entre le client et le prestataire, en l'absence d'un compromis d'arbitrage, sont de la compétence des tribunaux de...

4.7 Modalité du service d'astreinte national du prestataire

Numéro d'appel : tél......... , fax ....
Heures d'appel : du lundi au vendredi inclus de .... h à h (heures de nuits) ainsi que les samedis et dimanches 24 heures/24.
Pendant les heures ouvrables, le client appellera directement l'agence locale.
Lors de son appel, le client fournira :
- sa raison sociale (adresse, téléphone, fax, nom de l'appelant et sa fonction) ;
- le lieu de l'incident (adresse, téléphone, fax, nom de la personne à contacter et sa fonction) ;
- la description succincte de l'incident.

4.8 Tarif des attachements nécessaires à l'exécution du présent contrat

Taux horaire d'un agent technique (départ et retour à l'agence).
Heures ouvrables... euros
Hors heures ouvrables... euros.
Véhicule de service, le km parcouru... euros.
Autres prestations : le déboursé sec sur présentation de justificatif et majoré de 15 %.
Ces conditions applicables au présent contrat seront réajustées dans les conditions prévues à l'article 3.2.

4.9 Date d'effet du présent contrat

Le présent contrat prendra effet à compter du.
Fait à ...., le.................................
En 2 exemplaires originaux.

Le client, Le prestataire
(Signatures et cachets des deux parties)

À compléter en fonction des équipements de lutte contre l'incendie nécessitant un entretien ou une vérification.
À établir et à joindre au présent contrat

Annexes

Extraits des textes réglementaires relatifs à l'exploitation des établissements recevant du public, des travailleurs ou destinés au logement

Annexe I :

Extraits du règlement sur la sécurité incendie dans les ERP (Arrêté du 25 juin 1980 modifié)

A - Articles GN - Dispositions générales (toutes catégories)

Article GN1

Classement des établissements

§ 1. Les établissements sont classés en type, selon la nature de leur exploitation :

a) *Établissements installés dans un bâtiment*

J Structures d'accueil pour personnes âgées et personnes handicapées
L Salles d'auditions, de conférences, de réunions, de spectacles ou à usage multiple
M Magasins de vente, centres commerciaux
N Restaurants et débits de boissons
O Hôtels et pensions de famille
P Salles de danse et salles de jeux
R Établissements d'éveil, d'enseignement, de formation, centres de vacances, centres de loisirs sans hébergement
S Bibliothèques, centres de documentation
T Salles d'expositions
U Établissements sanitaires
V Établissements de culte
W Administrations, banques, bureaux
X Établissements sportifs couverts
Y Musées

b) *Établissements spéciaux*

PA Établissements de plein air
CTS Chapiteaux, tentes et structures
SG Structures gonflables
PS Parcs de stationnement couverts
GA Gares
OA Hôtels-restaurants d'altitude
EF Établissements flottants
REF Refuges de montagne

§ 2. a) En outre, pour l'application du règlement de sécurité, les établissements recevant du public sont classés en deux groupes :

- **le premier groupe** comprend les établissements des **1re, 2e, 3e catégories** ;
- **le deuxième groupe** comprend les établissements de la **5e catégorie**.

b) L'effectif des personnes admises est déterminé suivant les dispositions particulières à chaque type d'établissement. Il comprend :

- d'une part, l'effectif des personnes constituant le public ;
- d'autre part, l'effectif des autres personnes se trouvant à un titre quelconque dans les locaux accessibles ou non au public et ne disposant pas de dégagements indépendants de ceux mis à la disposition du public.

Toutefois, pour les établissements de 5e catégorie, ce dernier effectif n'intervient pas pour le classement.

(Arrêté du 13 janvier 2004) « c) Lorsque l'effectif déclaré ayant permis de classer l'établissement subit une augmentation ou une diminution de nature à remettre en cause le niveau de sécurité, l'exploitant doit en informer le maire. [...]

§ 3. *Pour la suite du présent règlement, le terme «établissement», employé sans autre qualification de sa nature, a le sens «d'établissement recevant du public. [...]*

§ 4. *Pour la suite du présent règlement, les expressions «local destiné au sommeil», «local réservé au sommeil» et «hébergement» désignent les seuls locaux destinés au sommeil du public la nuit. »*

Article GN 2

Classements des groupements d'établissements ou des établissements en plusieurs bâtiments voisins non isolés entre eux

§ 1. (Arrêté du 13 janvier 2004) Les bâtiments d'un même établissement et les établissements groupés dans un même bâtiment ou dans des bâtiments voisins, qui ne répondent pas aux conditions d'isolement du présent règlement, sont considérés comme un seul établissement recevant du public.

§ 2. La catégorie d'un tel groupement est déterminée d'après l'effectif total des personnes admises, obtenu en additionnant l'effectif de chacune des exploitations.
Si les exploitations sont de types différents, l'effectif limite du public à retenir entre la 4e catégorie et la 5e catégorie est l'un des nombres suivants :
- 50 en sous-sol ;
- 100 en étages, galeries ou ouvrage en surélévation ;
- 200 au total.

Toutefois, le groupement sera toujours classé en 4e catégorie au moins si l'une des exploitations est elle-même classée dans cette catégorie.

§ 3. Outre les dispositions générales communes, les dispositions particulières propres aux différents types d'exploitations groupées dans l'établissement sont applicables et se réfèrent à la catégorie déterminée ci-dessus.

Article GN 3

Classement des groupements d'établissements et des établissements en plusieurs bâtiments isolés entre eux

Les bâtiments d'un même établissement et les établissements groupés dans un même bâtiment, qui répondent aux conditions d'isolement, sont considérés comme autant d'établissements pour l'application du présent règlement.

Article GN 4

Procédure d'adaptation des règles de sécurité

§ 1. Les dispositions prises en application de l'article R.123-13 du Code de la construction et de l'habitation ne peuvent avoir pour effet de diminuer le niveau de sécurité des personnes assuré par le respect des mesures réglementaires de prévention.
Le permis de construire ou l'autorisation de travaux doivent mentionner les dispositions exceptionnelles approuvées par l'autorité compétente. À cet effet. chaque disposition envisagée en atténuation doit faire l'objet de la part du constructeur d'une demande écrite comportant les justifications aux atténuations sollicitées et. le cas échéant, les mesures nécessaires pour les compenser.
Les atténuations peuvent en particulier porter sur le comportement au feu des matériaux et des éléments de construction et les compensations consister notamment en moyens d'évacuation supplémentaires.

§ 2. Certains établissements recevant du public et présentant des caractéristiques communes, non explicitement cités dans l'article GN1, peuvent, en raison de leurs spécificités ou de leurs conditions d'exploitation, faire exceptionnellement l'objet de mesures adaptées, validées par la commission centrale de sécurité après présentation d'un cahier des charges.

Article GN 5

Établissement comportant des locaux de types différents

Lorsqu'un établissement comporte des locaux de types différents. chacun d'eux est justiciable des mesures indiquées aux chapitres traitant des établissements du type intéressé de la même catégorie que cet établissement.

Article GN 6

Utilisations exceptionnelles des locaux

§ 1. L'utilisation, même partielle ou occasionnelle, d'un établissement pour une exploitation autre que celle autorisée, ou pour une démonstration ou une attraction pouvant présenter des risques pour le public et non prévue par le présent règlement, doit faire l'objet d'une demande d'autorisation présentée par l'exploitant au moins quinze jours avant la manifestation ou la série de manifestations.

Lorsque l'organisateur de la manifestation n'est pas l'exploitant de l'établissement, la demande d'autorisation doit être présentée conjointement par l'exploitant et l'utilisateur occasionnel des locaux.

§ 2. La demande doit toujours préciser la nature de la manifestation, les risques qu'elle présente, sa durée, sa localisation exacte, l'effectif prévu, les matériaux utilisés pour les décorations envisagées, le tracé des dégagements et les mesures complémentaires de prévention et de protection proposées.

§ 3. L'autorisation peut être accordée pour plusieurs manifestations qui doivent se dérouler durant une période fixée par les organisateurs.

Article GN 7

Établissements situés dans les immeubles de grande hauteur

Les établissements situés dans des immeubles dont le plancher bas du dernier niveau est à plus de 28 m par rapport au niveau du sol le plus haut utilisable par les engins des services publics de secours et de lutte contre l'incendie doivent répondre aux dispositions du présent règlement et du règlement de sécurité des immeubles de grande hauteur, dans les conditions fixées par ce dernier.

Article GN 8

Admission des handicapés

§ 1. (Arrêté du 22 novembre 2004) En application des dispositions de l'article R.123-3 du Code de la construction et de l'habitation, les effectifs, déterminés en pourcentage par rapport à l'effectif total du public admissible ou en chiffre absolu, au-delà desquels la présence de personnes handicapées circulant en fauteuil roulant nécessite l'adoption de mesures spéciales de sécurité, sont définis comme suit.

Types d'établissement	Rez-de-chaussée	Autre niveau
Structure d'accueil pour personnes âgées et personnes handicapées	Sans objet	Sans objet
Établissement de spectacle, salle de conférence et de réunion, bals et dancings	5 % de handicapés accompagnés ou non avec un minimum de 2	1 % de handicapés accompagnés avec un minimum de 2
Restaurants, cafés, bibliothèques, musées	10 % de handicapés accompagnés ou non avec un minimum de 4	1 % de handicapés accompagnés avec un minimum de 2
Magasins de vente, supermarchés, halls d'exposition	2 % de handicapés accompagnés ou non avec un minimum de 4	0,5 % de handicapés accompagnés avec un minimum de 2
Centres commerciaux	5 % de handicapés accompagnés ou non avec un minimum de 4	2 % de handicapés accompagnés avec un minimum de 2
Hôtels	25 % de handicapés accompagnés ou non avec un minimum de 4	1 % de handicapés accompagnés avec un minimum de 2
Établissements d'enseignement primaire et secondaire publics ou privés	1,5 % de handicapés accompagnés ou non avec un minimum de 2	Même effectif qu'en rez-de-chaussée
Établissements d'enseignement supérieur publics ou privés	5 % de handicapés accompagnés ou non avec un minimum de 2	Même effectif qu'en rez-de-chaussée
Établissements sanitaires publics ou privés	Sans objet	Sans objet
Établissements de culte	Sans limitation	10 % de handicapés accompagnés avec un minimum de 5
Banques et administrations publiques ou privées	Sans limitation	Sans limitation
Piscines et établissement sportifs couverts	Sans limitation	10 % de handicapés accompagnés avec un minimum de 5

§ 2. Lorsque le nombre de personnes handicapées dépasse les effectifs fixés ci-dessus, les mesures spéciales prévues au § 1 comportent notamment les dispositions générales indiquées ci-après et, pour certains types d'établissements, les dispositions particulières fixées dans la suite du présent règlement.

a) L'évacuation des personnes handicapées circulant en fauteuil roulant doit être réalisée :

- soit au moyen d'ascenseurs dans les conditions précisées à la section 11, chapitre IX, titre premier du livre II (articles AS 4 et AS 5) ;
- soit au moyen de tous autres dispositifs équivalents acceptés après avis de la commission consultative départementale de la protection civile, tels que rampes, manches d'évacuation, etc.

b) *(Arrêté du 2 février 1993)* Les bâtiments recevant des handicapés physiques circulant en fauteuil roulant doivent être équipés :
- pour les établissements des 1re, 2e et 3e catégories et ceux de la 4e catégorie comprenant des locaux à sommeil, d'un système de sécurité incendie de catégorie A ;
- pour les autres établissements, d'un équipement d'alarme du type 2 b ;
- d'un téléphone relié au réseau public, accessible en permanence, permettant alerter les services de secours et de lutte contre l'incendie.

Article GN 9

Aménagement d'un établissement nouveau dans des locaux ou bâtiments existants

Lorsqu'il est procédé à un nouvel aménagement de l'ensemble des locaux recevant du public d'un établissement ou à la création d'un établissement recevant du public dans un bâtiment existant, les dispositions du présent règlement sont applicables.

Article GN 10

Application du règlement aux établissements existants *(Arrêté du 7 juillet 1983)*

§ 1. À l'exception des dispositions à caractère administratif, de celles relatives aux contrôles et aux vérifications techniques ainsi qu'à l'entretien, le présent règlement ne s'applique pas aux établissements existants.

§2. Lorsque des travaux de remplacement d'installation, d'aménagement ou d'agrandissement sont entrepris dans ces établissements, les dispositions du présent règlement sont applicables aux seules parties de la construction ou des installations modifiées.
Toutefois, si ces modifications ont pour effet d'accroître le risque de l'ensemble de l'établissement, des mesures de sécurité complémentaires peuvent être imposées après avis de la commission de sécurité.

Article GN 11

Notification des décisions

Les prescriptions imposées doivent être motivées par référence explicite aux articles du Code de la construction et de l'habitation ou du présent règlement. ainsi qu'aux prescriptions du permis de construire.
Elles sont assorties éventuellement de délais d'exécution raisonnables si elles sont édictées en cours d'exploitation à la suite d'une visite de la commission de sécurité.

Article GN 12

Justification des classements de comportement au feu des matériaux et éléments de construction *(Arrêté du 10 novembre 1994)*

Les constructeurs, propriétaires, installateurs ou exploitants, suivant le cas, doivent être en mesure de justifier notamment, lors des visites des commissions de sécurité et lors des vérifications techniques faites par les personnes ou organismes agréés, que les matériaux et éléments de construction qu'ils utilisent ont un classement en réaction ou en résistance au feu au moins égal aux classements fixés dans la suite du présent règlement.

Article GN 13

Travaux dangereux *(Arrêté du 7 juillet 1983)*

L'exploitant ne peut effectuer ou faire effectuer, en présence du public, des travaux qui feraient courir un danger quelconque à ce dernier ou qui apporteraient une gêne à son évacuation.

B - Articles GE - Dispositions générales (1er groupe/cat. 1 à 4)

Article GE 2

Dossier de sécurité

§ 1. Le dossier permettant de vérifier la conformité d'un établissement recevant le public avec les règles de sécurité telles que prévu à l'article R.123-22 du Code de la construction et de l'habitation doit contenir :

- une notice récapitulant les dispositions prises pour satisfaire aux mesures prévues par le règlement de sécurité ;
- un plan de situation, des plans de masse et de façades des constructions projetées faisant ressortir, d'une part, les conditions d'accessibilité des engins de secours, et plus particulièrement les largeurs des voies et les emplacements des baies d'intervention pompiers, et, d'autre part, la présence de tout bâtiment ou local occupé par des tiers ;
- afin de vérifier des points particuliers concernant le règlement de sécurité, des plans de coupe et des plans de niveaux, ainsi qu'éventuellement ceux des planchers intermédiaires aménagés dans la hauteur comprise entre deux niveaux ou entre le dernier plancher et la toiture du bâtiment ;

En application du second principe de l'article GN 8, le dossier de sécurité devra également présenter la ou les solutions retenues pour l'évacuation des personnes de chaque niveau de la construction en tenant compte des différentes situations de handicap.

§ 2. Les documents de détail intéressant les installations techniques doivent pouvoir être fournis par le constructeur ou l'exploitant avant le début des travaux portant sur ces installations ; ils sont alors communiqués à la commission de sécurité.

Les chapitres ci-après du présent titre fixent pour chacune des installations la liste des documents.

Article GE 3

Visite de réception

§ 1. La demande d'autorisation d'ouverture, présentée par l'exploitant conformément à l'article R.123-45 du Code de la construction et de l'habitation, est communiquée à la commission de sécurité qui procède alors à la visite de réception.

§ 2. L'exploitant doit être en mesure de communiquer à la commission les dossiers de renseignements de détails des installations techniques mis à jour après exécution des travaux et les rapports des organismes ou personnes chargés des vérifications techniques imposées par le présent règlement.

§ 3. L'exploitant doit être en mesure de présenter à la commission le registre de sécurité prévu à l'article R.123-51 du Code de la construction et de l'habitation. Ce registre contiendra notamment les consignes d'évacuation prenant en compte les différents types de handicap.

Article GE 4

Visites périodiques

§ 1. Les établissements des 1re, 2e, 3e et 4e catégories doivent être visités périodiquement par les commissions de sécurité selon la fréquence fixée au tableau suivant en fonction de leur type et de leur catégorie :

Périodicité et catégorie	Types d'établissement													
	L	M	N	O	P	R+	R-	S	T	U	V	W	X	Y
2 ans														
1re catégorie	X	X	X	X	X	X	X		X	X				
2e catégorie				X	X	X				X				
3e catégorie														
4e catégorie														
3 ans														
1re catégorie								X				X	X	X
2e catégorie	X	X	X				X	X	X			X	X	X
3e catégorie	X			X	X	X	X			X				
4e catégorie				X		X				X				
5 ans														
1re catégorie											X			
2e catégorie											X			
3e catégorie		X	X					X	X		X	X	X	X
4e catégorie	X	X	X		X		X	X	X		X	X	X	X
R+ : avec hébergement / R- : sans hébergement														

§ 2. Dans le cas particulier prévu à l'article GN 3, où l'établissement comprend plusieurs bâtiments isolés entre eux, la détermination de la catégorie et l'application du règlement doivent se faire séparément pour chaque bâtiment, les visites périodiques étant faites pour l'ensemble de l'établissement avec la périodicité la plus courte de celles qui correspondent aux catégories des bâtiments.

§ 3. La fréquence des contrôles peut être modifiée, s'il est jugé nécessaire, par arrêté du maire ou du préfet après avis de la commission de sécurité.

Article GE 5
Avis relatif au contrôle de la sécurité

Dans tous les établissements assujettis aux dispositions du présent titre, il doit être affiché d'une façon apparente, près de l'entrée principale, un « avis » relatif au contrôle de la sécurité.
Cet avis, du modèle ci-après, est dûment rempli par l'exploitant et sous sa responsabilité en fonction des renseignements figurant dans l'autorisation d'ouverture, puis visé par l'autorité ayant délivré cette autorisation (*Cerfa 20 3230 - Arrêté du 24 janvier 1984).*

Sécurité incendie

Conformément aux dispositions des articles R.123-18 et R.123-19, R.123-45 et R.123-46 du Code de la construction et de l'habitation, notre établissement répond aux caractéristiques suivantes :
Type : .... Catégorie : ....
Effectif maximal du public autorisé : ....
Date de la visite de réception par la commission de sécurité : ....
Date de l'autorisation d'ouverture : ....
Vu,
L'autorité ayant délivré l'autorisation d'ouverture,

Le chef d'établissement

Article GE 6
Généralités

§ 1. Les vérifications techniques prévues par l'article R.12343 du Code de la construction et de l'habitation doivent être effectuées soit par des personnes ou organismes agréés par le ministre de l'Intérieur, soit par des techniciens compétents.

§ 2. (Arrêté du 28 mars 2007) Les vérifications techniques doivent être effectuées par des organismes agréés lorsque la suite du présent règlement le prévoit.

§ 3. (Arrêté du 28 mars 2007) Les différents types de vérifications ainsi que les règles relatives au contenu et à la rédaction des rapports et des avis sont détaillés dans les sous-sections I et II de la présente section.

Article GE 7
Conditions d'application *(Arrêté du 28 mars 2007)*

§ 1. Les vérifications techniques doivent être effectuées par des organismes agréés par le ministre de l'Intérieur :

- dans les établissements des 1re, 2e, 3e et 4e catégories, pour tous travaux soumis à permis de construire, ainsi que pour les travaux soumis à l'autorisation prévue à l'article R.123-23 du Code de la construction et de l'habitation ;

- dans tous les établissements des 1re, 2e, 3e et 4e catégories, lorsque les dispositions du présent règlement l'imposent ;
- lorsque, en application de l'article R.123-44 du Code de la construction et de l'habitation, il est prescrit à l'exploitant d'un établissement de 1re, 2e, 3e ou 4e catégorie en cours d'exploitation et, en cas de non-conformité grave, de faire procéder à des vérifications techniques par des organismes agréés.

§ 2. Obligations du constructeur ou de l'exploitant : Le constructeur ou l'exploitant doit communiquer aux vérificateurs, sur support papier, la notice de sécurité, les plans et les renseignements de détail concernant les installations techniques, les prescriptions imposées par le permis de construire ou l'autorisation de travaux, ainsi que l'historique des principales modifications effectuées et les prescriptions notifiées à la suite de visites de contrôle des commissions de sécurité.

Article GE 8

Types de vérifications *(Arrêté du 28 mars 2007)*

§ 1. Les vérifications à l'occasion de travaux : Les vérifications dans les établissements neufs ou ayant fait l'objet de travaux sont réalisées à l'issue des visites effectuées pendant la phase construction par le(s) vérificateur(s) technique(s) au sein de l'établissement. Au cours de ces visites, ils doivent réaliser des examens par sondage et s'assurer que les constructeurs et les installateurs ont effectué les autres vérifications et essais exhaustifs qui leur incombent. Le résultat de ces visites permet de fournir à un maître d'ouvrage ou à un exploitant, dans le cadre d'un référentiel préalablement défini, l'évaluation de la conformité de l'objet vérifié en fin de travaux par rapport aux dispositions réglementaires. Cette évaluation est effectuée selon les méthodes suivantes :
- examen des documents de conception et d'exécution ;
- examen des justificatifs fournis (procès-verbaux de classement de comportement au feu des matériaux et éléments de construction, attestations de conformité, certificats de conformité, plans et schémas, notes de calcul, etc.). Ces vérifications font l'objet d'un rapport de vérifications réglementaires après travaux (RVRAT).

§ 2. Les vérifications dans les établissements en exploitation : Ces vérifications sont effectuées dans des établissements ouverts au public afin d'informer l'exploitant, par des observations clairement définies, de l'état des installations par rapport au risque d'incendie, afin qu'il prenne toutes dispositions pour remédier aux anomalies constatées. Ces vérifications, dont le contenu est défini dans les articles spécifiques du règlement de sécurité, ont pour objet de s'assurer, selon le cas :
- de l'existence des moyens nécessaires à l'entretien et à la maintenance des installations et équipements (techniciens désignés, contrats d'entretien, notices, livrets d'entretien, etc.) ;
- de l'état d'entretien et de maintenance des installations ;
- du bon fonctionnement des installations de sécurité ;
- de l'existence, du bon fonctionnement, du réglage ou de la manœuvre des dispositifs de sécurité, sous réserve que les vérifications ne nécessitent pas de procéder à des essais destructifs ;
- de l'adéquation de l'installation avec les conditions d'exploitation de l'établissement. À cet effet, l'exploitant doit communiquer à l'organisme agréé le registre de sécurité et les documents techniques prévus à l'article GE 7, § 2, qui lui sont nécessaires.

Les vérifications en exploitation sont effectuées, selon le cas :
- par l'examen des documents afférents à l'entretien et à la maintenance ;
- par l'examen visuel des parties accessibles ou rendues accessibles à la demande du vérificateur ;
- par des essais de fonctionnement.

Elles peuvent concerner tout ou partie des installations ou équipements techniques d'un établissement selon la demande formulée par l'exploitant ou le chef d'établissement. Elles ne se substituent pas aux vérifications réglementaires réalisées à l'occasion de travaux neufs, d'aménagements ou de modifications visés aux articles R.123-22 et R.123-23 du Code de la construction et de l'habitation.
Les vérifications en exploitation font l'objet d'un rapport de vérifications réglementaires en exploitation (RVRE).

§ 3. Les vérifications dans les établissements existants sur mise en demeure : Les vérifications effectuées à la suite d'une mise en demeure de l'autorité administrative après avis de la commission de sécurité consistent :
- à effectuer les vérifications de bon état et de bon fonctionnement de tout ou partie des équipements ou installations désignés ;
- à vérifier la conformité ou la capacité des installations techniques à satisfaire aux exigences réglementaires applicables ou à des prescriptions particulières ;
- à vérifier la conformité ou la capacité des dispositions constructives à satisfaire aux exigences réglementaires ou à des prescriptions particulières.

La commission de sécurité précise l'objet, la nature et le référentiel des vérifications demandées. Ces vérifications font l'objet d'un rapport de vérifications réglementaires sur mise en demeure (RVRMD).

Article GE 9

Rapports de vérifications *(Arrêté du 28 mars 2007)*

Les rapports de vérifications techniques réglementaires doivent être rédigés conformément aux dispositions figurant en appendice à la présente section.

C - Articles CO - Construction

Article CO 2

Voie utilisable par les engins de secours et espace libre

§ 1. (Arrêté du 23 janvier 2004) Voie utilisable par les engins de secours (en abrégé : voie engins) : voie, d'une largeur minimale de 8 mètres, comportant une chaussée répondant aux caractéristiques suivantes, quel que soit le sens de la circulation suivant lequel elle est abordée à partir de la voie publique :
Largeur, bandes réservées au stationnement exclues :
- 3 mètres pour une voie dont la largeur exigée est comprise entre 8 et 12 mètres ;
- 6 mètres pour une voie dont la largeur exigée est égale ou supérieure à 12 mètres.

Toutefois, sur une longueur inférieure à 20 mètres, la largeur de la chaussée peut être réduite à 3 mètres et les accotements supprimés, sauf dans les sections de voies utilisables pour la mise en station des échelles aériennes définies au paragraphe 2 ci-dessous.
Force portante calculée pour un véhicule de 160 kilonewtons avec un maximum de 90 kilonewtons par essieu, ceux-ci étant distants de 3,60 mètres au minimum.
(Arrêté du 10 octobre 2005) Résistance au poinçonnement : 80 N/cm^2 sur une surface maximale de 0,20 m^2.
Rayon intérieur minimal R : 11 mètres.
Surlargeur S = 15/R dans les virages de rayon intérieur inférieur à 50 mètres (S et R, surlargeur et rayon intérieur étant exprimés en mètres).
Hauteur libre : 3,50 mètres.
Pente inférieure à 15 %.

§ 2. (Arrêté du 23 janvier 2004) Section de voie utilisable pour la mise en station des échelles aériennes (en abrégé : voie échelle).
Partie de voie utilisable par les engins de secours dont les caractéristiques ci-dessus sont complétées et modifiées comme suit :
- la longueur minimale est de 10 mètres ;
- la largeur libre minimale de la chaussée est portée à 4 mètres ;
- la pente maximale est ramenée à 10 %.

(Arrêté du 22 décembre 1981) La disposition par rapport à la façade desservie permet aux échelles aériennes d'atteindre un point d'accès (balcons, coursives, etc.) à partir duquel les sapeurs-pompiers doivent pouvoir atteindre toutes les baies de cette façade, la distance maximum entre deux points d'accès ne devant jamais excéder 20 m.
Si cette section de voie n'est pas sur la voie publique, elle doit lui être raccordée par une voie utilisable par les engins de secours.
Lorsque cette section est en impasse, sa largeur minimale est portée à 10 m avec une chaussée libre de stationnement de 7 m de large au moins.

§ 3. Espace libre : espace répondant aux caractéristiques minimales suivantes :
- la plus petite dimension est au moins égale à la largeur totale des sorties de l'établissement sur cet espace, sans être inférieure à 8 m ;
- il ne comporte aucun obstacle susceptible de s'opposer à l'écoulement régulier du public ;
- il permet l'accès et la mise en œuvre facile du matériel nécessaire pour opérer les sauvetages et combattre le feu ;
- les issues de l'établissement sur cet espace sont à moins de 60 m d'une voie utilisable par les engins de secours. La largeur minimale de l'accès, à partir de cette voie est de :
  * 1,80 m lorsque le plancher bas du dernier niveau accessible au public est de 8 m au plus au-dessus du sol,
  * 3 m lorsque le plancher bas du dernier niveau accessible au public est à plus de 8 m au-dessus du sol.

§ 4. Les sections de voies et espaces libres ci-dessus doivent être munis en permanence d'un panneau de signalisation visible en toutes circonstances et indiquant le tonnage limite autorisé.
La permanence des conditions imposées dans les § 1-2-3 doit être assurée.

Article CO 3

Façade et baie accessibles

§ 1. Chaque bâtiment, en fonction de sa hauteur et de l'effectif du public reçu, doit avoir une ou plusieurs façades accessibles, desservies chacune par une voie ou un espace libre suivant les conditions fixées aux articles CO 1, § 3, CO 4 et CO 5.

§ 2. Façade accessible : façade permettant aux services de secours d'intervenir à tous les niveaux recevant du public. Elle comporte au moins une sortie normale au niveau d'accès du bâtiment et des baies accessibles à chacun de ses niveaux.

§ 3. (Arrêté du 12 juin 1995) Baie accessible : toute baie ouvrante permettant d'accéder à un niveau recevant du public et présentant les dimensions minimales suivantes :
- hauteur : 1,30 m au minimum ;
- largeur : 0,90 m au minimum.

Les façades aveugles ou munies de châssis fixes, qui font partie du nombre de façades accessibles exigées, doivent être munies de baies accessibles répondant aux caractéristiques suivantes :
- hauteur : 1,80 m au minimum
- largeur : 0,90 m au minimum ;
- distance entre baies successives situées au même niveau : de 10 m à 20 m,
- distances minimales de 4 m mesurées en projection horizontale entre les baies d'un niveau et celles des niveaux situés immédiatement en dessus et en dessous ;
- les panneaux d'obturation ou les châssis doivent pouvoir s'ouvrir et demeurer toujours accessibles de l'extérieur et de l'intérieur. Ils doivent être aisément repérables de l'extérieur par les services de secours.

Article CO 4

Nombre de façades accessibles et dessertes par des voies ou espaces libres

Le nombre minimal de façades accessibles et de dessertes correspondantes par des voies ou espaces libres est fixé comme suit :

a) Établissement de 1re catégorie recevant plus de 3 500 personnes

Deux façades opposées desservies par deux voies de 12 m de large ou trois façades judicieusement réparties, et desservies par deux voies de 12 m et une voie de 8 m de large, les deux conditions suivantes étant toujours réalisées :
1. la longueur des façades accessibles est supérieure à la moitié du périmètre du bâtiment ;
2. tous les locaux recevant du public en étage sont situés sur les façades accessibles ou n'en sont séparés que par de larges dégagements ou zones de circulation.

Si cette dernière condition ne peut être respectée, l'établissement doit avoir quatre façades accessibles réparties sur toute sa périphérie et desservies par deux voies de 12 m de large et deux voies de 8 m.

b) Établissements de 1re catégorie recevant entre 2 500 et 3 500 personnes

Deux façades accessibles desservies par une voie de 12 m de large et une voie de 8 m de large si la condition 2 ci-dessus est respectée.
Si cette condition n'est pas respectée, l'établissement doit avoir une troisième façade accessible desservie par une voie de 8 m de large.

c) Établissements de 1re catégorie recevant entre 1 500 et 2 500 personnes

Deux façades accessibles, chacune desservie par une voie de 8 m de large.

d) établissement de 2e et 3e catégories

Une façade accessible desservie par une voie de 8 m de large

e) Établissements de 4e catégorie

Une façade accessible qui, par dérogation aux dispositions de l'article CO 2, § 1 et 2, est desservie :
- par une voie de 6 m de large comportant une chaussée libre de stationnement de 4 m de large au moins ;
- ou par une impasse de 8 m de large avec une chaussée libre de stationnement de 7 m de large au moins.

Toutefois, si l'établissement est en rez-de-chaussée, toutes les sorties peuvent donner sur un passage d'une largeur de 1,80 m aboutissant à ses deux extrémités à des voies utilisables par les engins de secours. Si ce passage est couvert et non désenfumé, la distance de tout point de l'établissement à l'une des extrémités du passage doit être inférieure à 50 m. Si le passage est désenfumé ou à l'air libre, cette distance est portée à 100 m.

Article CO 5
Espaces libres et secteurs

En application de l'article CO 1, § 3b, lorsque le plancher bas du dernier niveau accessible au public est à plus de 8 m au-dessus du sol, les voies-échelles peuvent être remplacées nombre pour nombre par des espaces libres, à condition que ceux-ci permettent la mise en station d'une échelle aérienne sur un ou plusieurs emplacements, afin d'atteindre à chaque niveau une baie accessible par secteur, ce dernier étant défini à l'article CO 24.
Cette baie doit ouvrir, soit sur un dégagement, soit sur un local accessible au public.

Article CO 19
Généralités

§ 1. Objet :
Les dispositions de la présente section ont pour but d'empêcher la propagation du feu par les façades.

§ 2. Les dispositions de la présente section sont également applicables aux couvertures qui font avec la verticale un angle inférieur à 30° et qui forment façade sur plusieurs niveaux accessibles au public.

§ 3. *(Arrêté du 22 décembre 1981.)* « L'instruction technique relative aux façades précise les conditions d'application et définit des solutions ne nécessitant pas de vérifications expérimentales ou par analogie ».

Article CO 20 (Arrêté du 24 mai 2010)
Réaction au feu des composants et équipements de façades

§ 1. Les revêtements extérieurs de façades, les tableaux de baie situés à l'extérieur des vitrages, les cadres de menuiserie et leurs remplissages, les fermetures et éléments d'occultation des baies, les stores, les garde-corps et leurs retours ainsi que les grilles d'aération doivent être en matériau de catégorie M3 ou D-s3, d0.

§ 2. Toutefois, lorsque la règle de l'article CO 21, § 3 (règle C + D), n'est pas appliquée à l'ensemble d'une façade, les revêtements extérieurs de façade, les fermetures et éléments d'occultation des baies doivent être de catégorie M2 ou C-s3, d0.

Article CO 21
Résistance à la propagation verticale du feu par les façades comportant des baies

§ 1. Règles concernant l'accrochage des panneaux de façade.
(Arrêté du 22 décembre 1981.) « Toutes dispositions doivent être prises pour éviter le passage rapide des flammes ou des gaz chauds d'un étage à l'autre par la jonction façade-plancher.
Cette condition est réputée satisfaite lorsque cette jonction est réalisée conformément aux solutions techniques décrites dans l'instruction technique relative aux façades. Sinon, l'efficacité de ces dispositions doit être démontrée par un essai.
Lorsque la règle du C + D n'est pas applicable, les dispositions du premier alinéa ci-dessus ne sont imposées qu'aux façades légères qui s'échauffent rapidement, à l'exclusion des façades en maçonnerie pour lesquelles aucune disposition particulière n'est à prévoir ».

§ 2. Règle concernant le recoupement des vides.
Dans les deux premiers cas visés au paragraphe 3 a ci-après, si les éléments constitutifs de la façade comportent des vides susceptibles de créer un effet de cheminée, ces vides doivent être recoupés tous les deux niveaux par des matériaux de catégorie M0.

§ 3. Règle « C + D » concernant la création d'un obstacle au passage du feu d'un étage à l'autre.
a) La règle définie ci-dessous est applicable :
- aux façades des bâtiments comportant des locaux réservés au sommeil par destination, au-dessus du 1er étage ;
- aux façades des bâtiments dont le plancher bas du dernier niveau est à plus de 8 mètres du sol et qui répondent, en outre, à une des conditions suivantes :
- le bâtiment est divisé en secteurs suivant les dispositions de l'article CO 24 (§ 2) ;
- le bâtiment est divisé en compartiments suivant les dispositions de l'article CO 25 ;
- aux parties de façades situées au droit des planchers hauts des locaux à risques importants ;

- aux parties de façades situées au droit des planchers d'isolement avec un tiers.
(Arrêté du 2 février 1993, art. 2.) « Toutefois, cette règle n'est pas exigée si l'établissement recevant du public occupe la totalité du bâtiment et s'il est entièrement équipé *(Arrêté du 12 octobre 2006)* « d'un système d'extinction automatique du type sprinkleur » ou d'un système de sécurité incendie de catégorie A ».
(Arrêté du 24 mai 2010)
« b) C, D et M définis dans l'instruction technique relative aux façades, respectent :
$C + D \geq 1$ mètre si $M \leq 130$ MJ/m^2
$C + D \geq 1,3$ mètre si $M > 130$ MJ/m^2. »
c) Pour l'application de cette règle, il n'est pas tenu compte des orifices d'entrée d'air de ventilation dont la section ne dépasse pas 200 cm^2.

Article CO 22

Résistance à la propagation verticale du feu par les façades ne comportant pas de baie

§ 1. Pour les façades ne comportant pas de baie, la somme des durées coupe-feu réelles déterminées pour le panneau de façade exposé de l'intérieur et de l'extérieur lors des essais de classement de résistance au feu doit être au moins égale à :
- Trente minutes pour les établissements installés dans les bâtiments dont le plancher bas du dernier niveau est à moins de 8 mètres du sol ;
- Soixante minutes lorsque le plancher bas du dernier niveau est à plus de 8 mètres du sol.

Toutefois les orifices d'entrée d'air de ventilation sont tolérés sur ces façades.

§ 2. Les murs en maçonnerie traditionnelle ne sont pas soumis aux dispositions du paragraphe 1 ci-dessus.

§ 3. De plus, les façades composées de panneaux montés en avant des planchers doivent respecter les dispositions du paragraphe 1 de l'article CO 21.

§ 4. Les dispositions des paragraphes 1 et 3 ci-dessus ne s'appliquent pas aux bâtiments à simple rez-de-chaussée.

Article CO 23

Généralités (Arrêté du 24 septembre 2009)

§ 1. Objet :
Les dispositions de la présente section ont pour objet de limiter la propagation du feu et des fumées à travers la construction.
A cet effet, les locaux doivent être séparés des locaux qui leur sont contigus et des dégagements par des parois verticales et des portes ayant certaines caractéristiques de résistance au feu. Toutefois, ces parois et ces portes peuvent ne pas présenter de caractéristiques de résistance au feu pour certains locaux à surface réduite ou si elles distribuent des locaux ou dégagements regroupés à l'intérieur d'un compartiment.

§ 2. Les dispositions relatives à la résistance au feu des parois verticales et des portes sont définies à l'article CO 24 dans le cas général, ou à l'article CO 25 lorsque les dispositions particulières à un type d'établissement autorisent la distribution intérieure par compartiment. Toutefois, dans les deux cas, les parois des locaux à risques particuliers, des escaliers protégés et des espaces d'attente sécurisés doivent répondre respectivement aux dispositions des articles CO 28, CO 52, CO 53 et CO 59.

§ 3. Les notions de secteurs (liés aux espaces libres permettant la mise en station d'une échelle aérienne) et de compartiments (liés à l'exploitation, dans les types d'établissements où ils sont autorisés) définies aux articles CO 5, CO 24 et CO 25 sont totalement indépendantes et ne peuvent être cumulées à l'intérieur d'un même bâtiment.

Article CO 24

Caractéristiques des parois verticales et des portes (cloisonnement traditionnel et secteur)

§ 1. Le cloisonnement traditionnel visé à l'article CO 1 (§ 2) doit être réalisé dans les conditions suivantes :
a) Les parois verticales des dégagements et des locaux doivent avoir un degré de résistance au feu défini par le tableau ci-dessous en fonction du degré de stabilité au feu exigé pour la structure du bâtiment ou de l'établissement :

Degré de stabilité au feu exigé pour la structure du bâtiment ou de l'établissement recevant du public	Parois entre locaux et dégagements accessibles au public	Parois entre locaux accessibles au public. Parois entre locaux accessibles au public et locaux non accessibles au public classés à risques courants	
		Non réservés au sommeil(1)	Réservés au sommeil
Aucune exigence	PF* de degré 1/4 h	PF* de degré 1/4 h	CF* de degré 1/4 h
1/2 heure	CF* de degré 1/2 h	PF* de degré 1/2 h	CF* de degré 1/2 h
1 heure	CF* de degré 1 heure	PF* de degré 1/2 h	CF* de degré 1 heure
1 heure 1/2	CF* de degré 1 heure	PF* de degré 1/2 h	CF* de degré 1 heure

* PF : pare-flamme ; CF : coupe-feu.
(1) Toutefois cette disposition n'est pas exigée à l'intérieur d'un ensemble de locaux contigus qui ne dépasse pas 300 mètres carrés au même niveau.

b) Les blocs-portes et les éléments verriers des baies d'éclairage équipant les parois verticales doivent être pare-flamme (PF) de degré une demi-heure. Toutefois, ils peuvent être PF de degré un quart d'heure lorsqu'aucune exigence de stabilité n'est imposée à la structure de l'établissement.
(Arrêté du 23 décembre 1996.) « Aucune exigence de résistance au feu n'est imposée aux éléments verriers des baies des locaux ouvrant sur une circulation à l'air libre, lorsque les parties vitrées se situent au-dessus d'une allège d'une hauteur minimale d'un mètre présentant la résistance au feu exigée par la condition a) ».
c) Les circulations horizontales de grande longueur encloisonnées doivent être recoupées tous les vingt-cinq à trente mètres par des parois et blocs-portes PF de degré une demi-heure (*Arrêté du 22 décembre 1981*) « munis d'un ferme-porte ».

§ 2. En outre, s'il est fait application de l'article CO 5, chaque niveau (*Arrêté du 22 décembre 1981*) « de l'établissement » doit être divisé en autant de secteurs qu'il y a d'escaliers normaux (au sens de l'article CO 34). Ces secteurs doivent avoir chacun une capacité d'accueil du même ordre de grandeur.
Les secteurs sont isolés entre eux par une paroi CF de degré une heure équipée d'un seul bloc-porte en va-et-vient PF de degré une demi-heure (ces parois peuvent se confondre avec les parois prévues au paragraphe précédent).
Chaque secteur doit avoir une surface maximale de 800 mètres carrés et, en façade accessible, une longueur de vingt mètres maximum, sans que l'autre dimension n'excède quarante mètres, ces différentes mesures étant prises en œuvre.
De plus, les établissements à risques particuliers visés à l'article CO 6 (§ 2) doivent être entièrement équipés d'une installation fixe d'extinction automatique à eau.
(Arrêté du 2 février 1993, art. 2.) « Enfin les établissements comportant, par destination, des locaux à sommeil doivent être entièrement équipés d'un système de sécurité incendie de catégorie A ».

Article CO 25

Compartiments

§ 1. Le compartiment prévu à l'article CO 1 (§ 2) est un volume à l'intérieur duquel les exigences de résistance au feu relatives aux parois verticales définies à l'article CO 24 (§ 1) ne sont pas imposées.

§ 2. Lorsqu'ils sont autorisés par les dispositions particulières à certains types d'établissements, les compartiments doivent avoir les caractéristiques suivantes :
a) Dimensions : chaque niveau comporte au moins deux compartiments dont chacun a une capacité d'accueil du même ordre de grandeur.
Un compartiment peut s'étendre sur deux niveaux si la superficie totale ne dépasse pas la superficie moyenne d'un compartiment de l'établissement.
La surface maximale, ou l'effectif maximal admissible, est fixée dans les dispositions particulières au type d'établissement intéressé.

b) Parois : les parois verticales limitant les compartiments, façades exclues, ont les qualités de résistance au feu suivantes :

Degré de stabilité au feu exigé pour la structure	Parois limitant les compartiments
Aucune exigence	CF de degré 1/2 heure
1/2 heure	CF de degré 1/2 heure
1 heure	CF de degré 1 heure
1 heure 1/2	CF de degré 1 heure 1/2

c) Issues : chaque compartiment comporte un nombre d'issues judicieusement réparties proportionné à l'effectif maximal des personnes admises conformément aux dispositions de l'article CO 38.
Toutefois :
- une issue du compartiment, de deux unités de passage au moins dès que l'effectif du compartiment dépasse 100 personnes, débouche sur l'extérieur, ou sur un dégagement protégé par un bloc-porte PF de degré une demi-heure muni d'un ferme-porte ;
- le passage d'un compartiment à un autre ne peut se faire que par deux dispositifs de communication au plus situés sur les circulations principales.

d) Dispositif de communication : le dispositif de communication entre compartiments contigus doit être soit :
- un bloc-porte à va-et-vient et pare-flammes du même degré que la paroi où il est installé ;
- un sas avec des blocs-portes en va-et-vient et pare-flammes de degré moitié de l'exigence ci-dessus.

Les portes peuvent être à fermeture automatique.

e) Circulations intérieures : elles sont conformes aux dispositions de la section IX et doivent être dans tous les cas parfaitement matérialisées.

f) Désenfumage : chaque compartiment doit être désenfumé suivant les dispositions du IV du présent titre.

Article CO 26
Recoupement des vides

§ 1. Les parois verticales auxquelles un degré de résistance au feu est imposé doivent être construites de plancher à plancher.

§ 2. Les combles inaccessibles et l'intervalle existant entre le plancher et le plafond suspendu, doivent être recoupés par des éléments en matériaux de catégorie M0 ou par des parois PF de degré un quart d'heure.
Ces cellules doivent avoir une superficie maximale de 300 mètres carrés, la plus grande dimension n'excédant pas 30 mètres.
Ce recoupement n'est pas exigé si les vides ci-dessus sont protégés par *(Arrêté du 12 octobre 2006)* « un système d'extinction automatique du type sprinkleur », ou se trouvent à l'intérieur des compartiments définis à l'article CO 25.

Article CO 27
Classement des locaux en fonction de leurs risques

§ 1. Les locaux sont classés suivant les risques qu'ils présentent en :
- locaux à risques particuliers, qui se subdivisent en
  * locaux à risques importants,
  * locaux à risques moyens ;
- locaux à risques courants, auxquels sont assimilés les logements du personnel situés dans l'établissement.

§ 2. Les chapitres relatifs aux installations techniques et aux divers types d'établissements fixent :
- la liste des locaux non accessibles au public à risques particuliers, classés respectivement à risques moyens ou à risques importants, auxquels les dispositions générales de l'article CO 28 sont applicables. Cette liste peut éventuellement être complétée après avis de la commission de sécurité dans chaque cas particulier ;
- le cas échéant, les mesures complémentaires qui s'ajoutent aux dispositions générales de l'article CO 28.

Article CO 28
Locaux à risques particuliers

§ 1. Les locaux à risques importants doivent satisfaire aux conditions ci-après :
- les façades sont établies suivant les dispositions de la section V du présent chapitre ;
- *(Arrêté du 22 décembre 1981)* les conduits et les gaines qui les traversent ou les desservent doivent satisfaire aux dispositions des articles CO 32 et CO 33,
- les planchers hauts et les parois verticales doivent avoir un degré coupe-feu 2 heures et les dispositifs de communication avec les autres locaux doivent être coupe-feu de degré 1 heure, l'ouverture se faisant vers la sortie et les portes étant munies de ferme-porte ;
- ils ne doivent pas être en communication directe avec les locaux et dégagements accessibles au public.

§ 2. (Arrêté du 31 mai 1991) Les locaux à risques moyens doivent répondre aux conditions précédentes en ce qui concerne les façades. Ils doivent par ailleurs être isolés des locaux et dégagements accessibles au public par des planchers « hauts » et parois coupe-feu de degré 1 heure avec des blocs-portes coupe-feu de degré 1/2 heure équipés d'un ferme-porte. Les conduits doivent répondre aux conditions fixées par l'article CO 31.

Article CO 29
Locaux à risques courants et logements du personnel

§ 1. Les locaux à risques courants, non accessibles au public, ne sont soumis à aucune disposition particulière d'isolement autre que celles prévues à la section VI du présent chapitre.

§ 2. Les locaux servant de logements au personnel. situés dans l'établissement, doivent être isolés des autres parties du bâtiment par des parois verticales et des blocs-portes présentant les caractéristiques de résistance au feu des locaux réservés au sommeil prévus à l'article CO 24.

Article CO 34
Terminologie

§1. Pour l'application du présent règlement, on appelle « dégagement » toute partie de la construction permettant le cheminement d'évacuation des occupants : porte, sortie, issue, circulation horizontales, zone de circulation, escalier, couloir, rampe, etc.

§ 2. On appelle :
Dégagement normal : dégagement comptant dans le nombre minimal de dégagements imposés en application des dispositions de l'article CO 38.
Dégagement accessoire : dégagement répondant aux dispositions de l'article CO 41, imposé lorsqu'exceptionnellement les dégagements normaux ne sont pas judicieusement répartis dans le local, l'étage, le secteur, le compartiment ou l'établissement recevant du public.
Dégagement de secours : dégagement qui, pour des raisons d'exploitation, n'est pas utilisé en permanence par le public.
Dégagement supplémentaire : dégagement en surnombre des dégagements définis ci-dessus.

§ 3. Circulation principale : circulation horizontale assurant un cheminement direct vers les escaliers, sorties ou issues.
Circulation secondaire : circulation horizontale assurant un cheminement des personnes vers les circulations principales.

§ 4. Dégagement protégé : dégagement dans lequel le public est à l'abri des flammes et de la fumée, soit :
- dégagement encloisonné : dégagement protégé dont toutes les parois ont un degré minimum de résistance au feu imposé ;
- dégagement ou rampe à l'air libre : dégagement protégé dont la paroi donnant sur le vide de la façade comporte en permanence, sur toute sa longueur, des vides au moins égaux à la moitié de la surface totale de cette paroi.

§ 5. Porte à ferme-porte : porte équipée d'un dispositif destiné à la ramener automatiquement à sa position de fermeture dès qu'elle en a été éloignée pour le passage des personnes ou pour le service.
Porte à fermeture automatique : porte équipée d'un ferme-porte et d'un dispositif qui peut la maintenir en position d'ouverture et la libère au moment du sinistre dans les conditions prévues à l'article CO 47.

§ 6. *(Arrêté du 24 septembre 2009)* « **Espace d'attente sécurisé** :
Zone à l'abri des fumées, des flammes et du rayonnement thermique :
Une personne, quel que soit son handicap, doit pouvoir s'y rendre et, si elle ne peut poursuivre son chemin, y attendre son évacuation grâce à une aide extérieure.

Article CO 35
Conception des dégagements

§ 1. Les dégagements doivent permettre une évacuation rapide et sûre de l'établissement.
En particulier, il est interdit de placer une ou deux marches isolées dans les circulations principales. Les différences de niveau doivent être réunies soit par des pentes égales au plus à 10 %, soit par des groupes de trois marches au moins égales entre elles.

§ 2. À chaque sortie sur l'extérieur ou sur un dégagement protégé doit correspondre une circulation principale.
Des atténuations à cette règle peuvent être acceptées après avis de la commission de sécurité, lorsqu'une circulation de largeur suffisante est aménagée en périphérie du local ou du niveau.

§ 3. Des circulations horizontales de deux unités de passage au moins doivent relier les dégagements entre eux :
- au rez-de-chaussée, les escaliers aux sorties et les sorties entre elles ;
- dans les étages et les sous-sols, les escaliers entre eux.

Toutefois, la largeur de ces circulations peut être réduite à une unité de passage lorsque les dégagements reliés n'offrent qu'une unité de passage.

§ 4. Les portes des locaux accessibles au public donnant sur des dégagements en cul-de-sac ne doivent pas être à plus de 10 m du débouché de ce cul-de-sac.

§ 5. Ne peuvent être communs avec les dégagements et sorties des locaux occupés par des tiers que les dégagements accessoires des établissements de 1re, 2e et 3e catégories, et les dégagements des établissements de 4e catégorie.
La traversée de la paroi d'isolement avec le dégagement doit se faire par un bloc-porte coupe-feu de degré 1/2 heure muni d'un ferme-porte et, dans le cas des établissements de 4e catégorie, le dégagement commun ne doit pas desservir de locaux tiers à risques particuliers.

§ 6. Lorsque les cheminements ne sont pas délimités par des parois verticales, ils doivent être suffisamment matérialisés.

Article CO 36
Unité de passage, largeur de passage

§ 1. Chaque dégagement doit avoir une largeur minimale de passage proportionnelle au nombre total de personnes appelées à l'emprunter.

§ 2. Cette largeur doit être calculée en fonction d'une largeur type appelée « unité de passage » de 0,60 m.
Toutefois, quand un dégagement ne comporte qu'une ou deux unités de passage, la largeur est respectivement portée de 0,60 m à 0,90 m et de 1,20 m à 1,40 m.

§ 3. Les établissements, locaux, niveaux, secteurs ou compartiments totalisant un effectif de plus de 200 personnes ne doivent pas comporter des dégagements normaux ayant une largeur inférieure à deux unités de passage.
Toutefois, compte tenu de la disposition des lieux, des dégagements d'une seule unité de passage peuvent être admis, à condition que chacun ne soit pris en compte qu'une seule fois :
- soit dans le nombre des dégagements normaux ;
- soit dans le nombre d'unités de passage de ces dégagements.

§ 4. (Arrêté du 23 décembre 1996) 50 % au plus de tous les escaliers mécaniques et trottoirs roulants, dont l'angle d'inclinaison est respectivement inférieur ou égal à 30 degrés et à 12 degrés, peuvent compter dans les nombres des dégagements et des unités de passage réglementaires.

Pour l'application de cette règle et par dérogation aux dispositions du § 2, les escaliers mécaniques et trottoirs roulants ayant une largeur minimale de :
- 0,80 m entre mains courantes et 0,60 m entre limons sont comptés pour une unité de passage ;
- 1,20 m entre mains courantes et 1 m entre limons sont comptés pour deux unités de passage.

Article CO 37
Saillies et dépôts

§1. (Arrêté du 23 décembre 1996) Aucune saillie ou dépôt ne doit réduire la largeur réglementaire des dégagements ; toutefois, sauf dans le cas de dégagements accessoires dont la largeur n'excède pas la largeur minimale fixée à l'article CO 41 § 2, les aménagements fixes sont admis jusqu'à une hauteur maximale de 1,10 m, à condition qu'ils ne fassent pas saillie de plus de 0,10 m.

§ 2. Lorsque la largeur d'un dégagement excède la dimension minimale imposée, des aménagements ou du mobilier faisant saillie, à l'exception des dépôts, sont autorisés dans la largeur excédentaire, à condition :
- de ne pas gêner la circulation rapide du public ;
- de ne pouvoir être déplacés ou renversés. Cette dernière condition ne s'applique pas aux élargissements formant zone d'attente. de repos ;
- de ne pas gêner le fonctionnement des portes à fermeture automatique.

Toutefois, ces facilités ne sont pas autorisées dans les escaliers protégés.

Article CO 38
Calcul des dégagements

§ 1. Les niveaux, locaux, secteurs ou compartiments doivent être desservis dans les conditions suivantes, en fonction de l'effectif des personnes qui peuvent y être admises :

a) De 1 à 19 personnes
- par un dégagement ayant une largeur d'une unité de passage.

b) De 20 à 50 personnes
- soit par deux dégagements donnant sur l'extérieur ou sur des locaux différents non en cul-de-sac. L'un de ces dégagements doit avoir une largeur d'une unité de passage, l'autre pouvant être un dégagement accessoire ;
- *(Arrêté du 22 décembre 1981)* soit, pour les locaux situés en étage, par un escalier ayant une largeur d'une unité de passage complété par un dégagement accessoire si le plancher bas du niveau accessible au public est situé à plus de 8 m au-dessus du sol, ou s'il est fait application de l'article CO 25 relatif aux compartiments, soit, pour les locaux situés en sous-sol, par un escalier ayant une largeur d'une unité de passage complété par un dégagement accessoire.

c) De 51 à 100 personnes
- par deux dégagements d'une unité de passage ou par un de deux unités. Dans ce dernier cas, ce dégagement doit être complété par un dégagement accessoire.

d) Plus de 100 personnes

(Arrêté du 22 décembre 1981) par deux dégagements jusqu'à 500 personnes, augmentés d'un dégagement par 500 personnes ou fraction de 500 personnes au-dessus des 500 premières. La largeur des dégagements doit être calculée à raison d'une unité de passage pour 100 personnes ou fraction de 100 personnes ; au-dessous de 501 personnes, le nombre d'unités de passage est majoré d'une unité.

§ 2. À chaque niveau, l'effectif à prendre en compte pour calculer le nombre et la largeur des escaliers desservant ce niveau doit cumuler l'effectif admis à ce niveau avec ceux des niveaux situés au-dessus pour les niveaux en surélévation, ou avec ceux des niveaux en dessous pour les niveaux en sous-sol.

§ 3. (Supprimé par arrêté du 24 septembre 2009) (Les dispositions de l'arrêté du 24 septembre 2009 sont applicables à partir du 23 janvier 2010)

Article CO 39
Calcul des dégagements des locaux recevant du public installés en sous-sol

§ 1. (Arrêté du 10 juillet 1987) Un local ou niveau (partiel ou total) est dit « en sous-sol » quand il remplit une des conditions suivantes :
- la sous-face du plancher haut est à moins de 1 m au-dessus du niveau moyen des seuils des issues sur l'extérieur de ce local ou niveau ;
- le plancher bas est à plus de 1 m en contrebas du niveau moyen des seuils des issues sur l'extérieur de ce local ou niveau.

§ 2. Si le point le plus bas du niveau accessible au public est à plus de 2 m en contrebas du niveau moyen des seuils des issues sur l'extérieur, et s'il reçoit plus de 100 personnes, le nombre et la largeur des dégagements de ce niveau sont déterminés suivant les règles de l'article CO 38, à partir d'un effectif théorique calculé comme suit :
L'effectif des personnes admises est :
- arrondi à la centaine supérieure ;
- majoré de 1 0 % par mètre ou fraction de mètre au-delà de 2 m de profondeur.
(Cette majoration d'effectif n'est pas à prendre en compte pour la détermination de la catégorie de l'établissement.)

§ 3. Lorsque le plancher d'un local en sous-sol visé au §1 n'est pas horizontal (salle de spectacles ou de conférences. etc.), la moitié au moins des personnes admises dans ce local doit pouvoir sortir par une ou plusieurs Issues dont le seuil se trouve au-dessous du niveau moyen du plancher.

Article CO 40
Enfouissement maximal

Sauf dispositions particulières prévues dans la suite du présent règlement, l'établissement ne doit comprendre qu'un seul niveau de sous-sol accessible au public et son point le plus bas doit être au plus à 6 m au-dessous du niveau moyen des seuils extérieurs.

Article CO 41
Dégagements accessoires et supplémentaires

§ 1. Des dégagements accessoires peuvent être imposés après avis de la commission de sécurité si, exceptionnellement, les sorties et escaliers normaux ne peuvent être judicieusement répartis.

§ 2. Les dégagements accessoires peuvent être constitués par des sorties, des escaliers, des coursives, des passerelles, des passages en souterrain ou par des chemins de circulation faciles et sûrs d'une largeur minimale de 0,60 m ou encore par des balcons filants, terrasses, échelles, manches d'évacuation, etc.
Lorsqu'un dégagement accessoire emprunte une propriété appartenant à un tiers, l'exploitant doit justifier d'accords contractuels sous forme d'acte authentique. Si le dégagement traverse une paroi d'isolement avec un bâtiment ou un local occupé par un tiers, le bloc-porte de franchissement doit être coupe-feu de degré 1 heure et muni d'un ferme-porte.
Les escaliers accessoires ne sont pas soumis aux dispositions des articles CO 36, CO 38, CO 50 § 3 1er alinéa, CO 55 et CO 56.

§ 3. les dégagements supplémentaires sont soumis aux dispositions générales relatives aux dégagements, sauf celles des articles CO 36 et CO 38.

Article CO 42
Balisage des dégagements

§ 1. Des indications bien lisibles de jour et de nuit doivent baliser les cheminements empruntés par le public pour l'évacuation de l'établissement, et être placées de façon telle que, de tout point accessible au public, celui-ci en aperçoive toujours au moins une, même en cas d'affluence.

§ 2. Cette signalisation doit être assurée par des panneaux opaques ou transparents, lumineux, de forme rectangulaire, conformes à la norme NF X 08-003 relative aux couleurs et signaux de sécurité, à l'exception des signaux

normalisés pour sortie et issue de secours n° s 50041, 50042 et 50044 dont l'utilisation est interdite dans les établissements recevant du public.
(Arrêtés du 22 décembre 1981 et du 29 janvier 2003) Les signaux blancs sur fond vert, notamment les flèches directionnelles, sont réservés exclusivement au balisage des dégagements.

Article CO 43
Répartition des sorties, distances maximales à parcourir

§ 1. Les sorties réglementaires de l'établissement, des niveaux, des secteurs, des compartiments et des locaux doivent être judicieusement réparties dans le but d'assurer l'évacuation rapide des occupants et d'éviter que plusieurs sorties soient soumises en même temps aux effets du sinistre.

§ 2. La distance maximum mesurée suivant l'axe des circulations que le public doit parcourir en rez-de-chaussée, à partir d'un point quelconque d'un local, pour atteindre une sortie donnant sur l'extérieur ou un dégagement protégé menant à l'extérieur, dont toutes les portes intérieures sont munies de ferme-porte, ne doit pas excéder :
- 50 m si le choix existe entre plusieurs sorties ;
- 30 m dans le cas contraire.

§ 3. Ne peuvent compter dans le nombre de sorties et d'unités de passage que les portes ou batteries de portes dont les montants extérieurs les plus rapprochés sont distants de 5 m au moins. Cette disposition n'exclut pas l'aménagement d'issues supplémentaires dans cet intervalle.

Article CO 44
Caractéristiques des blocs-portes

§ 1. La largeur de passage offerte par une porte doit être au moins égale à l'une de celles définies aux articles CO 36 et CO 38 avec une tolérance négative de 5 %.

§ 2. Les portes en va-et-vient doivent comporter une partie vitrée à hauteur de vue.

§ 3. Les vitrages des portes doivent être transparents, les couleurs rouge et orange étant interdites.

§ 4. Les blocs-portes résistant au feu possédant deux vantaux et équipés de ferme-portes doivent être munis d'un dispositif permettant d'assurer la fermeture complète de ces vantaux.

Article CO 45
Manœuvre des portes

§ 1. Les portes desservant les établissements, compartiments, secteurs ou locaux pouvant recevoir plus de 50 personnes doivent s'ouvrir dans le sens de la sortie.
Toutes les portes des escaliers doivent également s'ouvrir dans le sens de l'évacuation.

§ 2. En présence du public, toutes les portes doivent pouvoir s'ouvrir de l'intérieur par simple poussée ou par la manœuvre facile d'un seul dispositif par vantail tel que bec-de-cane, poignée tournante, crémone à poignée ou à levier ou de tout autre dispositif approuvé par la commission de sécurité. Lorsque le dispositif d'ouverture choisi est une barre antipanique, celle-ci doit être conforme aux normes françaises.

§ 3. Toutes les portes, quel que soit l'effectif des occupants du local desservi, doivent être disposées de manière à ne former aucune saillie dans le dégagement. à l'exception des portes pouvant se développer jusqu'à la paroi.

§ 4. Les portes de recoupement des circulations horizontales utilisées dans les deux sens pour gagner une sortie vers l'extérieur doivent obligatoirement s'ouvrir en va-et-vient.

§ 5. Les portes des locaux en cul-de-sac risquant d'être confondues avec des issues d'évacuation doivent s'ouvrir en débattant vers l'extérieur de ces locaux et être signalées par une inscription « Sans issue » non lumineuse et pour laquelle la couleur verte est interdite.
Elles ont fait l'objet d'essais de conformité et d'endurance par le Cetim et d'essais au feu par le CTICM.
Après examen, la commission émet un avis favorable à l'utilisation de ces dispositifs dans le cadre des dispositions de l'article CO 45, § 2.

Article CO 46

Portes des sorties de secours

§ 1. La manœuvre des portes des sorties de secours doit répondre aux dispositions de l'article CO 45, § 1 à 4.

§ 2. (Arrêté du 2 février 1993) Le verrouillage des portes des sorties de secours peut être autorisé après avis de la commission de sécurité et sous réserve du respect des mesures énoncées dans la suite du présent article.
a) Chaque porte doit être équipée d'un dispositif de verrouillage électromagnétique conforme à la norme en vigueur pour cette application.
b) Les portes équipées ne peuvent être commandées que selon l'un des deux principes suivants :
- par un dispositif de commande manuelle (boîtier à bris de glace, par exemple) à fonction d'interrupteur intercalé sur la ligne de télécommande et situé près de l'issue équipée ;
- par un dispositif de contrôle d'issues de secours conforme aux dispositions de la norme le concernant (visant également les conditions de mise en œuvre), avec comme durées de temporisation :T1 max = 8 s et T2 - max = 3 min. La temporisation T2 n'est cependant admise que si l'établissement dispose d'un service de sécurité assuré par des agents de sécurité incendie dans les conditions définies à l'article MS 46.

c) Le déverrouillage automatique des issues de secours doit être obtenu dans les conditions prévues à l'article MS 60.

§ 3. (Arrêté du 2 février 1993) Tout dispositif de dissuasion d'emprunter les portes de secours verrouillées ou non verrouillées peut être autorisé après avis de la commission de sécurité.

Article CO 47

Portes à fermeture automatique

§ 1. (Arrêté du 2 février 1993) Les portes résistant au feu et qui, pour des raisons d'exploitation, sont maintenues ouvertes doivent être conformes à la norme visant les portes à fermeture automatique.

§ 2. (Arrêté du 2 février 1993) Ces portes doivent comporter sur la face apparente, en position d'ouverture, une plaque signalétique bien visible portant en lettres blanches sur fond rouge ou vice-versa, la mention « Porte coupe-feu - Ne mettez pas d'obstacle à la fermeture ».

§ 3. (Arrêté du 2 février 1993) La fermeture de chaque porte doit être obtenue dans les conditions prévues à l'article MS 60.

§ 4. La fermeture simultanée de ces portes, dans l'ensemble du bâtiment, doit en outre être asservie à des dispositifs de détection automatique lorsque :
- l'établissement comporte, par destination, des locaux réservés au sommeil au-dessus du premier étage ;
- il existe des portes d'isolement à fermeture automatique telles que prévues à l'article CO 10, § 1 ;
- les dispositions particulières à certains types d'établissement l'imposent.

Article CO 48

Portes de types spéciaux

§ 1. (Arrêté du 10 novembre 1994) Les portes à tambour non automatiques ne sont pas considérées comme des sorties normales. Elles ne sont autorisées qu'en façade et ne doivent pouvoir être empruntées dans un sens que par une seule personne à la fois.
Elles doivent être doublées par une porte d'au moins une unité de passage comportant à hauteur de vue l'inscription « Sortie de secours ».

§ 2. Les tourniquets ne sont autorisés que dans les halls d'entrée. Ils doivent être aménagés dans les mêmes conditions que les tambours tournants ou être amovibles, ou escamotables par simple poussée.

§ 3. (Arrêté du 10 novembre 1994) Les portes automatiques sont autorisées dans les conditions suivantes :
a) Les portes automatiques à tambour ne sont autorisées qu'en façade. Les portes automatiques coulissantes ou battantes peuvent être autorisées à l'intérieur des bâtiments, après avis de la commission départementale de sécurité, dans la mesure où elles ne font l'objet d'aucune exigence de résistance au feu. Les portes automatiques d'un autre type doivent faire l'objet d'un avis de la Commission centrale de sécurité.

b) En cas d'absence de source normale de l'alimentation électrique, les portes automatiques doivent se mettre en position ouverte et libérer la largeur totale de la baie :
- soit manuellement par débattement vers l'extérieur d'un angle au moins **égal** à 90°, pouvant être obtenu par simple poussée. S'il y a lieu, les portes à tambour ou les portes coulissantes doivent se placer par énergie mécanique intrinsèque telle que définie dans la norme NF S 61-937, dans la position permettant d'atteindre cet objectif ;
- soit automatiquement par effacement latéral obtenu par énergie mécanique intrinsèque. Par mesure transitoire jusqu'au 30 avril 1995, les autres systèmes actuellement utilisés sont autorisés.

c) En cas de défaillance du dispositif de commande, l'ouverture des portes doit être obtenue par un déclencheur manuel à fonction d'interrupteur placé à proximité de l'issue.

d) Le dispositif de libération des portes automatiques à tambour comportant l'option « grand vent » doit faire l'objet d'un examen par un organisme agréé.

Article CO 49

Répartition des escaliers et distances maximales à parcourir

§ 1. Les escaliers réglementaires doivent être judicieusement répartis dans tout l'établissement, de manière à en desservir facilement toutes les parties et à diriger rapidement les occupants vers les sorties sur l'extérieur.

§ 2. (Arrêté du 22 décembre 1981) La distance maximale mesurée suivant l'axe des circulations que le public doit parcourir en étage et en sous-sol, à partir d'un point quelconque d'un local, ne doit pas excéder :
- 40 m pour gagner un escalier protégé ou une circulation horizontale protégée, et dont toutes les portes sont munies d'un ferme-porte, ou 30 m pour gagner un de ces dégagements si on se trouve dans une partie de l'établissement formant cul-de-sac ;
- 30 m pour gagner un escalier non protégé.

§ 3. (Arrêté du 22 décembre 1981) Le débouché au niveau du rez-de-chaussée d'un escalier encloisonné doit s'effectuer :
- soit directement sur l'extérieur ;
- soit à proximité d'une sortie ou d'un dégagement protégé donnant sur l'extérieur et, en tout état de cause, à moins de 20 m d'une telle sortie ou dégagement.

Ce cheminement, dont la distance est mesurée suivant l'axe des circulations, doit être direct, de même largeur que l'escalier et maintenu libre en permanence.
Toutefois, une distance supérieure peut être admise après avis de la commission de sécurité lorsque les locaux du rez-de-chaussée présentent des risques réduits ou que le public dispose de facilités d'évacuation nettement supérieures à celles qui découlent de l'application des dispositions minimales prévues à l'article CO 38.

Article CO 50

Conception des escaliers

§ 1. Les escaliers desservant les étages doivent être continus jusqu'au niveau permettant l'évacuation sur l'extérieur. Dans le cas exceptionnel où un escalier menant à l'étage inférieur n'est pas directement dans le prolongement de celui de l'étage supérieur, il doit lui être relié par un palier de même largeur maintenu libre en permanence.

§ 2. Le cheminement direct entre les escaliers desservant les étages et ceux desservant les sous-sols doit être interrompu de façon que la fumée provenant des sous-sols ne puisse envahir les étages supérieurs, sauf dans les cas prévus au § 3 de l'article CO 52.

§ 3. Ne comptent pas comme escaliers normaux ou supplémentaires ceux qui obligent le public à descendre puis à monter (ou à monter puis à descendre), à partir des sorties des locaux recevant du public, pour gagner les sorties vers l'extérieur.
Exceptionnellement, un groupe de six marches au plus contrariant la descente ou la montée du cheminement d'évacuation peut être autorisé après avis de la commission de sécurité.

Article CO 51

Sécurité d'utilisation des escaliers

§ 1. Les marches ne doivent pas être glissantes.
Les marches successives doivent se recouvrir de 5 cm s'il n'y a pas de contremarches.

§ 2. Les escaliers d'une largeur égale à une unité de passage au moins doivent être munis d'une main courante. Ceux d'une largeur de deux unités de passage ou plus doivent comporter une main courante de chaque côté.

§ 3. Afin d'éviter les accidents dus à l'engorgement au débouché des escaliers mécaniques et trottoirs roulants, un dispositif doit être prévu pour obliger le public à parcourir 5 m au moins entre le débouché d'une volée et le départ de la volée suivante, lorsque ces volées sont contrariées. Cette distance est réduite à 3 m pour les appareils comptant pour une seule unité de passage.
Le palier doit être aménagé de manière à ce que les circulations locales du niveau ne gênent pas l'utilisation du cheminement défini ci-dessus.

Article CO 52

Protection des escaliers et des ascenseurs

§ 1. La protection des escaliers et des ascenseurs par encloisonnement, ou par ouverture à l'air libre de la cage, s'oppose à la propagation du feu vers les étages supérieurs et permet l'évacuation des personnes à l'abri des fumées et des gaz.
(Pour l'application des dispositions précédentes, il faut assimiler les trottoirs roulants reliant deux niveaux à un escalier mécanique.)

§ 2. Tous les escaliers, mécaniques ou non, et les ascenseurs doivent être protégés, c'est-à-dire encloisonnés ou à l'air libre, sauf dans les cas prévus aux § 3 et 4 ci-après et dans les dispositions particulières à certains types d'établissement.
(Arrêté du 22 décembre 1981) Les parois des cages d'escalier doivent être réalisées en matériaux incombustibles.

§ 3. L'absence de protection des escaliers est admise dans les cas suivants :
a) S'il est fait application des dispositions de l'article CO 24, § 1 :
1. pour les escaliers des établissements ne comportant pas plus d'un niveau accessible au public au-dessus, et au-dessous du rez-de-chaussée ;
2. pour un seul escalier supplémentaire desservant au plus deux étages et le rez-de-chaussée. Toutefois, si l'établissement comporte une zone de locaux réservés au sommeil en étage, cette zone doit comporter un des escaliers normaux de l'établissement et être isolée du volume contenant l'escalier supplémentaire par des parois et des blocs-portes ayant les mêmes qualités de résistance au feu que celles qui assurent la protection des escaliers normaux.

b) S'il est fait application des dispositions spéciales de l'article CO 25 relatif aux compartiments : pour les escaliers desservant exclusivement deux niveaux d'un même compartiment.

§ 4. (Arrêté du 22 décembre 1981) L'absence de protection des escaliers mécaniques et des ascenseurs est admise lorsque la protection des escaliers normaux n'est pas exigée.

§ 5. (Supprimé par arrêté du 24 septembre 2009) (Les dispositions de l'arrêté du 24 septembre 2009 sont applicables à partir du 23 janvier 2010)

§ 6. Dans tous les cas, le débouché au niveau du rez-de-chaussée d'un escalier non protégé doit s'effectuer :
- à moins de 50 m d'une sortie donnant sur l'extérieur ou d'un dégagement protégé, si le choix existe entre plusieurs sorties ;
- à moins de 30 m dans le cas contraire.

Article CO 53

Escaliers et ascenseurs encloisonnés

§ 1. (Arrêté du 20 novembre 2000) L'encloisonnement d'un escalier ou d'un ascenseur est constitué par une cage continue jusqu'au niveau d'évacuation vers l'extérieur.
Le volume d'encloisonnement des escaliers desservant les sous-sols ne doit pas être en communication directe avec le volume d'encloisonnement des escaliers desservant les étages.
(Arrêté du 24 janvier 1984) L'escalier encloisonné doit être maintenu à l'abri de la fumée, ou désenfumé, dans les conditions prévues par l'instruction technique relative au désenfumage dans les établissements recevant du public.
(Arrêté du 20 novembre 2003) La gaine d'ascenseur encloisonnée doit être désenfumée dans les conditions prévues pour les escaliers par l'instruction technique relative au désenfumage dans les établissements recevant du public, lorsque :
- soit la puissance électrique totale installée en gaine est supérieure à 40 kVA ;
- soit la gaine d'ascenseur abrite une machine contenant de l'huile ou un réservoir d'huile.

(Arrêté du 29 juillet 2003) Le désenfumage de la gaine encloisonnée d'un ascenseur n'est pas exigible si la gaine est ventilée par convection forcée mécaniquement assurant un débit d'extraction minimal de 20 volumes/heure, lorsque la température des machines ou de leurs organes de commande dépasse celle qui est spécifiée par le constructeur dans la notice technique de l'ascenseur. Le volume à prendre en compte est égal à la section de la gaine sur une hauteur de 2 mètres, et la température ambiante à prendre en compte est de 40 °C en l'absence de cette information du constructeur. La mise en place d'une amenée d'air en partie basse de la gaine n'est pas obligatoire pour réaliser le désenfumage de la gaine encloisonnée d'un ascenseur.
La commande d'ouverture du dispositif de désenfumage de la gaine d'ascenseur doit se produire automatiquement au moyen :
- soit d'un détecteur d'incendie disposé en haut de gaine et d'un déclencheur thermofusible à 70 °C en partie supérieure de la gaine, lorsque le bâtiment est équipé d'un système de sécurité incendie de catégorie A ;
- soit d'un détecteur autonome déclencheur disposé en haut de gaine et d'un déclencheur thermique à 70 °C en partie supérieure de la gaine, lorsque le bâtiment n'est pas équipé d'un système de sécurité incendie de catégorie A.

Ces commandes automatiques ne sont pas obligatoirement doublées de commandes manuelles.
L'encloisonnement peut être commun à un escalier et à un ascenseur à condition que :
- l'ascenseur ne desserve pas les sous-sols lorsque l'escalier permet d'accéder aux étages ;
- *(Arrêté du 29 juillet 2003)* la gaine de l'ascenseur n'abrite ni machine contenant de l'huile, ni réservoir d'huile, à l'exception des vérins, à condition que les canalisations contenant de l'huile soient rigides et qu'un bac métallique de récupération d'huile soit fixé au vérin au-dessus du fond de cuvette.

§ 2. Les parois d'encloisonnement doivent avoir un degré coupe-feu égal au degré de stabilité au feu de la structure du bâtiment, à l'exception de celle donnant sur le vide de la façade qui doit répondre aux seules dispositions de l'article CO 20.

§ 3. L'escalier ne doit comporter qu'un seul accès à chaque niveau.
Si, exceptionnellement, la cage est traversée par une circulation horizontale et comporte de ce fait deux issues au même niveau, les portes doivent toujours être à fermeture automatique.
Les blocs-portes de la cage d'escalier doivent être pare-flammes de degré 1/2 heure et munis de ferme-porte. Leurs portes doivent avoir une hauteur maximale de 2,20 m.
(Arrêté du 6 mars 2006) Les portes palières de la gaine d'ascenseur doivent être E30.
Les blocs-portes de la cage d'ascenseur doivent être coupe-feu de degré 1/4 d'heure ou pare-flammes de degré 1/2 heure.

§ 4. (Arrêté du 20 novembre 2000) Le volume d'encloisonnement ne doit comporter aucun conduit présentant des risques d'incendie ou d'enfumage, à l'exception des canalisations électriques propres à l'escalier. En outre, ce volume ne doit donner accès à aucun local annexe (sanitaire, dépôt, etc.).

Article CO 54
Escaliers et ascenseurs à l'air libre

§ 1. Un escalier ou une cage d'ascenseur à l'air libre doit avoir au moins une de ses faces ouverte sur l'extérieur dans les conditions définies à l'article CO 34, § 4, les autres parois et les portes d'accès répondant aux dispositions de l'article CO 53, § 2 et 3.

§ 2. De plus, le volume des cages d'ascenseurs ou escaliers doit satisfaire aux conditions définies dans l'article CO 53, § 4.

Article CO 55
Escaliers droits *(Arrêté du 31 mai 1991)*

§ 1. Les escaliers droits destinés à la circulation du public doivent être établis de manière que les marches répondent aux règles de l'art et que les volées comptent 25 marches au plus, à l'exception des circulations desservant les places dans les gradins.
Si la largeur des escaliers dépasse quatre unités de passage, ils devront être recoupés par une ou des mains courantes intermédiaires, séparant des nombres entiers d'unités de passage, sans pouvoir être supérieur à quatre. Les escaliers peuvent être remplacés par des rampes dont la pente ne dépasse pas 12 %.
Dans la mesure du possible, les directions des volées doivent se contrarier.

§ 2. Les paliers doivent avoir une largeur égale à celles des escaliers ; dans le cas de volées non contrariées, leur longueur doit être supérieure à 1 m.

Article CO 56

Escaliers tournants

§ 1. Les escaliers tournants normaux et supplémentaires doivent être à balancement continu sans autre palier que ceux desservant les étages.

§ 2. Le giron et la hauteur des marches sur la ligne de foulée, à 0,60 m du noyau ou du vide central, doivent respecter les règles de l'art visées à l'article CO 55, § 1.
De plus, le giron extérieur des marches doit être inférieur à 0,41 m.

§ 3. Pour les escaliers d'une seule unité de passage, la main courante, prévue à l'article CO 51, § 2, doit se trouver sur le côté extérieur.

Article CO 57

Tribunes et gradins non démontables *(Arrêté du 31 mai 1991)*

§ 1. Les gradins, les escaliers et les circulations desservant les places dans les gradins doivent être calculés pour supporter les charges d'exploitation suivant les dispositions de la norme en vigueur.

§ 2. Les marches de ces circulations, à l'intérieur des salles de spectacle, des amphithéâtres, des équipements sportifs, etc., doivent avoir un giron supérieur ou égal à 0,25 m.
Ces marches ne peuvent être à quartier tournant. L'alignement des nez de marche ne doit pas dépasser 35°.
Toutefois, la pente de cet alignement peut atteindre 45° si cette tribune, ou partie de tribune, répond à l'une des exigences suivantes :
- elle ne comporte pas plus de cinq rangs consécutifs de gradins ;
- ses circulations verticales sont équipées d'une main courante centrale, qui peut être discontinue, et chaque demi-longueur est calculée suivant l'effectif desservi en nombre entier d'unités de passage sans pouvoir être inférieure à une unité de passage ;
- ses circulations verticales sont équipées de tout autre système de préhension présentant les mêmes garanties (épingles en tête de rangée de sièges, par exemple) et ne réduisant pas la largeur des circulations principales ou secondaires.

En complément des dispositions de l'article CO 51, § 1, le vide en contremarche ne peut dépasser 0,18 m ; dans ce cas, les marches doivent comporter :
- soit un talon de 0,03 m au moins ;
- soit un recouvrement de 0,05 m au moins.

§ 3. Pour les équipements ne comportant pas de strapontins, ces circulations bénéficient des dispositions de l'article CO 37, § 1.

§ 4. Des garde-corps, des rampes d'escalier ou des barres d'appui doivent être installés :
- dans les parties de tribune dont le dénivelé entre deux gradins successifs, ou entre un gradin et le sol, est supérieur ou égal à 1 m ;
- dans les parties de tribune où le public est debout en permanence, à raison d'une ligne de barres d'appui tous les cinq gradins, disposées, dans la mesure du possible, en quinconce.

En outre, ces dispositifs doivent pouvoir résister à un effort horizontal de 170 daN/mètre linéaire et être installés de façon à empêcher toute chute de personne dans le vide.

Section X
Tribunes et gradins non démontables
(Section crée par l'arrêté du 24 septembre 2009)

Article CO 61
Tribunes et gradins non démontables
(L'ancien article CO 60 est devenu CO 61 par arrêté du 11 décembre 2009.)

§ 1. Les gradins, les escaliers et les circulations desservant les places dans les gradins doivent être calculés pour supporter les charges d'exploitation suivant les dispositions de la norme en vigueur[1].

§ 2. Les marches de ces circulations, à l'intérieur des salles de spectacle, des amphithéâtres, des équipements sportifs, etc., doivent avoir un giron supérieur ou égal à 0,25 mètre.
Ces marches ne peuvent être à quartier tournant.
L'alignement des nez de marche ne doit pas dépasser 35°.
Toutefois, la pente de cet alignement peut atteindre 45° si cette tribune, ou partie de tribune, répond à l'une des exigences suivantes :
- elle ne comporte pas plus de cinq rangs consécutifs de gradins ;
- ses circulations verticales sont équipées d'une main courante centrale, qui peut être discontinue, et chaque demi-largeur est calculée suivant l'effectif desservi en nombre entier d'unités de passage, sans pouvoir être inférieure à une unité de passage ;
- ses circulations verticales sont équipées de tout autre système de préhension présentant les mêmes garanties (épingles en tête de rangée de siège par exemple) et ne réduisant pas la largeur des circulations principales ou secondaires.

En complément des dispositions de l'article CO 51 (§ 1), le vide en contremarche ne peut dépasser 0,18 mètre ; dans ce cas, les marches doivent comporter :
- soit un talon de 0,03 mètre au moins ;
- soit un recouvrement de 0,05 mètre au moins.

§ 3. Pour les équipements ne comportant pas de strapontins, ces circulations bénéficient des dispositions de l'article CO 37 (§ 1).

§ 4. Des garde-corps, des rampes d'escalier ou des barres d'appui doivent être installés :
- dans les parties de tribune dont le dénivelé entre deux gradins successifs, ou entre un gradin et le sol, est supérieur ou égal à 1 mètre ;
- dans les parties de tribune où le public est debout en permanence, à raison d'une ligne de barres d'appui tous les cinq gradins, disposées, dans la mesure du possible, en quinconce.

En outre, ces dispositifs doivent pouvoir résister à un effort horizontal de 170 daN/mètre linéaire et être installés de façon à empêcher toute chute de personnes dans le vide.

D - Articles AM - Aménagements intérieurs/décoration et mobilier

Article AM 1
Généralités

§ 1. Pour éviter, dans un local ou un dégagement accessible au public, le développement rapide d'un incendie qui pourrait compromettre l'évacuation, *(Arrêté du 24 septembre 2009)* « les parois intérieures finies (parois y compris leurs finitions), l'agencement, le gros mobilier et la décoration » doivent répondre, du point de vue de leur réaction au feu, aux dispositions du présent chapitre.

(Arrêté du 24 septembre 2009)
« **§ 2.** Cette caractéristique de comportement au feu fait l'objet de deux classifications distinctes :
- l'une s'exprime en termes de classes et s'applique aux produits de construction dès lors qu'ils relèvent d'une famille objet d'une spécification technique harmonisée ; cette classification est donnée à l'annexe I de l'arrêté du 21 novembre 2002 modifié relatif à la réaction au feu des produits de construction et d'aménagement et fait l'objet de la norme NF EN 13501-1 (9/2007) ;

1. NF P 06-0013.

- l'autre s'exprime en termes de catégories ; elle s'applique aux matériaux d'aménagement, de décoration et à ceux qui constituent le gros mobilier ; cette classification est donnée à l'annexe 2 de l'arrêté précité et fait l'objet de la norme NF P 92-507 (2/2004).

Lorsqu'il n'existe pas de spécification technique harmonisée applicable à une famille donnée de produits de construction, la performance de réaction au feu des produits de cette famille peut être établie selon l'une ou l'autre des classifications précitées.

§ 3. Sauf pour les classements A1, $A1_{FL}$, A2, $A2_{FL}$, pour lesquels certains essais sont réalisés sur les constituants d'un même produit non homogène pris séparément, les éprouvettes sur lesquelles les essais sont réalisés sont représentatives de l'usage final du produit de construction considéré, lorsqu'il s'agit d'évaluer la performance des parois. »

Article AM2

Produits et matériaux de parois *(Arrêté du 24 septembre 2009)*

La réaction au feu d'une paroi dépend des produits ou matériaux qui la constituent.

L'exigence de réaction au feu concerne la paroi finie, sa face apparente recevant le flux thermique.

Toute finition est évaluée sur un support type ou sur un substrat standard représentatif de la paroi à laquelle elle est destinée. Les normes NF EN 13238 (1/2002), NF P 92507 (2/2004) et NF P 92512 (5/1986) précisent les supports ou substrats conventionnels. Selon le type de paroi considéré, les éprouvettes d'essai sont soit un élément de paroi dans l'intégralité de son épaisseur, soit la finition présentée sur un support type ou un substrat représentatif de la paroi finie.

Sur la base des informations fournies sur la constitution détaillée de la paroi réelle et du domaine d'emploi revendiqué, le laboratoire arrête les modalités des essais. En cas de désaccord entre les parties, le comité d'étude et de classification des matériaux et éléments de construction par rapport au danger d'incendie est saisi et fixe les conditions d'essais.

Les produits d'isolation thermique, apparents ou non, font l'objet des seules exigences de l'article AM 8.

Les revêtements muraux tendus et leurs éventuels intercalaires sont soumis aux seules exigences de l'article AM 9.

Les produits de construction incorporés aux parois et non apparents dans les conditions de leur mise en œuvre, pris séparément, ne sont pas visés par les exigences de la présente section.

Article AM3

Parois des dégagements protégés *(Arrêté du 24 septembre 2009)*

§ 1. Escaliers protégés (*).

Les parois des escaliers protégés sont classées :

- B-s1, d0 ou en catégorie M1 pour les plafonds et les rampants ;
- B-s2, d0 ou en catégorie M1 pour les parois verticales ;
- C_{FL}-s1 ou en catégorie M3 pour les paliers de repos et les marches.

(*) Un escalier protégé est un escalier dans lequel le public est à l'abri des flammes et de la fumée.

§ 2. Circulations horizontales protégées (**).

Les parois des circulations horizontales protégées sont classées :

- B-s2, d0 ou en catégorie M1 pour les plafonds (***) ;
- C-s3, d0 ou en catégorie M2 pour les parois verticales ;
- D_{FL}-s2 ou en catégorie M4 pour les sols.

(**) Une circulation protégée est une circulation dans laquelle le public est à l'abri des flammes et de la fumée.

(***) Tout plafond, y compris plafonds suspendus, plafonds tendus, plafonds ajourés, etc.

Article AM 4

Parois verticales des dégagements non protégés et des locaux *(Arrêté du 24 septembre 2009)*

§ 1. Les parois verticales des dégagements non protégés et des locaux sont classés C-s3, d0 ou en catégorie M2.

§ 2. Toutefois, les lambris en bois massifs sans systèmes de revêtements et les panneaux à base de bois classés D-s2, d0 peuvent être posés sur tasseaux de bois, avec remplissage de la cavité par un produit ou matériau classé A2-s2, d0 dans les deux cas suivants :

- le plafond est classé B-s3, d0 ou en catégorie M1 ; les lambris et les panneaux peuvent alors couvrir l'ensemble des parois verticales ;

- les éléments porteurs en bois ou en dérivés du bois du plafond, d'une largeur minimale de 45 mm, sont disposés avec un écartement bord à bord supérieur ou égal à 30 cm ; les lambris et les panneaux peuvent alors couvrir au maximum 50 % de la surface des parois verticales.

§ 3. Le classement des peintures et des papiers peints est justifié selon les paragraphes II-3 et II-4 de l'annexe 3 de l'arrêté du 21 novembre 2002 modifié relatif à la réaction au feu des produits de construction et d'aménagement.

Article AM5

Plafonds des dégagements non protégés et des locaux (****) *(Arrêté du 24 septembre 2009)*

§ 1. Les plafonds des dégagements non protégés et des locaux sont classés B-s3, d0 ou en catégorie M1.
Toutefois, il est admis que 25 % de la superficie totale de ces plafonds soient réalisés en produits ou éléments classés C-s3, d0 ou de catégorie M2 dans les dégagements et D-s3, d0 ou de catégorie M3 dans les locaux.
Les éléments porteurs en bois ou en dérivés du bois d'une largeur minimale de 45 mm disposés avec un écartement bord à bord supérieur ou égal à 30 cm ne sont pas visés par les dispositions ci-dessus ; ils sont soumis aux seules exigences des articles CO 12 et CO 13.

§ 2. Les éléments d'habillage des plafonds, ajourés ou à résilles, sont classés B-s3, d0 ou en catégorie M1.
Ils peuvent être classés C-s3, d0 si la surface totale développée de leurs pleins est inférieure à 50 % de la surface au sol du dégagement non protégé ou du local.

§ 3. Les suspentes et les fixations des plafonds suspendus doivent être conçues pour éviter les risques de chute de ce plafond. Sont réputées satisfaire à cet objectif les suspentes classées A1.
Pour les suspentes comportant des parties combustibles, il doit être démontré que la présence de ces parties n'entraîne pas d'effondrement en chaîne du plafond avant un quart d'heure.

§ 4. Les plafonds tendus sont classés B-s3, d0.
Toutefois, lorsqu'ils sont imprimés à fonction décorative, il est admis qu'ils peuvent être classés C-s3, d0 si la surface totale imprimée est inférieure à 25 % de la surface au sol du dégagement autre que celui visé à l'article AM 3 ou du local.

§ 5. Les plafonds suspendus et les plafonds tendus doivent rester en place sous l'effet des variations de pression dues au fonctionnement du désenfumage mécanique.
(****) Tout plafond, y compris plafonds suspendus, plafonds tendus, plafonds ajourés, etc.

Article AM 6

Parties transparentes ou translucides incorporées dans les plafonds suspendus ou tendus des dégagements non protégés et des locaux *(Arrêté du 24 septembre 2009)*

Les parties transparentes ou translucides incorporées dans les plafonds suspendus ou tendus des dégagements non protégés et des locaux, et permettant l'éclairage naturel ou artificiel peuvent être classées D-s3, d0 si leur surface est inférieure à 25 % de la surface au sol des dégagements autres que ceux visés à l'article AM 3 ou des locaux.

Article AM 7

Sols des dégagements non protégés et des locaux *(Arrêté du 24 septembre 2009)*

Les sols des dégagements non protégés et des locaux sont classés D_{FL}-s2 ou en catégorie M4.

Article AM 8

Produits d'isolation *(Arrêté du 6 octobre 2004)*

§ 1. Les produits d'isolation acoustique, thermique ou autre, simples ou composites, dont l'épaisseur d'isolant est supérieure à 5 mm (10 mm en sol), doivent respecter l'une des dispositions suivantes :
a) Être classés au moins A2-s2, d0 en paroi verticale, en plafond ou en toiture, et A2FL-s1 en plancher, au sol.
Lorsque les produits concernés ne sont pas encore marqués CE, le classement M0 peut également attester de la performance requise.
(Arrêté du 4 juillet 2007) Lorsque des produits combustibles, connexes aux isolants incorporés aux parois, sont associés en usine ou sur chantier aux isolants précités, l'ensemble composite obtenu est réputé répondre aux objectifs

de sécurité du présent article et du guide d'emploi des isolants combustibles dans les établissements recevant du public à condition que les produits combustibles rapportés ne soient pas en contact avec l'air ambiant ;
b) Être protégés par un écran thermique disposé sur la ou les faces susceptibles d'être exposées à un feu intérieur au bâtiment. Cet écran doit jouer son rôle protecteur, vis-à-vis de l'action du programme thermique normalisé, durant au moins 1/4 d'heure pour les parois verticales et les sols, et 1/2 heure pour les autres parois. Le « guide d'emploi des isolants combustibles dans les établissements recevant du public » précise les conditions de mise en œuvre de tels écrans.

§ 2. Les produits d'isolation ne répondant pas aux dispositions du paragraphe 1 ci-dessus ne peuvent être mis en œuvre qu'après avis favorable de la commission centrale de sécurité. Les modalités d'application de la présente disposition sont fixées dans la troisième partie du guide précité.

Article AM 9

Revêtements muraux tendus et éléments de décoration en relief fixés à l'intérieur des locaux ou dégagements *(Arrêté du 24 septembre 2009)*

Dans les locaux ou dégagements, les revêtements muraux tendus et leurs éventuels intercalaires sont de catégorie M2. Les éléments de décoration en relief fixés sur les parois verticales des locaux ou dégagements protégés ou non sont classés C-s3, d0 ou en matériaux de catégorie M2 lorsque la surface globale de tous ces éléments, projetée sur les parois verticales, est supérieure à 20 % de la superficie totale de ces parois.

Article AM 10

Éléments de décoration flottants à l'intérieur des locaux et dégagements

§ 1. Les éléments de décoration ou d'habillage flottants, tels que panneaux publicitaires flottants de surface supérieure à 0,50 mètre carré, guirlandes, objets légers de décoration, etc., situés à l'intérieur des locaux dont la superficie au sol est supérieure à 50 mètres carrés et des dégagements doivent être en matériaux de catégorie M1.

§ 2. L'emploi des vélums est en principe interdit. Toutefois, lorsqu'ils sont autorisés, soit dans la suite du présent règlement, soit après avis de la commission de sécurité compétente, ils doivent *(Arrêté du 24 septembre 2009)* « être en matériaux de catégorie M1 » pourvus de systèmes d'accrochage suffisamment nombreux ou d'armatures de sécurité suffisamment résistantes pour empêcher leur chute éventuelle pendant l'évacuation du public.
(Arrêté du 24 septembre 2009)
« En cas d'implantation d'un filet, et dès lors que la surface entre les mailles du filet est supérieure à 10 cm^2 et que la trame de celui-ci n'excède pas 25 % de la surface totale du filet, aucune exigence de réaction au feu n'est imposée à ce filet. Dans le cas contraire, le filet est considéré comme un élément de décoration et relève des exigences correspondantes de réaction au feu. »

Article AM 11

Tentures et rideaux disposés en travers des dégagements

§ 1. L'emploi de tentures, portières, rideaux, voilages est interdit en travers des dégagements.

§ 2. Lorsque les portes pare-flammes imposées dans ces dégagements sont garnies de lambrequins et encadrements en étoffe ou de rideaux tendus sur les vantaux, ces garnitures doivent être en matériaux de catégorie M2.

Article AM 12

Tentures et rideaux disposés dans les locaux et dégagements

Les tentures, portières, rideaux, voilages doivent répondre, suivant leur emplacement, aux exigences suivantes :
a) dans les escaliers encloisonnés, ils doivent être en matériaux de catégorie M1 ;
b) dans les autres dégagements et les locaux de superficie au sol supérieure à 50 m^2, ils doivent être en matériaux de catégorie M2.

Article AM 13
Rideaux de scènes et d'estrades

Les rideaux de scènes et d'estrades, quelle que soit la surface de ces scènes et estrades, doivent être en matériaux de catégorie M1.

Article AM 14
Cloisons extensibles

§ 1. Les cloisons extensibles, les cloisons coulissantes, les cloisons amovibles, etc., doivent être en matériaux de catégorie M1.

§ 2. Lorsqu'une cloison amovible joue, dans son utilisation normale, le rôle d'une cloison fixe, cette cloison doit, en outre, répondre aux exigences de résistance au feu prévues à l'article CO 24.

Article AM 15
Principe général

Le gros mobilier, l'agencement principal, les stands et les aménagements de planchers légers en superstructures, situés clans les locaux et les dégagements, doivent être en matériaux de catégorie M3.
Ces dispositions ne concernent pas le mobilier courant, pour lequel aucune exigence n'est imposée.

Article AM 16
Gros mobilier, agencement principal

§ 1. Le gros mobilier, qui comprend les caisses, bars, comptoirs vestiaires, etc., et l'agencement principal, qui comprend les écrans séparatifs de boxes, rayonnages, bibliothèques, étagères, présentoirs verticaux, casiers, estrades, etc., doivent occuper des emplacements tels qu'ils ne puissent gêner ou rétrécir les chemins de circulation.
Le gros mobilier désigne les éléments lourds, installés à demeure, soit du fait de leur fixation, soit en raison de leur poids.
Le mobilier courant (ou petit mobilier) comporte les tables, guéridons, lampadaires, canapés, banquettes mobiles, sièges, etc.

§ 2. Ils doivent être éventuellement fixés au sol ou aux parois de façon suffisamment rigide pour qu'une poussée de la foule ne puisse les déplacer.

Article AM 17
Planchers légers surélevés * *(titre modifié par arrêté du 24 septembre 2009)*

§ 1. *(Arrêté du 24 septembre 2009)* « Les planchers légers surélevés pouvant recevoir des personnes, tels que tribunes, tours, stands, podiums, estrades, gradins, praticables etc., aménagés à l'intérieur des bâtiments, doivent :
- être classés C_{FL}-s1 ou en catégorie M3 ;
- avoir un éventuel revêtement en face supérieure classé D_{FL}-s1 ou de catégorie M3 ;
- avoir un éventuel revêtement en face inférieure classé B-s2, d0 ou de catégorie M1 ;
- comporter une ossature classée C-s3, d0 ou en matériaux de catégorie M3 ;
- être bien jointifs ainsi que les marches et, si elles existent, les contremarches des escaliers et gradins ;
- leurs dessous sont débarrassés de tout dépôt de matières combustibles. Ils doivent être rendus inutilisables et inaccessibles au public par une cloison extérieure classée C-s3, d0 ou de catégorie M3 ne comportant que des ouvertures de visite. Si ces dessous ont une superficie supérieure à 300 m², ils doivent être divisés en cellules d'une superficie maximale de 300 m² par des cloisonnements classés B-s2, d0 ou en catégorie M1. »

§ 2. *(Arrêté du 24 septembre 2009)* « Les planchers techniques démontables sont classés B_{FL}-s1 ou en catégorie M1. »

§ 3. Les valeurs des charges d'exploitation à retenir sont celles prévues par la norme NF P 06-001 en fonction de la nature des locaux dans lesquels ces aménagements sont réalisés. »

§ 4. Les dispositions des normes NF P 01-012 et NF P 90-500 concernant les garde-corps s'appliquent à ces constructions et à leurs escaliers d'accès, afin d'éviter les chutes et pour résister aux poussées de la foule.
L'obligation de garde-corps ne s'applique toutefois pas au-devant d'une scène, à condition que le nombre de personnes accueillies soit strictement limité aux besoins du spectacle ou de l'animation.

§ 5. Les dispositions des paragraphes 2 et 3 ne s'appliquent pas aux gradins mobiles ou ajourés. Les jours entre gradins, ou le long des circulations, doivent respecter les dimensions fixées dans la norme relative aux garde-corps : un jour de dimension verticale inférieure ou égale à 0,18 m pour les vides entre deux niveaux de plancher de gradin et une distance horizontale inférieure ou égale à 0,05 m entre deux planchers de gradin.
Les dessous doivent être rendus inaccessibles au public ; ils doivent être libres de tout dépôt et maintenus en permanence en parfait état de propreté.

Article AM 18

Rangées de sièges *(Arrêté du 12 décembre 1984)*

Si des rangées de sièges sont constituées, les dispositions suivantes doivent être respectées :

§ 1. La structure des sièges doit être réalisée en matériaux de catégorie M3.
Le rembourrage des sièges doit être réalisé en matériaux de catégorie M4.
Le rembourrage doit être couvert d'une enveloppe bien close réalisée en matériaux de catégorie M2. Cette enveloppe doit toujours être maintenue en bon état.

§ 2. Chaque rangée doit comporter 16 sièges au maximum entre deux circulations, ou 8 entre une circulation et une paroi.
De plus, une des dispositions suivantes doit être respectée :
- chaque siège est fixé au sol ;
- les sièges sont rendus solidaires par rangée, chaque rangée étant fixée au sol ou aux parois à ses extrémités ;
- les sièges sont rendus solidaires par rangée, chaque rangée étant reliée de façon rigide aux rangées voisines de manière à former des blocs difficiles à renverser ou à déplacer.

Article AM 19

Arbres de Noël « et décorations florales » *(titre modifié par arrêté du 24 septembre 2009)*

§ 1. Les arbres de Noël sont autorisés dans certaines manifestations de courte durée.

§ 2. Ces arbres ne peuvent être illuminés que dans les conditions prévues *(arrêté du 19 novembre 2001)* « à l'article EL 23 ». *(Arrêté du 19 novembre 2001)* « Les guirlandes électriques doivent répondre aux dispositions de la norme NF EN 60598-2-20. »

§ 3. *(Arrêté du 24 septembre 2009)* « L'emploi de toute flamme nue et de sources d'étincelles est interdit. ». L'arbre doit être placé à distance raisonnable de toute source de chaleur.

§ 4. *(Arrêté du 24 janvier 1984)* « Les objets de décoration *(Arrêté du 24 septembre 2009)* « peuvent » être en matériaux de catégorie M4. »
Le pied de l'arbre doit être dégagé de tout objet combustible.
Une neige artificielle ou un givrage peuvent être utilisés à condition qu'ils ne risquent pas de propager rapidement la flamme.
(Arrêté du 24 septembre 2009)
« Si la hauteur d'un arbre est supérieure à 1,70 m, il doit être placé hors de portée du public. »

§ 5. Des moyens d'extinction, en rapport avec la taille de l'arbre, doivent être prévus à proximité.

§ 6. *(Arrêté du 24 septembre 2009)* « Les décorations florales en matériaux de synthèse sont limitées en nombre ; à défaut, elles doivent être réalisées en matériaux de catégorie M2. Il en est de même pour les plantes et les arbres en matériaux de synthèse d'une hauteur supérieure à 1,70 m, qui doivent de plus être mis hors de portée du public. »
Note : L'article AM 19 a été transféré de la section IV à la section V par arrêté du 7 juin 2010

E - Articles DF - Désenfumage

Article DF1

Objet du désenfumage
(Arrêté du 22 mars 2004)

Le désenfumage a pour objet d'extraire, en début d'incendie, une partie des fumées et des gaz de combustion afin de maintenir praticables les cheminements destinés à l'évacuation du public. Ce désenfumage peut concourir également à :
- limiter la propagation de l'incendie ;
- faciliter l'intervention des secours.

Article DF 6

Désenfumage des circulations horizontales encloisonnées et des halls accessibles au public
(Arrêté du 22 mars 2004)

§ 1. Pour limiter ou éviter l'enfumage des circulations horizontales encloisonnées, celles-ci sont désenfumées par un balayage naturel ou mécanique. Ce désenfumage n'est cependant obligatoire que dans les cas suivants :
- circulations de longueur totale supérieure à 30 mètres ;
- circulations desservies par des escaliers mis en surpression ;
- circulations desservant des locaux réservés au sommeil ;
- circulations situées en sous-sol.

§ 2. (Arrêté du 22 novembre 2004) Les halls, en application de l'article CO 34, § 1, sont considérés comme des circulations. Toutefois, ils sont désenfumés dans les conditions prévues pour les locaux lorsque l'une au moins des conditions ci-dessous est remplie :
- le désenfumage des circulations horizontales du niveau concerné est exigé ;
- leur superficie est supérieure à 300 m^2.

§ 3. Exceptionnellement, les circulations horizontales peuvent être mises en surpression, à condition que tout local desservi par ces circulations soit désenfumable. Seul le local sinistré est désenfumé simultanément.

Article DF 7

Désenfumage des locaux accessibles au public
(Arrêté du 22 mars 2004)

§ 1. Les locaux de plus de 100 m2 en sous-sol, les locaux de plus de 300 m2 en rez-de-chaussée et en étage, ainsi que les locaux de plus de 100 m2 sans ouverture sur l'extérieur (porte ou fenêtre) sont désenfumés. Ce désenfumage peut être réalisé soit par tirage naturel, soit par tirage mécanique.

§ 2. Dans le cas où les dispositions particulières propres à chaque type d'établissement autorisent la communication entre trois niveaux au plus, le volume ainsi réalisé est désenfumé comme un local unique, dès lors que la superficie cumulée des planchers accessibles au public est supérieure à 300 m2.

Article DF 8

Désenfumage des compartiments

Les compartiments, tels que définis à l'article CO 25, lorsqu'ils sont autorisés par les dispositions particulières propres à chaque type d'établissement, sont désenfumés dans les conditions suivantes :
- si le compartiment comporte des cloisons toute hauteur (de plancher bas à plancher haut), les circulations, quelle que soit leur longueur, sont désenfumées ainsi que les locaux définis à l'article DF 7 ;
- si le compartiment est traité en plateau paysager, ou avec des cloisons partielles, l'ensemble du volume est désenfumé selon les modalités prévues pour les locaux.

Article DF 9
Entretien et exploitation
(Arrêté du 22 mars 2004)

Il doit être procédé périodiquement par un personnel compétent aux opérations suivantes :
- entretien des sources de sécurité selon les dispositions de l'article EL 18 ;
- entretien courant des éléments mécaniques et électriques selon les prescriptions des constructeurs ;
- entretien du système de sécurité selon les dispositions de l'article MS 68 et suivant la notice du constructeur. Les règles d'exploitation et de maintenance sont définies à l'article MS 69 et dans la norme NF S 61-933.

Article DF 10
Vérifications techniques
(Arrêté du 4 juillet 2007)

§ 1. Les installations de désenfumage doivent être vérifiées dans les conditions prévues aux articles GE 6 à GE 10.

§ 2. La périodicité des visites est d'un an. Les vérifications concernent :
- le fonctionnement des commandes manuelles et automatiques ;
- le fonctionnement des volets, exutoires et ouvrants de désenfumage ;
- la fermeture des éléments mobiles de compartimentage participant à la fonction désenfumage ;
- l'arrêt de la ventilation de confort mentionné à l'article DF 3, § 5 ;
- le fonctionnement des ventilateurs de désenfumage ;
- les mesures de pression, de débit et de vitesse, dans le cas du désenfumage mécanique.

§ 3. Lorsqu'existent une installation de désenfumage mécanique et un système de sécurité incendie de catégorie A ou B, les vérifications sont effectuées tous les trois ans par un organisme agréé.

F - Articles CH - Chauffage, ventilation, réfrigération, conditionnement d'air et production de vapeur et d'eau chaude sanitaire

Article CH 57
Entretien

Les installations doivent être maintenues régulièrement et maintenues en bon état de fonctionnement.
En particulier les conduits de fumée, les cheminées et tous les appareils doivent être ramonés et nettoyés une fois par an.

Article CH 58
Vérifications techniques

§ 1. Les installations doivent être vérifiées, y compris leur fonctionnement, dans les conditions prévues à la section II du chapitre I du présent titre.

§ 2. Les vérifications périodiques doivent avoir lieu tous les ans et concernent :
- les brûleurs et foyers ;
- les dispositifs de protection et de régulation ;
- l'étanchéité des appareils et des canalisations d'alimentation en combustible liquides ou gazeux, et en fluide frigorigène.

Pour les installations fonctionnant au butane ou au propane, ces vérifications portent en outre sur :
- le contrôle de l'étanchéité des tuyauteries et organes accessoires effectué à la pression de service ;
- le bon fonctionnement des accessoires de tuyauterie (vannes, régulateurs, filtres, groupes motopompes, etc.)

G - Articles GZ - Conformité, entretien et vérification des installations de gaz

Article GZ 27

Certificat de conformité *(Arrêté du 23 janvier 2004)*

« **§ 1.** Après réalisation de toute installation comportant des tuyauteries fixes, l'installateur doit rédiger un certificat de conformité attestant que l'installation est conforme aux dispositions du présent règlement et aux prescriptions particulières du permis de construire.
Dans le cas où plusieurs installateurs interviennent, chacun d'eux doit établir et signer un certificat de conformité en précisant les parties de l'installation qu'il a réalisées.
Le ou les certificats doivent mentionner la date et le résultat des essais prévus à l'article GZ 19.

§ 2. Le certificat de conformité est rédigé en double exemplaire, l'un étant destiné au distributeur, l'autre étant joint au registre de sécurité de l'établissement. »

Article GZ 28

Mise en gaz et utilisation *(Arrêté du 23 janvier 2004)*

« **§ 1.** La mise en gaz des installations doit faire l'objet d'une demande par le responsable de l'établissement (maître d'ouvrage, chef d'établissement...).
Le responsable de l'établissement ou son représentant devra remettre au distributeur, avant la mise en gaz, un des exemplaires du ou des certificats de conformité établis par le ou les installateurs. Il devra être présent lors de cette opération.

§ 2. L'utilisation du gaz ne peut intervenir qu'après vérification de l'installation, par une personne ou un organisme agréé, conformément au premier paragraphe de l'article GZ 30. Cette vérification doit faire l'objet d'un rapport de vérification technique conforme aux dispositions de l'article GE 9.
Un visa apposé par cette personne ou cet organisme sur l'exemplaire du certificat de conformité joint au registre de sécurité atteste que l'installation satisfait aux exigences réglementaires. »

Article GZ 29

Entretien

§ 1. Les installations et leurs accessoires, autres que ceux remis au distributeur de gaz aux termes des textes réglementaires ou de conventions particulières lui imposant d'en assurer l'exploitation et l'entretien, doivent faire l'objet annuellement, de la part de l'exploitant de l'établissement, d'un contrôle visuel de leur bon état.
Chaque année il doit, en outre, procéder au ramonage ou à la visite des conduits d'évacuation et à la vérification de leur vacuité.

§ 2. Les appareils d'utilisation et leurs accessoires doivent être livrés et installés accompagnés d'une notice rédigée en langue française par le fabricant et fournie par l'installateur à l'exploitant de l'établissement. Cette notice doit contenir explicitement, outre les consignes d'entretien courant, la liste des vérifications nécessaires à un bon fonctionnement de l'appareil ou du système.

Article GZ 30

Vérifications techniques

§ 1. Les appareils d'utilisation et leurs accessoires doivent être vérifiés dans les conditions prévues à la section II du chapitre I du présent titre.

§ 2. Ces vérifications sont faites au moins une fois par an dans les conditions indiquées par les notices accompagnant les appareils.

§ 3. Un livret d'entretien sur lequel l'exploitant est tenu de noter les dates des vérifications et des opérations d'entretien effectuées sur les installations et appareils visés aux § 1 et 2 ci-dessus doit être annexé au registre de sécurité de l'établissement.

H - Articles EL - Installations électriques (Nouveaux articles issus de l'arrêté du 19 novembre 2001)

Article EL 1

Objectifs ***(Arrêté du 19 novembre 2001)***

Les dispositions du présent chapitre ont pour objectifs :
- d'éviter que les installations électriques ne présentent des risques d'éclosion, de développement et de propagation d'un incendie ;
- de permettre le fonctionnement des installations de sécurité lors d'un incendie.

Article EL 2

Documents à fournir*(Arrêté du 19 novembre 2001)*

Les documents à fournir en application de l'article GE 2, § 2, comprennent :
- une note indiquant l'adresse de l'établissement, sa catégorie, son type et les différentes sources d'énergie qui seront employées avec mention de leur tension nominale et de leur puissance disponible ; la note de calcul de la puissance demandée aux sources de sécurité, et notamment aux groupes électrogènes, devra être jointe ;
- un plan détaillé des bâtiments précisant l'emplacement des locaux de service électrique, des principaux tableaux électriques et le cheminement des canalisations ;
- un schéma de distribution générale des installations électriques précisant pour les canalisations principales la nature, les sections, le mode de pose et les caractéristiques des dispositifs de protection contre les surintensités et contre les contacts indirects ;
- les documents relatifs aux installations d'éclairage visés à l'article EC 4.

Article EL 3

Définitions ***(Arrêté du 19 novembre 2001)***

Pour l'application du présent règlement, on appelle :
- **source normale :** source constituée généralement par un raccordement au réseau électrique de distribution publique haute tension ou basse tension ;
- **source de remplacement :** source délivrant l'énergie électrique permettant de poursuivre tout ou partie de l'exploitation de l'établissement en cas de défaillance de la source normale. Durant la période d'exploitation de l'établissement, l'énergie électrique provient soit de la source normale, soit de la source de remplacement (si cette dernière existe). Cet ensemble est appelé « source normale/remplacement » ;
- **source de sécurité :** source prévue pour maintenir le fonctionnement des matériels concourant à la sécurité contre les risques d'incendie et de panique en cas de défaillance de la source normal/remplacement ;
- **temps de commutation :** intervalle de temps entre le moment où apparaît une défaillance de l'alimentation normale et le moment où la tension est disponible aux bornes de la source de sécurité ;
- **alimentation normale :** alimentation provenant de la source normale ;
- **alimentation de remplacement :** alimentation provenant de la source de remplacement ;
- **alimentation électrique de sécurité (AES) :** dispositif qui fournit l'énergie électrique nécessaire au fonctionnement des installations de sécurité définies ci-après afin de leur permettre d'assurer leur fonction aussi bien en marche normale, lorsque l'énergie provient de la source normale-remplacement, qu'en marche en sécurité lorsque l'énergie provient de la source de sécurité ;
- **installations de sécurité :** installations qui doivent être mises ou maintenues en service pour assurer l'évacuation du public et faciliter l'intervention des secours. Elles comprennent :
  * l'éclairage de sécurité,
  * les installations du système de sécurité incendie (SSI),
  * les ascenseurs devant être utilisés en cas d'incendie,
  * les secours en eau (surpresseurs d'incendie, pompes de réalimentation en eau, compresseurs d'air des systèmes d'extinction automatique à eau, etc.),
  * les pompes d'exhaure,
  * d'autres équipements de sécurité spécifiques de l'établissement considéré à condition qu'ils concourent à la sécurité contre les risques d'incendie et de panique,
  * les moyens de communication destinés à donner l'alerte interne et externe ;

- **tableau électrique :** ensemble de dispositifs de commande, de protection, de distribution de l'énergie électrique regroupés sur un même support. Il peut être disposé dans une enveloppe telle qu'armoire, coffret. Il est dit « de sécurité » lorsque les dispositifs précités concernent exclusivement des installations de sécurité. Il est dit « normal » dans le cas contraire. Les dispositifs de commande, même groupés, ne constituent pas un tableau ;
- **canalisation électrique :** ensemble constitué par un ou plusieurs conducteurs électriques et les éléments assurant leur fixation et, le cas échéant, leur protection mécanique. Les conditions d'essais, de classification et les niveaux d'attestation de conformité relatifs au comportement au feu des câbles électriques ainsi que l'agrément des laboratoires d'essais sont fixés dans l'arrêté du 21 juillet 1994.

Article EL 4

Règles générales *(Arrêté du 11 décembre 2009)*

§ 1. Les installations électriques sont conformes au décret n° 88-1056 du 14 novembre 1988 modifié pris pour l'exécution des dispositions du Code du travail en ce qui concerne la protection des travailleurs dans les établissements qui mettent en œuvre des courants électriques et à ses arrêtés d'application.
Les matériels utilisés dans les installations électriques sont conformes au décret n° 95-1081 du 3 octobre 1995 modifié, transposant en droit national la directive 2006/95/CE du 12 décembre 2006.
Les installations électriques sont réalisées et installées de façon à prévenir les risques d'incendie ou d'explosion d'origine électrique. Les installations électriques réalisées selon la norme NF C 15-100 (décembre 2002) sont présumées satisfaire à ces exigences.
Si une installation extérieure de protection des structures contre la foudre (paratonnerres) est prévue, elle est installée conformément à la norme NF EN 62305-3 (décembre 2006).

§ 2. L'établissement n'est pas traversé par des canalisations électriques qui lui sont étrangères, sauf si elles sont placées dans des cheminements techniques protégés tels que visés à l'article MS 53, § 4, avec des parois coupe-feu de degré 1 heure ou EI 60 et si elles ne comportent aucune connexion sur leur parcours.

§ 3. Les installations desservant les locaux et dégagements non accessibles au public sont commandées et protégées indépendamment de celles desservant les locaux et dégagements accessibles au public à l'exception des installations de chauffage électrique. Toutefois, un local non accessible au public, de faible surface, situé dans un ensemble de locaux accessibles au public peut avoir des circuits commandés et protégés par les mêmes dispositifs.

§ 4. L'exploitant peut poursuivre l'exploitation de son établissement en cas de défaillance de la source normale si l'une des conditions suivantes est remplie :
- une source de remplacement fonctionne ;
- l'éclairage naturel des locaux et des dégagements est suffisant pour permettre l'exploitation et les mesures de sauvegarde propres à assurer la sécurité du public sont respectées ;
- l'éclairage de sécurité des établissements comportant des locaux à sommeil est complété dans les conditions prévues dans les dispositions particulières et les mesures de sauvegarde propres à assurer la sécurité du public sont respectées.

La source de remplacement, si elle existe, alimente au minimum l'éclairage de remplacement, les chargeurs des sources centralisées ainsi que les circuits des blocs autonomes d'éclairage de sécurité. La défaillance de la source de remplacement entraîne le fonctionnement de l'éclairage de sécurité.

§ 5. Dans les locaux et dégagements accessibles au public, la plus grande tension existant en régime normal entre deux conducteurs ou entre l'un d'eux et la terre n'est pas supérieure au domaine de la basse tension.
Toutefois, cette disposition ne s'oppose pas :
- à l'utilisation de tensions plus élevées pour des applications déterminées telles que l'emploi de lampes à décharge et d'appareils audiovisuels et d'électricité médicale ;
- au passage des canalisations générales d'alimentation haute tension si elles sont placées dans des cheminements techniques protégés par des parois coupe-feu de degré 1 heure ou EI 60 et si elles ne comportent aucune connexion sur leur parcours.

§ 6. Les installations électriques des locaux à risques particuliers tels que définis à l'article CO 27 sont établies dans les conditions définies à l'article 422 de la norme d'installation NF C 15-100 (décembre 2002) pour les locaux présentant des risques d'incendie (condition d'influence externe BE 2).

Article EL 5

Locaux de service électrique *(Arrêté du 19 novembre 2001)*

§ 1. Les locaux de service électrique sont les locaux renfermant des matériels électriques et dont l'accès est réservé aux personnes qualifiées, chargées de l'entretien et de la surveillance des matériels.

§ 2. Les locaux de service électrique doivent être identifiés et faciles à atteindre par les services de secours.

§ 3. L'isolement de ces locaux peut être réalisé, selon la nature des matériels qu'ils renferment :
a) par des parois verticales et plancher haut coupe-feu de degré 2 heures et des dispositifs de franchissement coupe-feu de degré 1 heure sans communication directe avec les locaux ou dégagements accessibles au public ;
b) par des parois verticales et plancher haut coupe-feu de degré 1 heure et portes coupe-feu de degré 1/2 heure ;
c) sans autres dispositions d'isolement que celles prévues pour les locaux à risques courants, dans ce cas, le local est dit ordinaire.

§ 4. Ils doivent être dotés de moyens d'extinction adaptés aux risques électriques.
Les appareils portatifs doivent porter des signes distinctifs bien visibles indiquant qu'ils sont utilisables pour un feu se produisant en présence de conducteurs ou d'appareils électriques.

§ 5. Ils doivent disposer d'un éclairage de sécurité constitué par un ou des blocs autonomes ou luminaires alimentés par la source centralisée d'une part, et par un ou des blocs autonomes portables d'intervention (BAPI) d'autre part.

Article EL 6

Matériels à haute tension ou contenant des diélectriques susceptibles d'émettre des vapeurs inflammables ou toxiques *(Arrêté du 19 novembre 2001)*

Les postes de livraison, les postes de transformation, les cellules à haute tension et les matériels électriques contenant des diélectriques susceptibles d'émettre des vapeurs inflammables ou toxiques doivent être disposés dans des locaux de service électrique répondant aux dispositions de l'article EL 5. Ils doivent être ventilés sur l'extérieur, soit directement, soit par l'intermédiaire d'un conduit et isolés dans les conditions du § 3a de cet article.
Cette disposition ne s'applique pas aux condensateurs utilisés en éclairage, dans la mesure où la quantité totale de diélectrique liquide est inférieure à 0,2 litre par luminaire.

Article EL 7

Implantation des groupes électrogènes *(Arrêté du 19 novembre 2001)*

§ 1. Les groupes électrogènes, à l'exception de ceux dont le fonctionnement est associé à une installation de cogénération, doivent être disposés dans des locaux de service électrique répondant aux dispositions de l'article EL 5 et isolés dans les conditions du § 3a de cet article.

§ 2. Si le fonctionnement des groupes est associé à une installation de cogénération, leur installation doit répondre aux dispositions spécifiques du chapitre v du présent titre relatives aux installations de cogénération.

§ 3. Les locaux, où sont installés les moteurs, quelle que soit la puissance de ces derniers, doivent être largement ventilés sur l'extérieur.

§ 4. a) Lorsque le combustible utilisé est liquide, l'aménagement du local et l'alimentation en combustible doivent respecter les dispositions suivantes :
- le sol du local doit être imperméable et former une cuve étanche, le seuil des baies étant surélevé d'au moins 0,10 m et toutes dispositions doivent être prises pour que le combustible accidentellement répandu ne puisse se déverser par les orifices placés dans le sol ;
- si le local est en sous-sol, il doit être desservi par un conduit coupe-feu de degré 1 heure débouchant à l'extérieur, au niveau du sol, permettant la mise en œuvre du matériel de ventilation des sapeurs-pompiers, et fermé à l'aide d'un dispositif démontable sans outillage ;
- les canalisations de combustible doivent être fixes, étanches, rigides ; elles peuvent être souples dans la partie liaison groupe ;
- si une nourrice en charge alimente les moteurs, elle doit être munie ;
  * d'une tuyauterie de trop-plein de section au moins double de celle de la tuyauterie d'alimentation, sans point haut,
  * d'un ou plusieurs évents,
  * d'indicateurs de niveau résistant aux chocs et aux variations de température ;

- le réservoir principal doit être en contrebas de la nourrice s'il n'en existe pas, du moteur ;
- si la disposition précédente est impossible, l'alimentation du moteur doit être assurée par une tubulure en partie supérieure du réservoir et pourvue d'un dispositif antisiphon doublé d'un second dispositif à commande manuelle ;
- un dispositif de coupure rapide de l'alimentation en combustible doit être placé à l'extérieur du local ;
- un dépôt d'au moins 100 litres de sable et une pelle ainsi que des extincteurs portatifs pour feux de classe BI ou B2 moins doivent être conservés au voisinage immédiat de la porte d'accès.

b) Lorsqu'il s'agit de combustible liquide de première catégorie (point d'éclair inférieur à 55 °C), la quantité de combustible autorisée dans la salle des moteurs est limitée à 15 litres si l'alimentation de ces derniers est faite par gravité et à 50 litres si elle est assurée par une pompe à partir d'un réservoir placé en contrebas des moteurs. En aucun cas, le remplissage des réservoirs placés dans la salle des moteurs ne doit être assuré automatiquement.

c) Lorsqu'il s'agit de combustible liquide de deuxième catégorie (point d'éclair supérieur ou égal à 55 °C et inférieur à 100 °C), la quantité de combustible autorisée dans la salle des moteurs est limitée à 500 litres en réservoirs fixes. Si la quantité de combustible stocké est supérieure à cette valeur, le stockage doit s'effectuer dans un local spécial répondant aux dispositions des articles CH 15, CH 16 et CH 17.

§ 5. Lorsque le combustible utilisé est gazeux, l'installation doit répondre au chapitre VI du présent titre.

§ 6. Les gaz de combustion doivent être évacués directement à l'extérieur par des conduits qui doivent être réalisés en matériaux incombustibles, être étanches et placés dans une gaine de degré coupe-feu égal au degré de stabilité au feu du bâtiment.

Article EL 8

Batteries d'accumulateurs et matériels associés (chargeurs, onduleurs) ***(Arrêté du 11 décembre 2009)***

§ 1. Les batteries d'accumulateurs et les matériels associés qui alimentent des équipements autres que ceux des installations de sécurité sont installés dans un local de service électrique qui peut être ordinaire.
Toutefois :
- ils peuvent être placés dans un local non accessible au public si les batteries sont du type étanche et si celles-ci sont placées dans une enveloppe dont l'ouverture n'est autorisée qu'au personnel chargé de leur entretien et de leur surveillance ;
- les alimentations d'une puissance inférieure ou égale à 3,5 kVA et placées dans une enveloppe, telles que les alimentations sans interruption (ASI), peuvent être installées dans un local quelconque si les batteries sont du type étanche.

§ 2. Les batteries d'accumulateurs et les matériels associés qui alimentent les installations de sécurité sont installés dans un local de service électrique répondant aux dispositions de l'article EL 5 et isolé dans les conditions du § 3 (b) de cet article. Ce local est réservé à l'installation de batteries d'accumulateurs et de leurs matériels associés. Une batterie d'accumulateurs du type étanche n'alimentant qu'un matériel du système de sécurité incendie (SSI) peut être soit implantée dans ce matériel, soit installée dans le même local.

§ 3. Le local ainsi que l'enveloppe éventuelle contenant les batteries d'accumulateurs sont ventilés de manière à éviter tout risque d'explosion. Les ventilations réalisées dans les conditions définies à l'article 554.2.3 de la norme d'installation NF C 15-100 (décembre 2002) sont présumées satisfaire à cette exigence.
Lorsque les batteries d'accumulateurs alimentent des installations de sécurité, la coupure de l'alimentation des dispositifs de charge doit être signalée au tableau de sécurité concerné visé à l'article EL 15.

§ 4. Les batteries de démarrage des groupes électrogènes ainsi que leur dispositif de charge peuvent être installés dans le même local que le groupe.

Article EL 9

Tableaux « normaux » ***(Arrêté du 11 décembre 2009)***

Tout tableau électrique « normal » est installé :
- soit dans un local de service électrique tel que défini à l'article EL 5, § 1 ;
- soit dans un local ou dégagement non accessible au public ;
- soit dans un local ou dégagement accessible au public, à l'exclusion des escaliers protégés, dans les conditions de l'article CO 37, à condition de satisfaire à l'une des dispositions suivantes :

a) Si sa puissance est au plus égale à 100 kVA, il est enfermé dans une armoire ou un coffret satisfaisant à l'une des conditions suivantes :
- son enveloppe est métallique ;
- son enveloppe satisfait à l'essai au fil incandescent défini dans la norme NF EN 60695-2-11 (décembre 2001), la température du fil incandescent étant de 750 °C, si chaque appareillage satisfait à la même condition ;

b) Si la puissance est supérieure à 100 kVA, il est :
- soit enfermé dans une armoire ou un coffret dont l'enveloppe est métallique si chaque appareillage satisfait à l'essai au fil incandescent défini dans la norme NF EN 60695-2-11 (décembre 2001), la température du fil incandescent étant de 750 °C ;
- soit enfermé dans une enceinte à parois maçonnées, équipée d'un bloc-porte pare-flammes de degré une 1/2 heure ou E 30 et ventilée si cela est nécessaire, exclusivement par des grilles à chicane.

Article EL 10

Canalisations des installations « normale/remplacement » *(Arrêté du 11 décembre 2009)*

§ 1. Les installations ne comportent que des canalisations fixes.

§ 2. Les câbles ou les conducteurs sont de la catégorie C2.

§ 3. Les systèmes de conduits, de conduits profilés, de goulottes, de chemins de câbles, d'échelles à câbles et similaires sont du type non propagateur de la flamme et donc satisfont :
- pour les longueurs de ces systèmes à l'essai à la flamme de 1 kW de la norme NF EN 60695-11-2 (février 2004) sauf pour les longueurs de goulotte de câblage pour installation dans les armoires, qui satisfont à l'essai au brûleur aiguille de la norme NF EN 60695-11-5 (juin 2005) ;
- pour les autres pièces de ces systèmes à l'essai au fil incandescent de la norme NF EN 60695-2-11 (juillet 2001), la température du fil incandescent étant de 650 °C.

§ 4. Les traversées de parois par des canalisations électriques sont obturées intérieurement et extérieurement suivant les conditions de l'article 527.2 de la norme d'installation NF C 15-100 (décembre 2002) de manière à ne pas diminuer le degré de résistance au feu prescrit pour la paroi.
Ces dispositions s'appliquent également aux canalisations préfabriquées.

§ 5. Lorsque les canalisations sont groupées dans un coffrage, les matériaux constitutifs de ce coffrage doivent être de catégorie M3 ou D-s1, d0.

§ 6. Les canalisations alimentant les ERP ne traversent pas des tiers sauf si elles sont placées dans des cheminements techniques protégés par des parois de degré coupe-feu 1 heure ou EI 60 et si elles ne comportent aucune connexion sur leur parcours.

§ 7. Les canalisations électriques ne sont pas installées dans les mêmes gaines que les canalisations de gaz.

Article EL 11

Appareillages et appareils d'utilisation *(Arrêté du 11 décembre 2009)*

§ 1. Les dispositifs nécessaires pour permettre la mise hors tension générale de l'installation électrique de l'établissement sont inaccessibles au public et faciles à atteindre par les services de secours. Ils ne coupent pas l'alimentation normale des installations de sécurité. Les produits tels que les blocs autonomes d'éclairage de sécurité (BAES) et les blocs autonomes d'alarme sonore (BAAS) de types Sa ou Ma ne sont pas concernés par cette disposition.

§ 2. Aucun dispositif de coupure d'urgence de l'installation électrique n'est accessible au public.
Ces dispositions ne s'appliquent pas aux dispositifs de coupure d'urgence des enseignes lumineuses à haute tension et des enseignes lumineuses à basse tension.

§ 3. Les enseignes lumineuses en haute et basse tension sont équipées d'un dispositif de coupure d'urgence et de sectionnement en basse tension. La coupure d'urgence doit permettre au service de secours d'effectuer la coupure en charge, directe ou à distance, en une seule manœuvre, de tous les conducteurs actifs de l'alimentation de l'enseigne. Le déblocage du dispositif de coupure d'urgence ne doit pas permettre la réalimentation du circuit sans une action intentionnelle. Leurs enveloppes éventuelles sont en matériau M3 ou Ds1, d0 ou en matériau satisfaisant à l'essai au fil incandescent défini dans la norme NF EN 60695-2-12 (juillet 2001), la température du fil incandescent étant de 650 °C.

§ 4. Dans les locaux et dégagements accessibles au public, la manœuvre des dispositifs de commande ou de protection situés à moins de 2,50 mètres au-dessus du sol est sous la dépendance d'une clé ou d'un outil. Cette disposition ne s'applique pas aux appareils prévus pour être commandés par le public.

§ 5. Les tableaux et les appareils d'utilisation sont protégés par construction ou par installation de manière à éviter l'apparition d'une température élevée ou le risque d'incendie.

§ 6. Les tableaux et les appareils d'utilisation installés dans les dégagements respectent les dispositions de l'article CO 37.

§ 7. L'emploi de fiches multiples est interdit. Le nombre de prises de courant est adapté à l'utilisation pour limiter l'emploi de socles mobiles. Les prises de courant sont disposées de manière que les canalisations mobiles aient une longueur aussi réduite que possible et ne soient pas susceptibles de faire obstacle à la circulation des personnes.

Article EL 12

Alimentation électrique des installations de sécurité *Arrêté du 11 décembre 2009)*

§ 1. Les installations de sécurité visées à l'article EL 3, à l'exception de l'éclairage de sécurité, sont alimentées par une alimentation électrique de sécurité (AES) conforme à la norme NF S 61-940 (juin 2000). Toutefois, dans les cas où l'absence de groupe électrogène est admise dans la suite du présent règlement, les installations électriques suivantes peuvent être alimentées par une dérivation issue directement du tableau principal du bâtiment ou de l'établissement :

- installation de désenfumage mécanique des établissements de 1re et 2e catégories dont la puissance totale des moteurs des ventilateurs d'extraction des deux zones de désenfumage les plus contraignantes est inférieure à 10 kW ;
- installation de désenfumage mécanique des établissements de 3e et 4e catégories ;
- les secours en eau et les pompes d'exhaure, sauf dispositions aggravantes prévues dans la suite du présent règlement.

§ 2. L'installation d'éclairage de sécurité est alimentée par une source centralisée à batterie d'accumulateurs conforme à la norme NF EN 50171 (septembre 2001).

§ 3. L'autonomie des sources de sécurité est suffisante pour alimenter les installations de sécurité pendant une durée minimale de 1 heure.

Article EL 13

Alimentation électrique de sécurité *(Arrêté du 11 décembre 2009)*

§ 1. Les batteries d'accumulateurs et les matériels associés sont installés dans les conditions prévues à l'article EL 8.

§ 2. Les groupes électrogènes de sécurité sont installés dans les conditions prévues à l'article EL 7. Sauf dispositions aggravantes prévues dans la suite du règlement, le temps maximal de commutation est de dix secondes.

§ 3. Un groupe électrogène de remplacement peut être utilisé comme source de sécurité à condition qu'il soit conforme à la norme NF E 37-312 (octobre 2000) et que, dans tous les cas, la puissance nécessaire pour assurer le démarrage et le fonctionnement de tous les équipements de sécurité soit suffisante. Lorsque la source de remplacement comprend plusieurs groupes électrogènes, en cas de défaillance de l'un d'eux, la puissance encore disponible doit rester suffisante pour assurer le démarrage et le fonctionnement de tous les équipements de sécurité. Conformément aux dispositions de l'article DF 3, § 3, la puissance à prendre en compte pour le désenfumage doit permettre l'alimentation des moteurs d'extraction et de soufflage des deux zones de désenfumage les plus contraignantes en tenant compte, le cas échéant, des atténuations par les dispositions les concernant.

Article EL 14

Alimentation électrique des installations de sécurité à partir d'une dérivation issue du tableau principal *(Arrêté du 11 décembre 2009)*

§ 1. Lorsque l'alimentation électrique des installations de sécurité est réalisée à partir d'une dérivation issue directement du tableau principal du bâtiment ou de l'établissement, ce tableau est installé dans un local de service électrique répondant aux dispositions de l'article EL 5 et isolé dans les conditions du § 3 (b) de cet article.

§ 2. La dérivation issue directement du tableau principal est sélectivement protégée de façon qu'elle ne soit pas affectée par un défaut survenant sur les autres circuits. De plus, dans le cas d'un schéma de liaison à la terre de type TN ou TT, tel que défini par la norme d'installation NF C 15-100 (décembre 2002), si l'équipement de sécurité considéré n'est mis en œuvre qu'en cas de sinistre (cas des ventilateurs de désenfumage), son isolement par rapport à la terre est surveillé en permanence pendant les périodes de non-utilisation par un contrôleur permanent d'isolement associé à un dispositif de signalisation.

§ 3. Lorsqu'un groupe électrogène de remplacement existe il peut réalimenter cette dérivation sans être conforme à la norme NF E 37-312 (octobre 2000).

Article EL 15

Tableaux des installations de sécurité alimentées par une alimentation électrique de sécurité *(Arrêté du 19 novembre 2001)*

§ 1. Tout tableau de sécurité doit être installé dans un local de service électrique affecté à ce seul usage, répondant aux dispositions de l'article EL 5 et isolé dans les conditions de son § 3b.

§ 2. L'affectation de chaque circuit et celle des différents appareils de mesure éventuels et des dispositifs de commande et de protection du tableau doivent être clairement identifiées de manière sûre et durable.

§ 3. La signalisation de la coupure des dispositifs de charge prévue à l'article EL 8, § 3, doit être reportée au poste de sécurité ou, à défaut, dans un local ou un emplacement non accessible au public habituellement surveillé pendant les heures d'exploitation de l'établissement.

§ 4. En atténuation de l'article EL 8, § 2, un tableau de sécurité peut être placé dans le même local que celui renfermant la batterie d'accumulateurs de l'alimentation électrique de sécurité correspondante.

§ 5. Un tableau de sécurité comporte au minimum les éléments suivants :
- les dispositifs de protection contre les surintensités, à l'origine de chacun des circuits divisionnaires ;
- un voyant signalant la présence ou l'absence de l'alimentation normale/remplacement ;
- un voyant signalant la coupure de l'alimentation du dispositif de charge de la batterie d'accumulateurs ;
- le dispositif de mise à l'état d'arrêt/veille destiné à mettre hors service volontairement l'alimentation électrique de sécurité afin de ne pas délivrer d'énergie pendant certaines périodes de non-exploitation de l'établissement ;
- le dispositif de mise à l'état de marche normale.

Ce tableau comporte, le cas échéant :
- les dispositifs de protection contre les contacts indirects ;
- le dispositif de commutation automatique permettant le passage de l'état de marche normale de l'alimentation électrique de sécurité à l'état de marche en sécurité et le dispositif permettant de commander manuellement la mise à l'état de marche en sécurité en cas de défaillance du dispositif automatique.

Article EL 16

Circuits d'alimentation en énergie des installations de sécurité

§ 1. En complément des dispositions prévues à l'article EL 10, les canalisations d'alimentation en énergie des installations de sécurité doivent répondre aux dispositions suivantes :
a) Depuis la source de sécurité ou du tableau principal jusqu'aux appareils terminaux, ces canalisations doivent être de catégorie CR 1 ; les dispositifs de dérivation ou de jonction correspondants et leurs enveloppes, à l'exception des dispositifs d'étanchéité, doivent satisfaire à l'essai au fil incandescent défini dans les normes en vigueur, la température du fil incandescent étant de 960 °C.

b) Les locaux à risques particuliers d'incendie, tels que visés à l'article CO 27, ne doivent pas être traversés par des canalisations d'installations de sécurité autres que celles destinées à l'alimentation d'appareils situés dans ces locaux.
c) Les câbles des installations de sécurité doivent être différents des câbles des installations normal-remplacement.

§ 2. Chaque circuit doit être protégé de telle manière que tout incident électrique l'affectant, par surintensité, rupture ou défaut à la terre, n'interrompe pas l'alimentation des autres circuits de sécurité alimentés par la même source.

§ 3. Les canalisations électriques alimentant les ventilateurs de désenfumage ne doivent pas comporter de protection contre les surcharges, mais seulement contre les courts-circuits. En conséquence, elles doivent être dimensionnées en fonction des plus fortes charges, estimées à 1,5 fois le courant nominal des moteurs.

§ 4. Lorsque l'installation de sécurité n'est pas alimentée en basse tension de sécurité, elle doit être réalisée suivant le schéma tel que défini par la norme NF *C* 15-100.
En dérogation aux dispositions ci-dessus, les installations d l'alimentation électrique de sécurité comporte un groupe électrogène, telles que celles alimentant des ventilateurs de désenfumage des ascenseurs ou des surpresseurs d'incendie, peuvent être réalisées en schéma TN, conformément à la norme NF C 15-100, à condition qu'une sélectivité totale soit assurée entre les dispositifs de protection. De plus, si l'équipement de sécurité concerné ne fonctionne qu'en cas de sinistre (cas des ventilateurs de désenfumage), son isolement par rapport à la terre doit être surveillé en permanence pendant les périodes de non-utilisation, par un contrôleur permanent d'isolement associé à un dispositif de signalisation.

§ 5. Les dispositions du paragraphe 4 ne sont pas exigées dans le cas où le présent règlement admet qu'en l'absence d'une source de sécurité l'alimentation électrique de sécurité est assurée par dérivation issue directement du tableau principal du bâtiment ou l'établissement, réalisée dans les conditions de l'article EL 14.

Article EL 17

Signalisations *(Arrêté du 19 novembre 2001)*

Les signalisations suivantes doivent être reportées au poste sécurité ou, à défaut, dans un local ou emplacement non accessible au public et habituellement surveillé pendant la présence du public :
- coupure des dispositifs de charge prévus à l'article EL 8 ;
- défauts d'isolement signalés par les contrôleurs permanents d'isolement résultant de l'application des articles EL14, §2 et EL 16, § 4.

Article EL 18

Maintenance, exploitation *(Arrêté du 19 novembre 2001)*

§ 1. Les installations doivent être entretenues et maintenues en bon état de fonctionnement. Les défectuosités et les défauts d'isolement doivent être réparés dès leur constatation.

§ 2. Dans tout établissement de 1re ou 2e catégorie, la présence physique d'une personne qualifiée est requise pendant la présence du public pour, conformément aux consignes données, assurer l'exploitation et l'entretien quotidien. Une telle mesure peut être imposée après avis de la commission départementale de sécurité dans les établissements de 3e et de 4e catégorie si l'importance ou l'état des installations électriques le justifie.

§ 3. L'exploitation de l'éclairage de sécurité doit être effectuée dans les conditions de l'article EC 14.

§ 4. Les groupes électrogènes de sécurité doivent faire l'objet d'un entretien régulier et d'essais selon la périodicité minimale est la suivante :
- tous les quinze jours, vérification du niveau d'huile, d'eau et du combustible, du dispositif de réchauffage du moteur et de l'alimentation de la source utilisée pour le démarrage (batterie ou comprimé) ;
- tous les mois, en plus des vérifications ci-dessus, essais de démarrage automatique avec une charge minimale de 50 % de la puissance du groupe et fonctionnement avec cette charge pendant une durée minimale de trente minutes.

Les interventions ci-dessus et leurs résultats doivent être consignés dans un registre d'entretien qui doit être tenu à la disposition de la commission de sécurité.

Article EL 19
Vérifications techniques *(Arrêté du 24 septembre 2009)*

§ 1. Les installations électriques, les installations d'éclairage et les éventuelles installations extérieures de protection contre la foudre (paratonnerres) doivent être vérifiées dans les conditions prévues à la section II du chapitre Ier du présent titre.

§ 2. La conformité aux exigences réglementaires applicables aux installations neuves ou ayant fait l'objet de travaux doit être vérifiée dans les conditions prévues par les articles GE 7 et GE 8 (§ 1).

§ 3. Les vérifications périodiques des installations non modifiées doivent être effectuées annuellement dans les conditions prévues à l'article GE 10. Elles concernent les articles suivants à condition qu'ils soient applicables à l'établissement :
- EL 4 (§ 4) ; EL 5 (§ 1, 4 et 5) ; EL 8 (§ 3) ; EL 10 (§ 4) ; EL 11 (§ 3, 4 et 7) ; EL 15 (§ 3) ; EL 17 et EL 18 ;
- EC 5 (§ 5) ; EC 6 (§ 5 et 6) ; EC 7 ; EC 9 (§ 1) ; EC 13 et EC 14 (§ 3).

Elles ont pour objet de s'assurer :
- de l'absence de modifications depuis la dernière vérification ;
- de l'état d'entretien et de maintenance des installations et appareils d'utilisation ;
- de l'existence d'un relevé des essais incombant à l'exploitant ;
- du maintien en l'état des installations d'éclairage normal et de sécurité et des appareils d'éclairage ;
- du bon état apparent des éventuelles installations extérieures de protection contre la foudre (paratonnerre).

En complément à l'article GE 10, le relevé des vérifications mentionnera, article par article cité ci-dessus, les anomalies constatées avec leurs localisations et commentaires explicatifs.
Il conviendra d'adjoindre à ce document le rapport de vérification périodique effectuée au titre du décret n° 88-1056 du 14 novembre 1988.

Installations temporaires...

Article EL 20
Généralité *(Arrêté du 19 novembre 2001)*

Les installations suivantes sont susceptibles de justifier des atténuations ou des dérogations aux prescriptions précédentes, conformément aux dispositions des articles EL 21 à EL 23 ci-après :
- installations de travaux, c'est-à-dire celles réalisées pour permettre des réfections ou transformations d'installations existantes sans interrompre l'exploitation de l'établissement ;
- installations de dépannage qui sont nécessaires pour pallier un incident d'exploitation ;
- installations semi-permanentes qui sont destinées à des aménagements de durée limitée, sortant du cadre des activités habituelles de l'établissement ou se répétant périodiquement.

En aucun cas, les atténuations ou dérogations ne doivent entraîner des dispositions de nature à entraver ou restreindre la circulation du public.

Article EL 21
Installations de travaux *(Arrêté du 19 novembre 2001)*

Les installations réalisées pour permettre des travaux sans interrompre l'exploitation de l'établissement peuvent bénéficier de dérogations portant sur l'ensemble des dispositions du présent chapitre.
Si ces installations doivent subsister plus de quinze jours, elles doivent être transformées le plus rapidement possible en installations semi-permanentes satisfaisant aux dispositions de l'article EL 23.
Si leur durée excède six mois, les dispositions prises doivent être approuvées par l'autorité visée à l'article R.123-23 du CCH, après avis de la commission de sécurité.

Article EL 22
Installations de dépannage *(Arrêté du 19 novembre 2001)*

Le chef d'établissement a la faculté, si l'urgence l'impose, de faire effectuer des installations de dépannage sous sa propre responsabilité.

Article EL 23

Installations semi-permanentes *(Arrêté du 19 novembre 2001)*

§ 1. Les installations semi-permanentes réalisées dans les locaux et dégagements accessibles au public ne peuvent bénéficier de dérogations qu'en ce qui concerne l'application de l'article EL 10, § 1. S'il est fait usage de câbles souples, ils doivent être de catégorie C2 et fixés aux éléments stables du bâtiment.
Les dispositifs de protection sont installés en des emplacements hors de portée du public et sont convenablement protégés contre les détériorations prévisibles.
Si les installations semi-permanentes sont alimentées par les installations fixes de l'établissement, elles sont raccordées à ces dernières en des points spécialement établis à cet effet.
Si les installations fixes sont insuffisantes pour les alimenter, elles peuvent l'être soit par des branchements à basse tension distincts, soit par des postes de transformation, soit par des sources de courant autonomes. Ces branchements, postes de transformation et sources, peuvent être placés à l'extérieur du bâtiment.

§ 2. Dans les établissements recevant du public des 1re, 2e et 3e catégories, les installations semi-permanentes doivent être vérifiées initialement par une personne ou un organisme agréé et à chaque installation par un technicien compétent.
Dans les établissements recevant du public de 4e catégorie, ces installations doivent être vérifiées, initialement et à chaque installation, par un technicien compétent.

I - Articles EC - éclairage

Article EC 1

Objectifs *(Arrêté du 19 novembre 2001)*

Les dispositions du présent chapitre ont pour objectifs :
- d'assurer une circulation facile ;
- de permettre l'évacuation sûre et facile du public ;
- d'effectuer les manœuvres intéressant la sécurité.

Article EC 2

Règles générales *(Arrêté du 19 novembre 2001)*

§ 1. L'éclairage comprend :
- l'éclairage normal ;
- l'éclairage de sécurité ;
- éventuellement l'éclairage de remplacement.

§ 2. L'éclairage doit être électrique.
Les installations d'éclairage électrique doivent être conçues, réalisées et entretenues conformément aux dispositions du chapitre VII du présent titre et répondre, en outre, aux conditions ci-après.

Article EC 3

Définitions des différents éclairages *(Arrêté du 19 novembre 2001)*

On appelle :
- **éclairage normal :** éclairage qui est alimenté par la source normale ;
- **éclairage de sécurité :** éclairage qui est alimenté par une source de sécurité en cas de disparition de la source normale ;
- **éclairage de remplacement :** tout ou partie de l'éclairage normal alimenté par la source de remplacement ;
- **état de repos des blocs autonomes de l'éclairage de sécurité :** état d'un bloc autonome qui a été éteint intentionnellement lorsque l'alimentation normale est interrompue et qui, dans le cas du retour de celle-ci, revient automatiquement à l'état de veille ;
- **état de veille :** état dans lequel les sources d'éclairage de sécurité sont prêtes à intervenir en cas d'interruption de l'alimentation de l'éclairage normal ;

- **état de fonctionnement en sécurité :** état dans lequel l'éclairage de sécurité fonctionne, alimenté par sa source de sécurité ;
- **état d'arrêt :** état dans lequel le système d'éclairage de sécurité est mis hors service volontairement.

Article EC 4

Documents à fournir *(Arrêté du 19 novembre 2001)*

En application de l'article GE 2, § 2, les indications relatives aux différents éclairages doivent figurer au dossier des renseignements de détail prévu à l'article EL 2.
Le schéma unifilaire de l'éclairage doit permettre de vérifier le respect des dispositions de l'article EC 6, § 2.

Article EC 5

Appareils d'éclairage *(Arrêté du 11 décembre 2009)*

§ 1. Les luminaires fixes sont conformes aux normes de la série NF EN 60598 les concernant, en vigueur à la date de mise en œuvre du présent arrêté.

§ 2. Les appareils d'éclairage fixes ou suspendus sont reliés aux éléments stables de la construction.
Ceux qui sont placés dans les passages ne font pas obstacle à la circulation.
Les appareils d'éclairage ne doivent pas être encastrés dans les plafonds suspendus qui sont pris en compte pour le calcul de la résistance au feu des planchers attenants.

§ 3. Les appareils d'éclairage mobiles constituent normalement un éclairage d'appoint. Ils sont placés en dehors des axes de circulation et alimentés dans les conditions définies par l'article EL 11 (§ 7).

Éclairage normal...

Article EC 6

Règles de conception et d'installation *(Arrêté du 19 novembre 2001)*

§ 1. Les locaux et dégagements, les objets faisant obstacle à la circulation, les marches ou gradins, les portes et sorties, les indications de balisage visées à l'article CO 42, etc., doivent être éclairés.
Les dégagements ne doivent pas pouvoir être plongés dans l'obscurité totale à partir des dispositifs de commande accessibles au public ou aux personnes non autorisées.

§ 2. Le schéma général unifilaire de l'éclairage normal doit être conçu de façon à permettre les coupures générales ou divisionnaires des circuits spécifiques à l'éclairage normal des dégagements et des locaux nécessitant un éclairage de sécurité. Cette disposition permet la réalisation de la mesure visée à l'article EC 12, § 6.

§ 3. Dans le cas d'une gestion automatique de l'éclairage, toute défaillance du système de gestion doit entraîner ou maintenir le fonctionnement de l'éclairage normal.

§ 4. Dans tout local pouvant recevoir plus de cinquante personnes, l'installation d'éclairage normal doit être conçue de façon que la défaillance d'un élément constitutif n'ait pas pour effet de priver intégralement ce local d'éclairage normal sauf si l'éclairage de sécurité peut être activé. En outre, un tel local ne doit pas pouvoir être plongé dans l'obscurité totale à partir de dispositifs de commande accessibles au public ou aux personnes non autorisées.
Lorsque la protection contre les contacts indirects est assurée par des dispositifs de protection à courant différentiel résiduel, il est admis de regrouper les circuits d'éclairage des locaux accessibles au public de façon à n'utiliser pour ces locaux que deux dispositifs de protection différentiels tout en respectant, dans les locaux pouvant recevoir plus de cinquante personnes, la règle générale de l'alinéa ci-dessus.

§ 5. Les appareils d'éclairage doivent être fixes ou suspendus.

§ 6. L'éclairage normal ne doit pas être réalisé uniquement avec des lampes à décharge d'un type tel que leur amorçage nécessite un temps supérieur à 15 secondes.

L'éclairage de sécurité...

Article EC 7

Conception générale *(Arrêté du 19 novembre 2001)*

L'éclairage de sécurité doit être à l'état de veille pendant l'exploitation de l'établissement.
L'éclairage de sécurité est mis ou maintenu en service en cas de défaillance de l'éclairage normal/remplacement.
En cas de disparition de l'alimentation normale/remplacement, l'éclairage de sécurité est alimenté par une source de sécurité dont la durée assignée de fonctionnement doit être de 1 heure au moins.
Il comporte :
- soit une source centralisée constituée d'une batterie d'accumulateurs alimentant des luminaires ;
- soit des blocs autonomes.

Article EC 8

Fonctions de l'éclairage de sécurité *(Arrêté du 19 novembre 2001)*

§ 1. L'éclairage de sécurité a deux fonctions :
- l'éclairage d'évacuation ;
- l'éclairage d'ambiance ou d'antipanique.

§ 2. L'éclairage d'évacuation doit permettre à toute personne d'accéder à l'extérieur, en assurant l'éclairage des cheminements, des sorties, des indications de balisage visées à l'article CO 42, des obstacles et des indications de changement de direction.
Cette disposition s'applique aux locaux recevant cinquante personnes et plus et aux locaux d'une superficie supérieure à 300 m^2 en étage et au rez-de-chaussée et 100 m^2 en sous-sol.

§ 3. L'éclairage d'ambiance ou d'antipanique doit être installé dans tout local ou hall dans lequel l'effectif du public peut atteindre cent personnes en étage ou au rez-de-chaussée ou cinquante personnes en sous-sol.

Article EC 9

Éclairage d'évacuation *(Arrêté du 19 novembre 2001)*

§ 1. Les indications de balisage visées à l'article CO 42 doivent être éclairées par l'éclairage d'évacuation, si elles sont transparentes par le luminaire qui les porte, si elles sont opaques par les luminaires situés à proximité.

§ 2. Dans les couloirs ou dégagements, les foyers lumineux ne doivent pas être espacés de plus de 15 mètres.

§ 3. Les foyers lumineux doivent avoir un flux lumineux assigné d'au moins 45 lumens pendant la durée de fonctionnement assignée.

Article EC 10

Éclairage d'ambiance ou d'antipanique *(Arrêté du 19 novembre 2001)*

§ 1. L'éclairage d'ambiance ou d'antipanique doit être allumé en cas de disparition de l'éclairage normal/remplacement.

§ 2. Cet éclairage doit être basé sur un flux lumineux minimal de 5 lumens par mètre carré de surface du local pendant la durée assignée de fonctionnement.
Le rapport entre la distance maximale séparant deux foyers lumineux voisins et leur hauteur au-dessus du sol doit être inférieur ou égal à 4.

Article EC 11

Conception de l'éclairage de sécurité à source centralisée constituée d'une batterie d'accumulateurs *(Arrêté du 11 décembre 2009)*

§ 1. Les luminaires alimentés par une source centralisée constituée d'une batterie d'accumulateurs sont conformes à la NF EN 60598-2-22 (juillet 2008).

§ 2. Les lampes d'éclairage d'évacuation sont alimentées à l'état de veille par la source normale/remplacement et à l'état de fonctionnement par la source de sécurité, les lampes étant connectées en permanence à cette dernière.

§ 3. Les lampes d'éclairage d'ambiance ou d'antipanique peuvent être éteintes à l'état de veille et sont alimentées par la source de sécurité à l'état de fonctionnement. Si elles sont éteintes à l'état de veille, leur allumage automatique est assuré à partir d'un nombre suffisant de points de détection en cas de défaillance de l'alimentation normale/remplacement.

§ 4. L'installation alimentant l'éclairage de sécurité est subdivisée en plusieurs circuits au départ d'un tableau de sécurité conforme à l'article EL 15.

§ 5. Les circuits des installations d'éclairage de sécurité satisfont aux prescriptions de l'article EL 16 et ne comportent aucun dispositif de commande autre que celui prévu au § 5 de l'article EL 15.

§ 6. Aucun dispositif de protection n'est placé sur le parcours des canalisations des installations d'éclairage de sécurité.

§ 7. L'éclairage d'ambiance de chaque local ainsi que l'éclairage d'évacuation de chaque dégagement d'une longueur supérieure à 15 mètres sont réalisés en utilisant chacun au moins deux circuits distincts suivant des trajets aussi différents que possible et conçus de manière que l'éclairement reste suffisant en cas de défaillance de l'un des deux circuits. Il est admis de regrouper les circuits d'éclairage d'ambiance ou d'antipanique de plusieurs locaux et ceux d'éclairage d'évacuation de plusieurs dégagements de façon à n'utiliser, au total, pour chaque type d'éclairage, que deux circuits tout en respectant, dans chaque local et chaque dégagement d'une longueur supérieure à 15 mètres, la règle de l'alimentation par deux circuits distincts de l'éclairage d'ambiance, d'une part, et de l'éclairage d'évacuation, d'autre part.

§ 8. La source centralisée constituée d'une batterie d'accumulateurs est conforme à la norme NF EN 50171 (septembre 2001).
La valeur de la tension de sortie de la batterie d'accumulateurs est compatible avec la tension nominale des lampes.

§ 9. Dans le cas d'utilisation d'un convertisseur centralisé, celui-ci délivre un courant sous la même tension et la même fréquence que la source normale.

Article EC 12
Conception de l'éclairage de sécurité par blocs autonomes *(Arrêté du 11 décembre 2009)*

§ 1. Les blocs autonomes d'éclairage de sécurité doivent être conformes à la norme NF EN 60598-2-22 (octobre 2000) et aux normes de la série NF C 71-800, en vigueur à la date de mise en œuvre du présent arrêté.

§ 2. Les câbles ou conducteurs d'alimentation et de commande sont de la catégorie C2 selon la classification et les modalités d'attestation de conformité définies dans l'arrêté du 21 juillet 1994.

§ 3. La canalisation électrique alimentant le bloc autonome est issue d'une dérivation prise en aval du dispositif de protection et en amont du dispositif de commande de l'éclairage normal du local ou du dégagement où est installé ce bloc.
Lorsque les fonctions de commande et de protection sont assurées par un même dispositif, le bloc d'éclairage de sécurité peut être alimenté en amont de ce dispositif si celui-ci est équipé d'un accessoire qui coupe l'alimentation du bloc en cas de coupure automatique de la protection.

§ 4. Les blocs autonomes utilisés pour l'éclairage d'évacuation sont du type :
- permanent à fluorescence ; ou
- à incandescence ; ou
- non permanent à fluorescence équipé d'un système automatique de test intégré (SATI) ; ou
- à diode électroluminescente (ou autres sources lumineuses) équipé d'un système SATI.

Le système SATI est conforme à la norme NF C 71-820 (mai 1999).

§ 5. Les blocs autonomes utilisés pour l'éclairage de sécurité d'ambiance sont soit de type non permanent à fluorescence, soit à incandescence, soit à diodes électroluminescentes.

§ 6. L'installation de blocs autonomes possède un ou plusieurs dispositifs permettant une mise à l'état de repos centralisée qui sont disposés à proximité de l'organe de commande générale ou des organes de commande divisionnaires prévus à l'article EC 6.

§ 7. L'éclairage d'évacuation de chaque dégagement, d'une longueur supérieure à 15 mètres, conduisant le public vers l'extérieur, est assuré par au moins deux blocs autonomes.

§ 8. L'éclairage d'ambiance ou d'antipanique est réalisé de façon que chaque local ou hall soit éclairé par au moins deux blocs autonomes.

Article EC 13

Maintenance et entretien *(Arrêté du 11 décembre 2009)*

En complément de l'article EL 18, les dispositions suivantes sont applicables :
- l'exploitant de l'établissement dispose en permanence de lampes de rechange correspondant aux modèles utilisés dans l'éclairage de sécurité, que celui-ci soit alimenté par une source centralisée ou constitué de blocs autonomes ;
- une notice descriptive des conditions de maintenance et de fonctionnement est annexée au registre de sécurité. Elle comporte les caractéristiques des pièces de rechange.

L'entretien des blocs autonomes peut être réalisé dès qu'une anomalie est constatée. Cette constatation peut être réalisée grâce aux voyants du système SATI pour les blocs autonomes qui en sont dotés.
Ces opérations d'entretien doivent être consignées dans le registre de sécurité.

Article EC 14

Exploitation *(Arrêté du 11 décembre 2009)*

§ 1. L'éclairage de sécurité est mis à l'état de veille pendant les périodes d'exploitation.

§ 2. L'éclairage de sécurité est mis à l'état de repos ou d'arrêt lorsque l'installation d'éclairage normal est mise intentionnellement hors tension.
Dans le cas d'une source centralisée constituée d'une batterie d'accumulateurs, l'exploitant agit sur les dispositifs de mise à l'état d'arrêt des alimentations électriques de sécurité prévus à l'article EL 15.
Dans le cas de blocs autonomes, l'exploitant doit, après ouverture du ou des dispositifs de protection générale visés à l'article EC 6, mettre à l'état de repos les blocs autonomes qui sont passés à l'état de fonctionnement, en agissant sur le ou les dispositifs de mise à l'état de repos visés à l'article EC 12.

§ 3. L'exploitant s'assure périodiquement :
- une fois par mois :
- du passage à la position de fonctionnement en cas de défaillance de l'alimentation normale et à la vérification de l'allumage de toutes les lampes (le fonctionnement doit être strictement limité au temps nécessaire au contrôle visuel) ;
- de l'efficacité de la commande de mise en position de repos à distance et de la remise automatique en position de veille au retour de l'alimentation normale.
- une fois tous les six mois, de l'autonomie d'au moins 1 heure.

Ces opérations peuvent être effectuées automatiquement par l'utilisation de blocs autonomes comportant un système automatique de test intégré (SATI) conforme à la norme NF C 71-820 (mai 1999).
Dans les établissements comportant des périodes de fermeture, ces opérations sont effectuées de telle manière qu'au début de chaque période d'ouverture au public l'installation d'éclairage ait retrouvé l'autonomie prescrite.
Les opérations ci-dessus et leurs résultats doivent être consignés dans le registre de sécurité.

Article EC 15

Vérifications *(Arrêté du 19 novembre 2001)*

Les installations d'éclairage doivent être vérifiées dans les conditions de l'article EL 19.

J - Articles AS - Ascenseurs, escaliers mécaniques et trottoirs roulants

Article AS 4

Ascenseurs accessibles aux handicapés physiques circulant en fauteuil roulant

§ 1. Dans les établissements où l'effectif des handicapés physiques circulant en fauteuil roulant dépasse les pourcentages fixés à l'article GN 8, les ascenseurs destinés à l'évacuation des handicapés en cas d'incendie doivent répondre aux conditions suivantes :

a) Les gaines des ascenseurs sont protégées suivant les dispositions des articles CO 53 ou CO 54.

b) L'accès aux ascenseurs à chaque niveau s'effectue au travers d'un local d'attente servant de refuge.

c) *(Arrêté du 29 juillet 2003)* Les gaines des ascenseurs n'abritent ni machine contenant de l'huile, ni réservoir d'huile, à l'exception des vérins, à condition que les canalisations contenant de l'huile soient rigides et qu'un bac métallique de récupération d'huile soit fixé au vérin au-dessus du fond de cuvette.

d) *(Arrêté du 20 novembre 2000)* La puissance électrique totale installée en gaine est inférieure ou égale à 15 kVA.

§ 2. Les caractéristiques de ce local d'attente sont les suivantes :

a) Superficie

La superficie totale du local ou des locaux d'attente doit être calculée de façon à recevoir tous les handicapés appelés à fréquenter le niveau concerné. Toutefois, cette superficie peut être réduite lorsque le niveau est divisé en plusieurs parties communiquant entre elles par l'intermédiaire du local d'attente situé en position centrale.

Cette superficie doit être augmentée lorsque le local d'attente donne également accès à l'escalier afin que le passage des personnes valides ne constitue pas une gêne pour le passage des handicapés.

b) Résistance au feu

Les parois ont le même degré coupe-feu que celui des planchers.

Les portes ont un degré pare-flammes égal à la moitié du degré coupe-feu des parois. Elles sont équipées de ferme-porte ou elles sont à fermeture automatique et s'ouvrent vers l'intérieur du local.

c) Réaction au feu

Les revêtements ont les mêmes degrés de réaction au feu que ceux des escaliers encloisonnés visés à l'article AM 7.

d) Le local et les dégagements y conduisant doivent être désenfumés.

e) *(Arrêté du 19 novembre 2001)* Le local doit comporter un éclairage de sécurité d'ambiance répondant aux dispositions de l'article EC 10.

f) *(Arrêté du 22 décembre 1981)* La distance à parcourir de tout point d'un niveau accessible aux handicapés pour atteindre la porte d'accès au local le plus proche est de 40 m lorsqu'il y a le choix entre plusieurs cheminements ou locaux d'attente et de 30 m dans le cas contraire. Cette distance est mesurée suivant l'axe des circulations.

g) Le local d'attente doit être équipé d'un système permettant de communiquer avec le concierge, le gardien de l'immeuble, le réceptionniste ou tout autre préposé.

§ 3. (Arrêté du 19 novembre 2001) Les ascenseurs doivent disposer d'une alimentation électrique de sécurité (AES) répondant aux dispositions de l'article EL 13.

§ 4. (Arrêté du 22 décembre 1981) Les cabines d'ascenseurs doivent être équipées d'un dispositif de commande accompagnée fonctionnant à l'aide d'une clé. Un nombre de clés suffisant et d'un modèle unique est tenu à la disposition du directeur des secours.

En outre, les cabines doivent être équipées d'un système permettant de communiquer avec le poste de sécurité, s'il existe, ou bien avec l'une des personnes mentionnées au § 2g ci-dessus.

De plus, si l'équipement de sécurité considéré n'est mis en œuvre qu'en cas de sinistre (cas de l'alimentation des installations de désenfumage), les deux conditions suivantes doivent être respectées :

- l'isolement par rapport à la terre de l'ensemble des circuits (ligne d'alimentation et appareil d'utilisation, moteur compris) est surveillé en permanence pendant les périodes de non-fonctionnement, par un contrôleur permanent d'isolement associé à un dispositif de signalisation ;
- la présence de tension en amont du dispositif de commande est signalée en permanence.

Article AS 5

Consignes et signalisation

Des consignes précises doivent être établies et affichées à chaque niveau, par l'exploitant, en ce qui concerne notamment l'utilisation des ascenseurs et des locaux d'attente. Ces derniers ainsi que leur chemin d'accès doivent être parfaitement signalés.

Article AS 6

Généralités *(Arrêté du 6 mars 2006)*

Les panneaux intérieurs et extérieurs des balustrades doivent être réalisés en matériaux de catégorie M2 ou C-s2, d0. Les bandes doivent être réalisées en matériaux de catégorie M4 ou E, le dessus des plateaux en matériaux de catégorie M4 ou Dfl-s1.

Article AS 7

Dispositif de sécurité

§ 1. Chaque volée d'escalier mécanique et chaque trottoir roulant doit être muni d'un dispositif d'arrêt d'urgence pouvant être commandé de deux points signalés et bien visibles situés à chacune de leurs extrémités. Lorsqu'il n'existe pas de dégagement sur les paliers intermédiaires, l'arrêt d'une volée doit provoquer l'arrêt des volées précédentes afin d'éviter l'accumulation du public.

§ 2. En outre, un dispositif doit provoquer l'arrêt automatique de l'appareil en cas d'échauffement du moteur supérieur à celui autorisé par sa classe de température.

Article AS 8

Entretien des ascenseurs, escaliers mécaniques et trottoirs roulants *(Arrêté du 22 décembre 1987)*

(Arrêté du 6 mars 2006) Les appareils doivent être entretenus par un personnel spécialisé et dûment qualifié appartenant soit à un service de l'établissement lui-même, soit à une entreprise exerçant régulièrement cette activité et avec laquelle il aura été signé un contrat d'entretien.
En outre, l'entretien des ascenseurs doit être exécuté conformément aux dispositions de l'arrêté interministériel en vigueur.

Article AS 9

Vérifications techniques des ascenseurs *(Arrêté du 6 mars 2006)*

Avant leur remise en service suite à une transformation importante, les ascenseurs doivent faire l'objet d'une vérification, fonctionnement compris, par une personne ou un organisme agréé, dans les conditions prévues à la section II du chapitre Ier du présent titre.
En outre, l'exploitant est tenu de faire procéder annuellement par une personne ou un organisme agréé :
- à un examen du maintien de la conformité acquise lors de la mise en service ou après une transformation importante ;
- à un examen de l'état de conservation des éléments de l'installation ;
- à la vérification du fonctionnement des dispositifs de sécurité.

Article AS 10

Vérifications techniques des escaliers mécaniques et des trottoirs roulants *(Arrêté du 6 mars 2006)*

Les escaliers mécaniques et les trottoirs roulants doivent être vérifiés dans les conditions prévues à la section II, chapitre 1 du présent titre ; avant l'ouverture de l'établissement et après une transformation importante, il doit être procédé à des essais des appareils.
En outre, l'exploitant est tenu de faire procéder :
a) Annuellement, à un examen de conformité au règlement et aux normes ainsi qu'à des essais des appareils par une personne ou un organisme agréé. Ces vérifications peuvent toutefois être réalisées quatre années sur cinq par l'entreprise chargée de l'entretien à condition qu'elle ait elle-même installé l'appareil. Cependant, le transfert de la responsabilité de l'entretien à une autre entreprise est possible mais, dans ce cas, les vérifications doivent obligatoirement être effectuées par une personne ou un organisme agréé pendant l'année qui suit ce transfert.
b) Au milieu de la période annuelle ci-dessus, à un examen supplémentaire des chaînes et crémaillères, par le service ou l'entreprise chargé de l'entretien.

Article AS 11

Autres obligations de l'exploitant

L'exploitant est tenu de :

- produire, à l'occasion de la visite de réception des appareils visés dans la présente section, le registre technique des appareils annexé au registre de sécurité de l'établissement et comportant un exemplaire du rapport des examens et essais avant la mise en service ;
- classer ensuite dans ce registre tous les documents, rapports, attestations qui doivent être rédigés et lui être remis après tout examen ou intervention quelconque sur l'appareil ;
- prendre, dès la constatation d'un défaut de fonctionnement de l'appareil compromettant la sécurité des usagers, toutes mesures pour assurer celle-ci (mise à l'arrêt de l'appareil, condamnation d'une porte au verrouillage défectueux, etc.). L'arrêt partiel ou total du service doit être porté à la connaissance du public par des pancartes et une signalisation placées bien en évidence à chaque accès intéressé ;
- *(Arrêté du 20 novembre 2000)* s'assurer de la propreté des cuvettes des gaines et au besoin de faire procéder à leur nettoyage.

K - Articles GC - Grandes cuisines

Article GC 16

Conditions d'isolement *(Arrêté du 10 octobre 2005)*

La salle de restauration comprenant au moins un îlot de cuisson est classée local à risques moyens au sens de l'article CO 27 et doit répondre aux exigences fixées au § 2 de l'article CO 28.
La puissance utile totale d'un îlot de cuisson ou de plusieurs îlots séparés par une distance inférieure à 5 mètres ne doit pas dépasser 70 kW.

Article GC 17

Ventilation des îlots de cuisson *(Arrêté du 10 octobre 2005)*

Chaque îlot de cuisson doit comporter un dispositif de captation des buées et des graisses permettant l'évacuation des fumées en cas d'incendie. L'extraction est toujours mécanique et l'installation présente les caractéristiques suivantes :
a) Les hottes ou les dispositifs de captation sont construits en matériaux classés M0 ou A2-s1, d0 ;
b) Les conduits d'évacuation doivent être métalliques et rigides ;
c) À l'intérieur du bâtiment et en dehors du volume de la salle de restauration, les conduits et leur gaine éventuelle doivent assurer un coupe-feu de traversée équivalent au degré coupe-feu des parois traversées avec un minimum de 60 minutes ou EI 60 (i o) ;
d) Les hottes ou les dispositifs de captation doivent comporter des éléments permettant de retenir les graisses et pouvant être facilement nettoyés et remplacés ;
e) Les ventilateurs d'extraction doivent assurer leur fonction pendant au moins une heure avec des fumées à 400 °C ;
f) Les liaisons entre le ventilateur d'extraction et le conduit doivent être en matériaux classés M0 ou A2-s1, d0 ;
g) Les canalisations électriques alimentant les ventilateurs ne doivent pas être affectées par un sinistre affectant l'îlot ;
h) La commande des ventilateurs assurant l'évacuation des buées et des graisses doit être correctement identifiée par une plaque indélébile et placée dans l'enceinte de l'îlot à un endroit facilement accessible par le personnel de service.

Article GC 18

Conditions d'installation *(Arrêté du 10 octobre 2005)*

Les modules ou conteneurs spécialisés peuvent être installés temporairement dans les locaux accessibles ou non au public ainsi qu'à moins de 8 mètres d'un bâtiment, après avis de la commission de sécurité compétente. Ils doivent être aménagés dans les conditions fixées ci-dessous :
a) Seuls le gaz combustible et l'énergie électrique sont autorisés pour alimenter en énergie les appareils de cuisson et les appareils de remise en température. Ces appareils doivent bénéficier du marquage CE délivré dans les conditions des directives européennes.

b) Chaque module ou conteneur spécialisé doit comporter un seul dispositif d'arrêt d'urgence par énergie. Ce dispositif doit se verrouiller automatiquement en position de fermeture, être correctement identifié et être facilement accessible depuis l'extérieur du module ou du conteneur.
c) Le module ou le conteneur spécialisé doit respecter les dispositions suivantes :
- les parois intérieures sont coupe-feu de degré 1 heure ou EI 60 et les revêtements éventuels doivent être réalisés en matériau de réaction au feu M0 ou A2-s1, d0 et A2 fl-s1 pour le revêtement de sol ;
- en période d'exploitation, des ouvertures latérales sont autorisées à condition qu'elles disposent d'un système de fermeture, coupe-feu 1 heure ou EI 60, conforme au paragraphe suivant.

d) Les dispositifs d'obturation des ouvertures latérales doivent être conformes à la norme NF S 61-937. Ils doivent être autocommandés et télécommandés :
- par l'action manuelle sur une commande de proximité ;
- par une commande automatique asservie au dispositif d'extinction automatique du conteneur.

e) Une extraction mécanique d'air vicié, des buées et des graisses débouchant à l'extérieur du bâtiment doit être réalisée au moyen d'un conduit en matériau M0 ou A2-s1, d0. Ce conduit doit être équipé d'un clapet coupe-feu de degré 1 heure ou EI 60, placé au droit de la paroi du module ou du conteneur. Le clapet doit être conforme à la norme NF S 61-937. Sa commande doit être assurée dans les mêmes conditions que pour les dispositifs d'obturation des ouvertures latérales.
f) Le module ou conteneur spécialisé doit comporter un dispositif d'extinction automatique et un extincteur facilement accessible, adaptés aux risques présentés.
g) En dérogation aux articles GZ 7 et GZ 8, il peut être admis des bouteilles contenant 35 kilogrammes de gaz liquéfié, si :
- elles sont limitées au nombre de deux ;
- elles sont fixées et raccordées de manière solidaire sur le module ou le conteneur ;
- les organes de sécurité et de coupure sont protégés par un capot ou une protection grillagée, évitant les manœuvres accidentelles. Le changement et le raccordement des bouteilles doivent s'effectuer hors de la présence du public.

h) L'entretien doit être réalisé conformément aux dispositions de l'article GC 21. Le livret d'entretien doit être tenu à la disposition de la commission de sécurité. Le conduit d'extraction des buées et graisses doit être nettoyé avant chaque mise en place et au moins tous les six mois.

Article GC 19
Limite de puissance des appareils *(Arrêté du 10 octobre 2005)*

§ 1. L'utilisation des appareils de cuisson ou de remise en température est autorisée si leur puissance utile totale est inférieure ou égale à 20 kW.

§ 2. En ce qui concerne les petits appareils portables, seuls sont autorisés :
- les appareils électriques ou à gaz de puissance utile au plus égale à 3,5 kW ;
- les appareils à gaz butane alimentés par une bouteille d'un poids inférieur ou égal à un kilogramme ;
- les appareils à flamme d'alcool sans pression, de contenance au plus égale à 0,25 litre. Leur remplissage doit s'effectuer en dehors de la présence du public.

Article GC 20
Conditions d'installation *(Arrêté du 10 octobre 2005)*

§ 1. Les appareils doivent être immobilisés à l'exception des petits appareils portables.

§ 2. Dans les locaux accessibles au public et par dérogation aux dispositions de l'article GZ 8, il est admis l'utilisation :
- d'une bouteille de butane d'au plus 13 kilogrammes sous réserve qu'elle n'alimente qu'un seul appareil et que cette dernière ainsi que le dispositif d'alimentation soient placés hors d'atteinte du public ;
- d'une ou de plusieurs bouteilles d'un poids inférieur ou égal à un kilogramme alimentant les petits appareils portables.

Article GC 21
Entretien *(Arrêté du 10 octobre 2005)*

§ 1. Les appareils de cuisson et de remise en température doivent être entretenus régulièrement et maintenus en bon état de fonctionnement. Tous les appareils et leurs accessoires doivent être livrés accompagnés d'une notice rédigée en langue française par le fabricant et fournie par l'installateur à l'exploitant de l'établissement. Cette notice doit contenir explicitement, outre les consignes d'installation et d'entretien courant, la liste des vérifications nécessaires à un bon fonctionnement de l'appareil ou du système.

§ 2. Au moins une fois par an, il doit être procédé au ramonage des conduits d'évacuation et à la vérification de leur vacuité. Pendant les périodes d'activité, les appareils de cuisson et de remise en température, le circuit d'extraction d'air vicié, de buées et de graisses, y compris les ventilateurs et récupérateurs de chaleur éventuels, doivent être nettoyés chaque fois qu'il est nécessaire. Les filtres doivent être nettoyés ou remplacés aussi souvent que nécessaire et, en tout cas, au minimum une fois par semaine.

§ 3. Un livret d'entretien sur lequel l'exploitant est tenu de noter les dates des vérifications et des opérations d'entretien effectuées sur les installations et appareils visés aux § 1 et 2 ci-dessus doit être annexé au registre de sécurité de l'établissement.

Article GC 22

Vérifications techniques *(Arrêté du 10 octobre 2005)*

§ 1. Les installations d'appareils de cuisson ou de remise en température doivent être vérifiées dans les conditions prévues à la section II du chapitre Ier du présent titre.

§ 2. Les vérifications périodiques doivent avoir lieu tous les ans et concernent :
- les grandes cuisines isolées ou non des locaux accessibles au public visées à la section II ;
- les offices de remise en température visés à la section III ;
- les îlots de cuisson visés à la section IV ;
- les autres appareils à poste fixe visés à la section VI.

Elles ont pour objet de s'assurer :
- de l'état d'entretien et de maintenance des installations et appareils ;
- des conditions de ventilation des locaux contenant des appareils de cuisson ou de remise en température : conditions d'évacuation de l'air vicié, des buées et des graisses, fonctionnement de l'installation d'extraction des fumées ;
- de la signalisation des dispositifs de sécurité ;
- de la manœuvre des dispositifs d'arrêt d'urgence.

L - Articles MS - Moyens de secours

À propos des bouches et poteaux d'incendie privés et points d'eau...

Article MS 5

Objet

§ 1. Quand les prises d'eau publiques sont trop éloignées ou d'un débit insuffisant, la pose de bouches ou poteaux d'incendie normalisés peut être imposée.

§ 2. Ces appareils doivent être conformes aux normes françaises et être alimentés :
- soit par des branchements particuliers d'incendie des établissements intéressés ;
- soit directement par les conduites publiques

§ 3. Ils peuvent être éventuellement remplacés ou complétés par des points d'eau facilement utilisable en permanence tels que : cours d'eau, bassins, citernes, d'une capacité en rapport avec le risque à défendre.

Article MS 6

Détermination des points d'eau nécessaires

§ 1. Les moyens en eau nécessaires à la lutte contre l'incendie doivent être évalués en fonction des risques et déterminée selon les directives des services publics de secours contre l'incendie.

§ 2. L'itinéraire entre le ou les points d'eau et l'établissement doit permettre le passage facile des moyens des sapeurs-pompiers.

Article MS 7
Accessibilité des points d'eau

Les emplacements des points d'eau doivent être :
- facilement accessibles en permanence ;
- signalés conformément à la norme française ;
- situés à 5 m au plus du bord de la chaussée ou de l'aire de stationnement des engins d'incendie.

À propos des RIA, robinets d'incendie armés...

Article MS 14
Généralités

§ 1. La composition, les caractéristiques hydrauliques et l'installation de robinets d'incendie armés doivent être conformes aux normes

§ 2. (Arrêté du 2 février 1993) Les robinets d'incendie armés sont désignés par leur diamètre nominal qui peut être DN 19, DN 25 ou DN 40.

§ 3. Les robinets d'incendie armés doivent être numérotés en une série unique.

Article MS 15
Emplacements

§ 1. Sauf impossibilité, les robinets d'incendie doivent être placés à l'intérieur des bâtiments, le plus près possible et à l'extérieur des locaux à protéger.

§ 2. Le nombre de robinets d'incendie armés et le choix de leurs emplacements, doivent être tels que toute la surface des locaux puisse être efficacement atteinte.

§ 3. Dans les locaux présentant des risques importants d'incendie, tout point de la surface de ces locaux doit pouvoir être battu par au moins deux jets de lance.

§ 4. Si les robinets d'incendie armés sont placés dans des armoires ou coffrets, ceux-ci doivent être signalés et ne pas comporter de dispositif de condamnation.

Article MS 16
Alimentation

§ 1. Sauf impossibilité, les robinets d'incendie armés doivent être alimentés par une canalisation d'eau en pression desservie par les conduites publiques.

§ 2. L'alimentation par réservoirs élevés ou sous pression peut exceptionnellement être admise.

Article MS 17
Pression

§ 1. Dans tous les cas, la pression normale de fonctionnement à laquelle le débit doit être fourni, ne doit pas être inférieure à 2,5 bars au robinet d'incendie armé le plus défavorisé.

§ 2. Un manomètre avec robinets à trois voies doit être mis en place près de ce robinet pour permettre le contrôle de cette pression.

À propos des colonnes sèches...

Article MS 18

Objet

§ 1. (Arrêté du 2 février 1993) Des colonnes sèches doivent être installées dans les établissements, dès lors que des locaux à risques importants sont aménagés dans des étages dont le plancher bas est à plus de 18 m du niveau de la voie accessible aux engins des sapeurs-pompiers.

§ 2. Elles doivent être conformes aux normes françaises.

Article MS 19

Raccords d'alimentation

§ 1. Les raccords d'alimentation des colonnes sèches doivent être placés en des endroits facilement accessibles aux sapeurs-pompiers, sur la façade la plus proche des bouches ou poteaux d'incendie.
Ils doivent être signalés et une pancarte doit indiquer l'escalier ou le dispositif d'accès desservi.
Sauf cas particulier, le regroupement de ces raccords d'alimentation est interdit.

§ 2. Le cheminement entre les raccords d'alimentation des colonnes sèches et les bouches ou poteaux d'incendie ne doit pas dépasser 60 m de longueur.

Article MS 20

Prises d'incendie

Les prises d'incendie doivent être placées dans les cages d'escaliers ou dans leurs dispositifs d'accès.

Article MS 21

Vidange et purge d'air

Les colonnes sèches doivent être munies d'un dispositif de vidange et de purge d'air.

À propos des installations d'extinction automatique ou à commande manuelle...

Article MS 25

Système d'extinction automatique du type sprinkleur *(Arrêté du 12 octobre 2006)*

Les dispositions de cet article sont remplacées par les dispositions suivantes :

« **§ 1.** *Un système d'extinction automatique du type sprinkleur peut être exigé dans tout ou partie d'un établissement.*

§ 2. *La partie de l'établissement protégée par un tel système doit être isolée de la partie non protégée dans les conditions prévues pour les locaux à risques particuliers.*

§ 3. *L'aménagement et l'exploitation des locaux protégés ne doivent pas s'opposer au fonctionnement dans les meilleurs délais et à pleine efficacité du système.*

§ 4. *Un système d'extinction automatique du type sprinkleur doit être conforme aux normes françaises homologuées et réalisé par des entreprises spécialisées et dûment qualifiées.* »

Article MS 28

Sources d'eau, pompes ou surpresseurs *(Arrêté du 12 octobre 2006)*

Les dispositions de cet article sont remplacées par les dispositions suivantes :

« **§ 1.** *Les sources d'eau (réseau d'eau public, réservoir, source inépuisable), les pompes ou surpresseurs doivent répondre aux caractéristiques définies aux paragraphes 8, 9 et 10 de la norme NF EN 12 845 (décembre 2004).*

§ 2. Les sources d'eau doivent être au minimum de type unique supérieur au sens de la norme précitée. Est également considéré comme une source d'eau unique supérieure un ensemble constitué :
- *d'une part, par une pompe puisant dans sa propre réserve d'eau, un surpresseur ou un réservoir sous pression, dimensionné pour alimenter les cinq sprinkleurs les plus défavorisés pendant 30 minutes (source dite de type A) ;*
- *d'autre part, par une pompe puisant dans sa propre réserve d'eau ou un surpresseur, dimensionné pour alimenter le débit maximal (surface impliquée) pendant 90 minutes pour un risque HH, 60 minutes pour un risque OH, 30 minutes pour un risque LH (source dite de type B).*

§ 3. Les opérations de maintenance ne peuvent conduire à l'indisponibilité simultanée des deux pompes ou surpresseurs précédemment cités.

§ 4. Lorsque les pompes ou surpresseurs sont électriques, ils doivent disposer d'une alimentation électrique de sécurité (AES) conforme à l'article EL 13. Toutefois, dans la mesure où la source d'eau dite de type B utilise une autre source d'énergie, la pompe (ou surpresseur) électrique (source dite de type A) peut être alimentée dans les conditions prévues à l'article EL 14. Dans les deux cas visés ci-dessus, les canalisations électriques doivent répondre aux dispositions de l'article EL 16, § 1.

§ 5. Les vannes de barrage et de contre-barrage des conduites d'eau doivent être signalées et aisément accessibles afin de permettre leur manœuvre par les services de secours et de lutte contre l'incendie. »

Article MS 29
Contrôles *(Arrêté du 12 octobre 2006)*

Les dispositions de cet article sont remplacées par les dispositions suivantes : « *À chaque source d'eau (en aval de chaque pompe ou surpresseur), un dispositif installé à demeure doit permettre la mesure du débit et de la pression. Aux points les plus défavorisés du système, l'adjonction d'une tuyauterie d'essai munie d'une vanne dont le diamètre correspond au débit d'un sprinkleur doit permettre de vérifier la présence et l'écoulement de l'eau.* »

Article MS 30
Autres installations d'extinction automatique

§ 1. Des installations fixes ou mobiles mettant en œuvre divers agents extincteurs peuvent être prévues pour la défense de tout ou partie des locaux accessibles au public ou non d'un établissement.
Elles doivent être conformes soit aux normes françaises, soit aux règles techniques définies dans des instructions particulières.
De telles installations ne peuvent être autorisées qu'après avis de la commission de sécurité.

§ 2. Les locaux de stockage des produits destinés à alimenter les installations fixes d'extinction automatique autres qu'à l'eau doivent être considérés comme des locaux à risques importants.

À propos des appareils mobiles et moyens divers...

Article MS 38
Objet

§ 1. Les établissements doivent être dotés d'appareils mobiles tels que :
- seaux-pompes d'incendie ;
- extincteurs portatifs ;
- extincteurs sur roues ;

pour permettre au personnel et éventuellement au public d'intervenir sur un début d'incendie.

§ 2. Ces appareils doivent être conformes aux normes françaises les concernant.

Article MS 39
Emplacement

Les appareils mobiles doivent être répartis de préférence dans les dégagements, en des endroits bien visibles et facilement accessibles. Ils ne doivent pas apporter de gêne à la circulation des personnes et leur emplacement doit être tel que leur efficacité ne risque pas d'être compromise par les variations éventuelles de température survenant dans l'établissement.

(Arrêté du 2 février 1993) Les extincteurs portatifs doivent être accrochés à un élément fixe.

Article MS 40
Moyens divers

Des couvertures, toiles, seaux d'eau ou autres moyens divers peuvent être exigés dans certains cas particuliers.

À propos des services de sécurité d'incendie...

Article MS 45
Généralités *(Arrêté du 11 décembre 2009)*

En application de l'article R.123-11 du Code de la construction et de l'habitation, la surveillance des établissements doit être assurée pendant la présence du public par un service de sécurité incendie tel que défini à l'article MS 46.

Article MS 46
Composition et missions du service *(Arrêté du 11 décembre 2009)*

§ 1. Pendant la présence du public, le service de sécurité incendie est composé selon le type, la catégorie et les caractéristiques des établissements de l'une des façons suivantes :
a) Par des personnes désignées par l'exploitant et entraînées à la manœuvre des moyens de secours contre l'incendie et à l'évacuation du public ;
b) Par des agents de sécurité incendie dont la qualification est définie à l'article MS 48 ;
c) Par des sapeurs-pompiers d'un service public de secours et de lutte contre l'incendie ;
d) Par la combinaison de ces différentes possibilités, déterminée après avis de la commission compétente.
Lorsque le service est assuré par des agents de sécurité incendie, l'effectif doit être de trois personnes au moins présentes simultanément, dont un chef d'équipe. Cet effectif doit être adapté à l'importance de l'établissement.
En outre, le chef d'équipe et un agent de sécurité au moins ne doivent pas être distraits de leurs missions spécifiques. Les autres agents de sécurité incendie peuvent être employés à des tâches de maintenance technique dans l'établissement. Ils doivent se trouver en liaison permanente avec le poste de sécurité.
Le service de sécurité incendie, dont la qualification est fixée à l'article MS 48, doit être placé, lorsque les dispositions particulières le prévoient, sous la direction d'un chef de service de sécurité incendie spécifiquement affecté à cette tâche.

§ 2. Ce service assure la sécurité générale dans l'établissement et a notamment pour mission :
a) de connaître et de faire appliquer les consignes en cas d'incendie, notamment pour ce qui concerne les dispositions mises en œuvre pour l'évacuation des personnes en situation de handicap ;
b) de prendre éventuellement, sous l'autorité de l'exploitant, les premières mesures de sécurité ;
c) d'assurer la vacuité et la permanence des cheminements d'évacuation jusqu'à la voie publique ;
d) de diriger les secours en attendant l'arrivée des sapeurs-pompiers, puis de se mettre à la disposition du chef de détachement d'intervention des sapeurs-pompiers ;
e) de veiller au bon fonctionnement du matériel et des équipements de protection contre l'incendie, d'en effectuer ou de faire effectuer les essais et l'entretien (moyens de secours du présent chapitre, dispositif de fermeture des portes, de désenfumage, d'éclairage de sécurité, groupes moteurs thermiques générateurs, etc.) ;
f) d'organiser des rondes pour prévenir et détecter les risques d'incendie et de panique, y compris dans les locaux non occupés.

§ 3. Dans la suite du présent paragraphe le terme :
- « exploitant » vaut pour l'exploitant ou son représentant ;
- « organisateur » vaut pour le ou les contractants représentant le ou les organisateurs.
Il peut être admis qu'en atténuation du premier paragraphe une convention soit signée entre l'exploitant et un ou des utilisateurs de l'établissement pour organiser le service de sécurité lors de manifestations ou d'activités dans les établissements autres que ceux de la 1re catégorie, sans hébergement, disposant d'une alarme générale ne nécessitant pas une surveillance humaine et dont l'effectif total n'excède pas 300 personnes.

L'organisateur signataire de cette convention doit être capable d'assurer les missions définies au paragraphe deux a, b et c du présent article.
En matière de risque d'incendie et de panique la convention doit comporter les points suivants :
- l'identité de la ou des personnes assurant les missions définies ci-dessus ;
- la ou les activités autorisées ;
- l'effectif maximal autorisé ;
- les périodes, les jours ou les heures d'utilisation ;
- les dispositions relatives à la sécurité (consignes et moyens de secours mis à disposition) ;
- les coordonnées de la (des) personne(s) à contacter en cas d'urgence.
Par la signature de cette convention l'organisateur certifie notamment qu'il a :
- pris connaissance des consignes générales et particulières de sécurité ainsi que des éventuelles consignes particulières données par l'exploitant et s'engage à les respecter ;
- procédé avec l'exploitant à une visite de l'établissement et à une reconnaissance des voies d'accès et des issues de secours ;
- reçu de l'exploitant une information sur la mise en œuvre de l'ensemble des moyens de secours dont dispose l'établissement.
Un exemplaire de cette convention doit être annexé au registre de sécurité.

Article MS 47

Consignes *(Arrêté du 2 février 1993)*

Des consignes précises conformes aux normes, constamment mises à jour, affichées sur supports fixes et inaltérables doivent indiquer :
- les modalités d'alerte des sapeurs-pompiers ;
- les dispositions à prendre pour assurer la sécurité du public et du personnel ;
- la mise en œuvre des moyens de secours de l'établissement ;
- l'accueil et le guidage des sapeurs-pompiers.

Article MS 48

Formation et qualification du personnel du service de sécurité incendie *(Arrêté du 11 décembre 2009)*

§ 1. Les personnes désignées par l'exploitant, mentionnées au paragraphe 1.a de l'article MS 46 pour assurer la sécurité contre l'incendie, doivent avoir reçu une formation conduite à l'initiative et sous la responsabilité de l'exploitant.

§ 2. La qualification professionnelle des agents de sécurité incendie (chef du service, chef d'équipe et agents de sécurité) mentionnés au paragraphe 1b de l'article MS 46, doit être vérifiée dans les conditions définies par arrêté ministériel.

§ 3. Le contrôle de l'instruction du service de sécurité incendie est assuré par les commissions de sécurité lors des visites qu'elles effectuent dans les établissements.

Article MS 49

Service assuré par des sapeurs-pompiers

§ 1. Les services de sécurité incendie assurés dans certains établissements par des sapeurs-pompiers doivent être inspectés par leurs officiers ou sous-officiers dans le but de veiller à la bonne exécution du service.

§ 2. (Arrêté du 10 octobre 2005) Ces services et ces rondes sont rétribués par l'établissement.

Article MS 50

Poste de sécurité

§ 1. Un poste de sécurité doit être mis à la disposition exclusive des personnels chargés de la sécurité incendie.

§ 2. Ce poste, d'accès aisé et si possible au niveau d'arrivée des secours extérieurs, doit être, sauf cas particulier, relié au centre de secours des sapeurs-pompiers par un moyen de transmission rapide et sûr.

§ 3. Lorsque le service est assuré par des agents de sécurité incendie, le poste doit être occupé en permanence par une personne au moins.

§ 4. Le poste de sécurité doit notamment recevoir les alarmes restreintes transmises par postes téléphoniques, avertisseurs manuels, installations de détection et/ou d'extinction automatique. De plus, des commandes manuelles des dispositifs d'alarme, de désenfumage mécanique, de conditionnement, etc., doivent être installées à l'intérieur de celui-ci.

§ 5. Le poste de sécurité et ses accès doivent être convenablement protégés contre un feu survenant dans l'établissement.

Article MS 51

Exercices d'instruction

Des exercices d'instruction du personnel doivent être organisés sous la responsabilité de l'exploitant. La date de ceux-ci doit être portée sur le registre de sécurité de l'établissement.

Article MS 52

Présence de l'exploitant *(Arrêté du 11 décembre 2009)*

§ 1. Pendant la présence du public, l'exploitant ou son représentant doit se trouver dans l'établissement pour :
- décider des éventuelles premières mesures de sécurité ;
- assurer l'accès à tous les locaux communs ou recevant du public aux membres de la commission de sécurité lors des visites de sécurité en application de l'article R.123-49 du Code la construction et de l'habitation ;
- assurer la mise à jour du registre de sécurité prévu à l'article R.123-51 du Code de la construction et de l'habitation.

§ 2. Lorsque les conditions d'exploitation le justifient, il peut être admis par la commission de sécurité compétente que l'exploitant ou son représentant ne soit pas en permanence dans l'établissement sous réserve :
- d'être joignable en permanence et en mesure de rejoindre l'établissement dans les délais les plus courts ;
- que des consignes claires soient données au service de sécurité incendie présent sur le site.

À propos des SDI, systèmes de détection incendie...

Article MS 56

Principes généraux

§ 1. La surveillance assurée par le service de sécurité incendie prévue à la section IV du présent chapitre peut être complétée ou localement remplacée par des installations généralisées ou partielles de détection incendie conformes aux normes en vigueur.

§ 2. L'installation de détection automatique d'incendie doit déceler et signaler tout début d'incendie dans les meilleurs délais et mettre en œuvre les éventuels équipements de sécurité qui lui sont asservis.

§ 3. Cette exigence est réputée satisfaite lorsqu'une installation remplit sa fonction :
- lors de la combustion d'un foyer type adapté à la nature du risque rencontré dans l'établissement (ou lors de l'utilisation d'un dispositif reconnu équivalent par le ministre de l'Intérieur) dans le cas de la première vérification d'une installation neuve ou modifiée, ou dans le cas d'un changement de la nature des risques de l'établissement ;
- lors d'essais fonctionnels réalisés au moyen d'appareils de vérification adaptés au type de détecteur mis en place, dans les autres cas.

§ 4. Les foyers types (plaques de mousse de polyuréthanne, bac d'alcool, bobine électrique, etc.) sont ceux définis à l'annexe II du fascicule du Cahier des clauses techniques générales applicables aux marchés publics de travaux relatif aux installations de détection incendie.
Les essais fonctionnels sont ceux définis au § 7.3 de ce même document.

Article MS 57
Contraintes liées au système de détection incendie

§ 1. Les installations de détection impliquent, pendant la présence du public, l'existence dans les établissements concernés d'un personnel permanent, qualifié, susceptible d'alerter les sapeurs-pompiers et de mettre en œuvre les moyens de lutte contre l'incendie.
Cette disposition signifie en particulier que la personne placée devant le tableau de signalisation a reçu une formation suffisante concernant la signification des différentes signalisations apparaissant sur le tableau, les mesures à prendre en fonction de ces signalisations et les dispositions à respecter en cas de panne.

§ 2. Toutes dispositions doivent être prises pour éliminer les fausses alarmes sans nuire à l'efficacité de l'installation.

Article MS 58
Obligations de l'installateur et de l'exploitant

§ 1. Les matériels de détection automatique d'incendie doivent être admis à la marque « NF - matériel de détection d'incendie » et être estampillés comme tels, ou faire l'objet de toute autre certification de qualité en vigueur dans un État membre de la Communauté économique européenne. Cette certification devra alors présenter des garanties équivalentes à celles de la marque « NF - Matériel de détection d'incendie », notamment en ce qui concerne l'intervention d'une tierce partie indépendante et les performances prévues dans les normes correspondantes.

§ 2. L'installation des systèmes de détection doit être réalisée par des entreprises spécialisées et dûment qualifiées.

§ 3. Toute installation de détection doit faire l'objet d'un contrat d'entretien avec un installateur qualifié. Ce contrat doit inclure les essais fonctionnels prévus à l'article MS 56, § 3, deuxième tiret.

§ 4. Ce contrat d'entretien ainsi que la notice descriptive des conditions d'entretien et de fonctionnement doivent être annexés au registre de sécurité.

À propos des systèmes d'alarme...

Article MS 61
Terminologie

a) **Alarme générale :** signal sonore ayant pour but de prévenir les occupants d'avoir à évacuer les lieux. Ce signal sonore peut être complété, dans certains cas, par un signal visuel. L'alarme générale peut être immédiate ou temporisée.
Alarme générale sélective : alarme générale limitée à l'information de certaines catégories de personnel, selon les dispositions prévues par le présent règlement pour certains établissements.
b) **Alarme restreinte :** signal sonore et visuel distinct du signal d'alarme générale ayant pour but d'avertir soit le poste de sécurité incendie de l'établissement, soit la direction ou le gardien, soit le personnel désigné à cet effet, de l'existence d'un sinistre et de sa localisation.
c) **Exploitation de l'alarme restreinte :** on entend par « exploiter l'alarme restreinte » vérifier si le processus résulte d'un déclenchement intempestif ou d'un sinistre et, dans ce dernier cas, déclencher immédiatement l'alarme générale.

Article MS 62
Classement

§ 1. Les systèmes d'alarme doivent satisfaire d'une part aux principes définis ci-après et d'autre part aux dispositions des normes en vigueur, en particulier la norme relative aux équipements d'alarme. Cette norme classe les équipements d'alarme en quatre types par ordre de sévérité décroissante, appelés 1, 2a ou 2b, 3 et 4.
Les dispositions particulières à chaque type d'établissement précisent dans chaque cas les types d'équipements d'alarme qui doivent être utilisés pour chaque catégorie d'établissement.

§ 2. Seuls les équipements d'alarme des types 1, 2a et 2b comportent une temporisation. En conséquence, si l'exploitant souhaite disposer d'une temporisation alors que les dispositions particulières prévoient un équipement d'alarme du type 3 ou 4, il y a lieu d'installer un équipement d'alarme du type 2a ou 2b au minimum et de respecter toutes les contraintes liées à ce type.

§ **3.** Un équipement d'alarme du type 4 peut être constitué de tout dispositif sonore à condition qu'il soit autonome (cloche, sifflet, trompe, bloc autonome d'alarme sonore du type Sa associé à un interrupteur, etc.).

§ **4.** Les différents bâtiments d'un même établissement peuvent comporter des équipements d'alarme de types différents, sauf dispositions contraires prévues dans la suite du présent règlement.

Article MS 63

Utilisation de l'alarme générale sélective

Dans les établissements où des précautions particulières doivent être prises pour procéder à l'évacuation du public soit en raison d'incapacités physiques, soit en raison d'effectifs très importants, du personnel désigné à cet effet doit pouvoir être prévenu par un signal d'alarme générale sélective (distinct du signal d'alarme générale lorsque celui-ci est également prévu) suivant les dispositions particulières fixées à cet effet pour certains types d'établissements.

Article MS 64

Principes généraux d'alarme

§ **1.** En principe, l'alarme générale doit être donnée par bâtiment.

§ **2.** Dans le cas où l'établissement comporte plusieurs zones de mise en sécurité incendie, il appartient au concepteur ou à l'exploitant de proposer, dans le cadre de l'article GE 2, à la commission de sécurité de définir la division de l'établissement en zones de diffusion de l'alarme générale, en prenant toujours comme principe que la diffusion de l'alarme générale doit englober, au minimum, la zone mise en sécurité incendie laquelle doit englober la zone de détection.

Article MS 65

Conditions générales d'installation

§ **1.** Les déclencheurs manuels doivent être disposés dans les circulations, à chaque niveau, à proximité immédiate de chaque escalier, au rez-de-chaussée à proximité des sorties. Ils doivent être placés à une hauteur d'environ 1,50 m au-dessus du niveau du sol et ne pas être dissimulés par le vantail d'une porte lorsque celui-ci est maintenu ouvert. De plus, ils ne doivent pas présenter une saillie supérieure à 0,10 m.

§ **2.** (Arrêté du 19 novembre 2001) Les canalisations électriques alimentant les diffuseurs sonores non autonomes doivent être conformes aux dispositions de l'article EL 16, § 1.

§ **3.** Les diffuseurs d'alarme sonore, notamment les blocs autonomes d'alarme sonore (BAAS) des types Ma et Sa, doivent être mis hors de portée du public par éloignement (hauteur minimum de 2,25 m) ou par interposition d'un obstacle.

§ **4.** Dans le cas du type 3, lorsqu'un bâtiment est équipé de plusieurs blocs autonomes d'alarme sonore (BAAS de type Ma, au sens de la norme en vigueur), l'action sur un seul déclencheur manuel doit provoquer le fonctionnement de tous les BAAS du bâtiment. La mise à l'état d'arrêt de l'équipement d'alarme doit être effectuée à partir d'un seul point. Le dispositif de télécommande doit être accessible seulement au personnel qui en a la charge.

Article MS 66

Règles spécifiques applicables aux équipements d'alarme des types 1 et 2

§ **1.** Le tableau de signalisation de l'équipement d'alarme des types 1 et 2 doit être installé à un emplacement non accessible au public et surveillé pendant les heures d'exploitation de l'établissement. Il doit être visible du personnel de surveillance et ses organes de commande et de signalisation doivent demeurer aisément accessibles. Il doit être fixé aux éléments stables de la construction.
S'il existe un report de l'alarme restreinte, ce report doit être limité à une distance permettant au personnel de surveillance de se rendre rapidement au tableau de signalisation afin d'être en mesure d'exploiter l'alarme restreinte.

§ **2.** Le fonctionnement d'un déclencheur manuel ou d'un détecteur automatique d'incendie doit déclencher immédiatement l'alarme restreinte au niveau du tableau de signalisation ou de l'équipement de signalisation centralisé.

§ 3. Le déclenchement de l'alarme générale intervient automatiquement, au bout d'une temporisation réglable suivant les caractéristiques de l'établissement, avec un maximum de 5 minutes après le déclenchement de l'alarme restreinte.

§ 4. Une commande manuelle disposée sur le tableau de signalisation ou sur l'équipement de signalisation centralisé doit permettre de déclencher immédiatement l'alarme générale, par zone de diffusion, au niveau d'accès 1, au sens des normes en vigueur visant les systèmes de sécurité incendie.

§ 5. La temporisation ne doit être admise que lorsque l'établissement dispose, pendant la présence du public, d'un personnel qualifié pour exploiter immédiatement l'alarme restreinte. Si les conditions d'exploitation d'une installation comportant initialement une temporisation viennent à être modifiées, la durée de la temporisation doit être adaptée à ces nouvelles conditions, voire éventuellement annulée.

§ 6. Dans le cas du type 1, chaque zone de diffusion d'alarme doit comporter au moins une boucle sur laquelle sont raccordés les déclencheurs manuels. Chaque boucle de déclencheurs manuels doit être séparée des boucles des détecteurs automatiques d'incendie. Cette mesure n'est pas applicable pour les dispositifs à localisation d'adresse de zone, sous réserve que ces derniers différencient les déclencheurs manuels des détecteurs automatiques.

Article MS 67
Conditions d'exploitation

§ 1. Pendant la présence du public, l'équipement d'alarme doit être à l'état de veille générale.
En dehors de la présence du public et du personnel, si l'établissement dispose d'un moyen d'exploiter l'alarme restreinte, l'équipement d'alarme peut être mis à l'état de veille limitée à l'alarme restreinte.

§ 2. Aucun autre signal sonore susceptible d'être émis dans l'établissement ne doit entraîner une confusion avec le signal sonore d'alarme générale.

§ 3. Le personnel de l'établissement doit être informé de la signification du signal sonore d'alarme générale et du signal sonore d'alarme générale sélective, si ce dernier existe. Cette information doit être complétée éventuellement par des exercices périodiques d'évacuation.

§ 4. Il peut être admis, selon les dispositions particulières ou après avis de la commission de sécurité, que la diffusion du signal sonore d'alarme générale conforme à la norme visant les équipements d'alarme soit entrecoupée ou interrompue par des messages préenregistrés prescrivant clairement l'évacuation du public.

À propos de l'entretien et des consignes d'exploitation...

Article MS 68
Entretien

Le système de sécurité incendie doit être maintenu en bon état de fonctionnement. Cet entretien doit être assuré :
- soit par un technicien compétent habilité par l'établissement ;
- soit par l'installateur de chaque équipement ou son représentant habilité.

Toutefois, les systèmes de sécurité incendie de catégories A et B doivent toujours faire l'objet d'un contrat d'entretien. Dans tous les cas, le contrat passé avec les personnes physiques ou morales ou les consignes données au technicien attaché à l'établissement doivent préciser la périodicité des interventions et prévoir la réparation rapide ou l'échange des éléments défaillants. La preuve de l'existence de ce contrat ou des consignes écrites doit pouvoir être fournie et être transcrite sur le registre de sécurité.

Article MS 69
Consignes d'exploitation

Le personnel de l'établissement doit être initié au fonctionnement du système d'alarme.
L'exploitant ou son représentant doit s'assurer, une fois par semaine au moins, du bon fonctionnement de l'installation et de l'aptitude des alimentations électriques et/ou pneumatiques de sécurité à satisfaire aux exigences du présent règlement.

L'exploitant doit faire effectuer sous sa responsabilité les remises en état le plus rapidement possible.
L'exploitant doit disposer en permanence d'un stock de petites fournitures de rechange des modèles utilisés tels que lampes, fusibles, vitres pour déclencheurs manuels à bris de glace, cartouches de gaz inerte comprimé, etc.

À propos des systèmes d'alerte...

Article MS 70

Définition

Alerte : action de demander l'intervention d'un service public de secours et de lutte contre l'incendie.

Article MS 71

Règles générales

§ 1. Les sapeurs-pompiers doivent pouvoir être alertés immédiatement.

§ 2. (Arrêté du 22 novembre 2004) Les liaisons nécessaires doivent être assurées :
- soit par ligne téléphonique reliée à un centre de traitement de l'alerte des sapeurs-pompiers et répondant aux dispositions du cinquième paragraphe du présent article ;
- soit par avertisseur d'incendie privé ;
- soit par téléphone urbain ;
- soit par avertisseur d'incendie public ;
- soit par tout autre dispositif.

§ 3. Toutes dispositions doivent être prises pour que ces appareils, efficacement signalés, puissent être utilisés sans retard (par exemple : affichage indiquant l'emplacement des appareils, le numéro d'appel à composer sur le réseau intérieur, etc.).

§ 4. Les modalités d'appel des sapeurs-pompiers doivent être affichées de façon apparente, permanente et inaltérable près des appareils téléphoniques reliés au réseau urbain.

§ 5. La ligne téléphonique directe indiquée au premier tiret peut être remplacée par un dispositif équivalent, accepté par la direction départementale des services d'incendie et de secours, assurant obligatoirement de par sa conception la totalité des fonctions et objectifs suivants :
- être à poste fixe ;
- aboutir à un centre de réception de l'alerte défini en accord avec la direction départementale des services d'incendie et de secours ;
- établir la liaison à partir d'une seule manœuvre élémentaire simple (au décroché, bouton-poussoir, etc.) ;
- permettre l'identification automatique de l'établissement ;
- permettre la liaison phonique ;
- permettre des essais périodiques. définis en accord avec la direction départementale des services d'incendie et de secours.

À propos de l'entretien, des vérifications et contrôles des appareils et dispositifs...

Article MS 72

Entretien et signalisation

§ 1. Tous les appareils ou dispositifs d'extinction et d'alerte doivent être soigneusement entretenus et maintenus en permanence en bon état de fonctionnement. Le personnel de l'établissement doit être initié à leur mise en œuvre. Cette information doit être maintenue dans le temps.

§ 2. Des pancartes indicatrices de manœuvre doivent être placées bien en évidence à proximité des appareils, des barrages et des mises en œuvre.

(Arrêté du 29 janvier 2003) Lorsqu'un appareil ou un dispositif n'est pas apparent, il doit être signalé par un panneau conforme aux signaux normalisés d'indication de localisation d'un équipement de lutte contre l'incendie ou d'un autre moyen d'alarme ou d'alerte définis à la norme NF X 08-003 relative aux couleurs et signaux de sécurité.

Article MS 73

Vérifications techniques

§ 1. Avant leur mise en service, les appareils et installations fixes doivent faire l'objet d'une vérification, fonctionnement compris, dans les conditions prévues à la section II du chapitre Ier du présent titre. De plus, les systèmes de sécurité incendie de catégories A et B ainsi que les systèmes d'extinction automatique du type sprinkleur doivent toujours être vérifiés par une personne ou un organisme agréé.

§ 2. En cours d'exploitation, ces mêmes appareils ou installations ainsi que les appareils mobiles doivent être vérifiés, au moins une fois par an, dans les conditions prévues à la section II précitée. De plus, les systèmes de sécurité incendie de catégories A et B et les systèmes d'extinction automatique du type sprinkleur doivent être vérifiés tous les trois ans par une personne ou un organisme agréé.

§ 3. Pour les systèmes de sécurité incendie, les vérifications doivent être conformes aux modalités prévues par la norme en vigueur correspondante. Pour les systèmes de détection d'incendie, les vérifications doivent comporter les essais fonctionnels prévus à l'article MS 56 (§ 3, deuxième tiret).

§ 4. Pour les systèmes d'extinction automatique du type sprinkleur et indépendamment des opérations de maintenance et de vérification prévues dans la norme NF EN 12845 (décembre 2004), la vérification triennale comprend :
- l'examen de l'adéquation du système avec les classes de risque au vu du dossier technique de l'installation et une visite du site ;
- un examen des conditions de maintenance ;
- un examen des conditions d'exploitation ;
- une vérification de la réalité des opérations de maintenance par des essais portant sur :
  * le démarrage et le débit des pompes,
  * les essais des dispositifs d'alarme dédiés au système.

Article MS 74

Contrôles

Lors des visites périodiques effectuées par les commissions de sécurité, toutes dispositions doivent être prises par l'exploitant pour permettre le contrôle efficace des moyens de secours. À cet effet, la direction doit mettre en place le personnel compétent et le matériel nécessaire aux essais de fonctionnement.

Article MS 75

Autres obligations de l'exploitant *(Arrêté du 12 octobre 2006)*

L'exploitant est tenu de :
- produire, à l'occasion de la visite de réception des installations visées aux sections II (sous-sections 1 à 8) et V du présent chapitre, le dossier technique des installations annexé au registre de sécurité de l'établissement et comportant un exemplaire du rapport des examens et essais avant la mise en service ;
- classer ensuite dans ce registre tous les documents, rapports, attestations qui doivent être rédigés et lui être remis après tout examen ou intervention quelconque sur l'installation.

M - Articles PE - Établissements de 5e catégorie

Article PE 1

Objet - Textes applicables

§ 1. Le présent livre complète les dispositions du livre I du règlement de sécurité. Il fixe les prescriptions applicables aux établissements classés dans le deuxième groupe, visé à l'article GN 1, § 2a.

Les dispositions du livre II ne sont pas applicables sauf celles relevant d'articles expressément mentionnés dans la suite du présent livre.

§ 2. Les chapitres I et II du présent livre comprennent les prescriptions communes applicables à tous les établissements de 5e catégorie. Ils sont complétés par les chapitres III, IV, V, VI qui comprennent les prescriptions particulières applicables à certains types d'établissement.

Article PE 2
Établissements assujettis

§ 1. Les établissements de cinquième catégorie visés à l'article précédent sont les établissements recevant du public dans lesquels l'effectif du public admis est inférieur aux nombres fixés pour chaque type d'exploitation dans le tableau ci-après. Le seuil de l'effectif à partir duquel les établissements définis à l'article J 1 de l'arrêté du 19 novembre 2001 modifié sont assujettis aux dispositions du présent règlement est fixé à 7 ; les dispositions du chapitre V, à l'exclusion des articles PU 4 § 2 et PU 5, leur sont applicables.

§ 2. Sont assujettis également :
- les locaux à usage collectif d'une surface unitaire supérieure à 50 mètres carrés des logements-foyers et de l'habitat de loisirs à gestion collective, non assujettis aux dispositions du livre II du règlement de sécurité contre les risques d'incendie et de panique dans les établissements recevant du public ;
- les bâtiments ou locaux à usage d'hébergement qui ne relèvent d'aucun type défini à l'article GN 1 et qui permettent d'accueillir plus de 15 et moins de 100 personnes n'y élisant pas domicile. Ils sont soumis aux dispositions des chapitres Ier, II et III du présent livre.
  En aggravation, si l'hébergement concerne des mineurs en dehors de leurs familles, le seuil de l'effectif à partir duquel les dispositions prévues au paragraphe b ci-dessus s'appliquent est fixé à 7 mineurs. Toutefois, dans ce cas, lorsque les conditions suivantes sont simultanément respectées :
- la capacité maximale d'accueil est inférieure ou égale à 15 personnes ;
- chaque local à sommeil dispose d'au moins une sortie ouvrant de plain-pied vers l'extérieur, cette sortie ne pouvant être obturée qu'au moyen d'un dispositif de fermeture conforme aux dispositions de l'article PE 11, 2.

Seules les dispositions des articles PE 4, PE 6 § 1, PE 24 § 1, PE 26 § 1, PE 27 et PE 37 sont applicables. En dérogation à l'article PE 37, le maire peut faire visiter l'établissement par la commission de sécurité compétente.

§ 3. Sont assujettis aux seules dispositions des articles PE 4 § 2 et 3, PE 24 § 1, PE 26 § 1 et PE 27, s'ils reçoivent au plus 19 personnes constituant le public :
- les établissements recevant du public de 5e catégorie sans locaux à sommeil ;
- les locaux professionnels recevant du public situés dans les bâtiments d'habitation ou dans les immeubles de bureaux.

§ 4. Si les établissements définis au paragraphe 3 ci-dessus comportent des locaux présentant des risques particuliers d'incendie, ces locaux doivent être isolés des locaux et dégagements accessibles au public dans les conditions définies par les dispositions du premier paragraphe de l'article PE 6.

§ 5. Les établissements clos et couverts, fixes, munis d'une couverture souple sont soumis aux seules dispositions appropriées du présent livre si l'effectif du public est inférieur à celui fixé dans la colonne de droite du tableau pour une activité donnée (ensemble des niveaux). De plus, leur couverture doit être réalisée en matériaux de catégorie M2 ou C s3-d0 dont le procès-verbal de classement en réaction au feu ne comporte pas de limite de durabilité.

Annexe

Types d'établissements		Seuils du 1er groupe		
		Sous-sol	Étages	Ensemble des niveaux
J	I. - Structures d'accueil pour personnes âgées : - effectif des résidents	–	–	25
	- effectif total	–	–	100
	II. - Structures d'accueil pour personnes handicapées : - effectif des résidents	–	–	20
	- effectif total	–	–	100
L	Salles d'auditions, de conférences, de réunions « multimédia »	100	–	200
	Salles de spectacles, de projections ou à usage multiple	20	–	50
M	Magasins de vente	100	100	200
N	Restaurants ou débits de boissons	100	200	200
O	Hôtels ou pensions de famille	–	–	100
P	Salles de danse ou salles de jeux	20	100	120
R	Écoles maternelles, crèches, haltes-garderies et jardins d'enfants	(*)	1 (**)	100
	Autres établissements	100	100	200
	Établissements avec locaux réservés au sommeil			30
S	Bibliothèques ou centres de documentation (arr. du 12 juin 1995, art. 4)	100	100	200
T	Salles d'expositions	100	100	100
U	Établissements de soins	–	–	–
J	I. - Structures d'accueil pour personnes âgées : - sans hébergement	–	–	100
	- avec hébergement	–	–	20
V	Établissements de culte	100	200	300
W	Administrations, banques, bureaux	100	100	200
X	Établissements sportifs couverts	100	100	200
Y	Musées (arr. du 12 juin 1995, art. 4)	100	100	200
OA	Hôtels-restaurants d'altitude	–	–	20
GA	Gares aériennes (***)	–	–	200
PA	Plein air (établissements de)	–	–	300
(*) Ces activités sont interdites en sous-sol. (**) Si l'établissement ne comporte qu'un seul niveau situé en étage : 20. (***) Les gares souterraines et mixtes sont classées dans le 1er groupe quel que soit l'effectif.				

Article PE 3
Calcul de l'effectif

§ 1. L'effectif théorique du public admis est déterminé suivant le mode de calcul propre à chaque type d'activité fixé dans le titre II du livre II et dans le livre IV.

§ 2. Pour la détermination de la catégorie, il n'est pas tenu compte de l'effectif du personnel, même si ce dernier ne dispose pas de dégagements indépendants.

§ 3. Dans les boutiques à rez-de-chaussée d'une surface inférieure à 500 m2 et ne comportant que des circulations principales d'une largeur minimale chacune de 1,80 m, l'effectif théorique du public est calculé sur la base d'une personne par mètre carré sur le tiers de la surface des locaux accessibles au public.

Article PE 4
Vérifications techniques

§ 1. (Arrêté du 8 novembre 2004) Les systèmes de détection automatique d'incendie, les installations de désenfumage et les installations électriques dans les établissements avec locaux à sommeil doivent être vérifiés à la construction et avant l'ouverture par des personnes ou des organismes agréés. De plus, un contrat annuel d'entretien des systèmes de détection automatique d'incendie doit être souscrit par l'exploitant.

§ 2. (Arrêté du 10 octobre 2005) En cours d'exploitation, l'exploitant doit procéder, ou faire procéder par des techniciens compétents, aux opérations d'entretien et de vérification des installations et des équipements techniques de son établissement (chauffage, éclairage, installations électriques, appareils de cuisson, circuits d'extraction de l'air vicié, des buées et des graisses des grandes cuisines, des offices de remise en température et des îlots, ascenseurs, moyens de secours, etc.).

§ 3. L'exploitant peut être mis en demeure, après avis de la commission de sécurité, de faire procéder à des vérifications techniques par des personnes ou des organismes agréés lorsque des non-conformités graves ont été constatées en cours d'exploitation.

Article PE 5
Structures, patios et puits de lumière

§ 1. Les établissements occupant entièrement le bâtiment dont le plancher bas de l'étage le plus élevé est situé à plus de 8 m du niveau d'accès des sapeurs-pompiers doivent avoir une structure stable au feu de degré 1 heure et des planchers coupe-feu de même degré.

§ 2. Les établissements occupant partiellement un bâtiment et où la différence de hauteur entre les niveaux extrêmes de l'établissement est supérieure à 8 m doivent avoir une structure stable au feu de degré 1 heure et des planchers coupe-feu de même degré.

§ 3. Des dérogations peuvent être accordées, après avis de la commission de sécurité, lorsqu'il s'agit de l'aménagement d'un établissement dans un immeuble existant.
Aucune exigence de stabilité au feu n'est imposée aux établissements non visés aux § 1 et 2 ci-dessus.

§ 4. (Arrêté du 23 décembre 1996) Les patios et les puits de lumière doivent être réalisés conformément à l'instruction technique n° 263 relative à la construction et au désenfumage des volumes libres intérieurs dans les établissements recevant du public.

Article PE 6
Isolement - Parc de stationnement

§ 1. Les établissements doivent être isolés de tous bâtiments ou locaux occupés par des tiers par des murs et des planchers coupe-feu de degré 1 heure. Une porte d'intercommunication peut être aménagée sous réserve d'être coupe-feu de degré 1/2 heure et munie d'un ferme-porte.
Les dispositions sont aggravées si une autre réglementation impose un degré d'isolement supérieur.

§ 2. Deux établissements distants de 5 m au moins, ou respectant les dispositions du § 1 ci-dessus, sont considérés comme autant d'établissements distincts pour l'application du présent livre.
Ces dispositions ne sont pas exigées lorsque l'établissement est séparé du bâtiment tiers selon les modalités prévues à l'article CO 8, § 2.

§ 3. Si la façade non aveugle d'un bâtiment tiers domine la couverture de l'établissement, cette dernière doit être réalisée en éléments de construction pare-flammes de degré 1/2 heure sur une distance de 2 m mesurés horizontalement à partir de cette façade.

§ 4. (Arrêté du 9 mai 2006) Les intercommunications éventuelles réalisées entre un établissement du présent chapitre et un établissement de type PS sont assujetties aux dispositions de l'article PS 8, § 4.

§ 5. (Arrêté du 27 mars 2000) Si la façade non aveugle d'un ERP comportant des locaux à sommeil domine la couverture d'un bâtiment tiers, l'une des dispositions suivantes doit être réalisée :
- la façade est pare-flammes de degré 1/2 heure sur 1 niveau ou sur 3 m de hauteur à partir de l'héberge ;
- la couverture la plus basse est réalisée en éléments de construction pare-flammes de degré 1/2 heure sur 2 m, mesurés horizontalement à partir de la façade.

Article PE 7

Accès des secours

Conformément aux dispositions de l'article R.123-4 du Code de la construction et de l'habitation, les établissements doivent être facilement accessibles, de l'extérieur, aux services de secours et de lutte contre l'incendie.
Si le plancher bas de l'étage le plus élevé est situé à plus de 8 m du niveau d'accès des sapeurs-pompiers, l'établissement doit avoir une façade comportant des baies accessibles aux échelles aériennes selon les dispositions prévues aux articles CO 2, § 1 et 2, et CO 3, § 2 et 3, 1er alinéa

Article PE 8

Enfouissement

Les dispositions des articles CO 39, § 1 et CO 40 sont applicables.

Article PE 9

Locaux présentant des risques particuliers *(Arrêté du 10 octobre 2005)*

§ 1. Les locaux présentant des risques particuliers d'incendie associés à un potentiel calorifique important doivent être isolés des locaux et des dégagements accessibles au public dans les mêmes conditions que pour les tiers, conformément aux dispositions de l'article PE 6 (§ 1). Sont notamment considérés comme locaux à risques particuliers les locaux réceptacles des vide-ordures, les locaux d'extraction de la VMC inversée, les locaux contenant des groupes électrogènes, les postes de livraison et de transformation, les cellules à haute tension, les dépôts d'archives et les réserves.

§ 2. Les locaux de stockage de butane et de propane commerciaux qui n'ont pas une face ouverte sur l'extérieur sont considérés comme des locaux à risques particuliers. Ils doivent comporter au moins deux orifices de ventilation donnant directement sur l'extérieur et réalisés conformément aux dispositions de l'article GZ 7 (§ 2).

Article PE 10

A - Stockage et utilisation de récipients contenant des hydrocarbures

§ 1. Les stockages d'hydrocarbures liquéfiés contenus dans des récipients mobiles non branchés, destinés à la vente, et non assujettis à la législation relative aux installations classées sont soumis aux dispositions des articles M 39 et M 50-1.

§ 2. (Arrêté du 23 décembre 1996) Les stockages d'hydrocarbures liquéfiés contenus dans des récipients mobiles branchés ou non, destinés à l'utilisation, sont soumis aux dispositions des articles GZ 4 à GZ 8.

§ 3. Les stockages d'hydrocarbures liquéfiés en réservoirs ou conteneurs fixes sont soumis aux dispositions des articles GZ 4 à GZ 6.

§ 4. Le stockage et l'utilisation des produits pétroliers (hydrocarbures liquides) sont soumis aux dispositions de l'arrêté du 21 mars 1968 modifié fixant les règles techniques et de sécurité applicables au stockage et à l'utilisation de produits pétroliers dans les lieux non visés par la législation des établissements dangereux, insalubres ou incommodes et la réglementation des établissements recevant du public.

B - Installations de gaz combustibles

§ 1. Les installations doivent être réalisées conformément aux prescriptions de l'arrêté du 2 août 1977 modifié fixant les règles techniques et de sécurité applicables aux installations de gaz combustibles et d'hydrocarbures liquéfiés situés à l'intérieur des bâtiments d'habitation ou de leurs dépendances, sous réserve du respect des conditions définies dans la suite du présent règlement.

§ 2. Toutefois, les installations autorisées dans les établissements de 4e catégorie sont également autorisées dans les établissements de 5e catégorie du même type. Dans ce cas, leur mise en œuvre devra être réalisée dans les conditions définies au chapitre VI du titre Ier du livre II.

Article PE 11

Dégagements

§ 1. Les dégagements (portes, couloirs, circulations, escaliers, rampes) doivent permettre l'évacuation rapide et sûre de l'établissement ; en particulier, aucun dépôt, aucun matériel, aucun objet ne doit faire obstacle à la circulation des personnes.
Les escaliers desservant les étages doivent être continus jusqu'au niveau permettant l'évacuation vers l'extérieur.
Lorsque l'établissement occupe entièrement le bâtiment, les escaliers doivent être protégés si la hauteur du plancher bas accessible au public est à plus de 8 m du sol, sauf dans le cas des escaliers monumentaux, autorisés dans les conditions prévues à l'article CO 52, § 3 a, dans le cas général.
Dans le cas particulier des immeubles à usage de bureaux, l'absence de protection des escaliers est admise dans les seuls cas suivants :
- pour tous les escaliers, si l'établissement ne comporte que trois niveaux dont un rez-de-chaussée, les locaux à risques particuliers ne devant pas être en communication directe avec les volumes accessibles au public ;
- pour un seul escalier monumental situé dans un hall qui ne dessert que des niveaux s'ouvrant sur ce hall. Dans ce cas, le volume du hall doit être isolé des autres parties du bâtiment, conformément aux dispositions de l'article CO 24.

De plus, des dérogations peuvent être autorisées par la commission de sécurité s'il s'agit de rénovations ou d'aménagements dans un immeuble existant.

§ 2. Toutes les portes permettant au public d'évacuer un local ou un établissement doivent pouvoir s'ouvrir par une manœuvre simple. Toute porte verrouillée doit pouvoir être manœuvrable de l'intérieur dans les mêmes conditions.
Les blocs-portes doivent respecter les caractéristiques de l'article CO 44.
Les portes coulissantes ou à tambour ne peuvent pas compter dans le nombre d'issues réglementaires sauf si elles sont situées en façade et si elles respectent les dispositions de l'article CO 48.
Dans les établissements ou dans les locaux recevant plus de 50 personnes, les portes donnant sur l'extérieur doivent s'ouvrir dans le sens de l'évacuation.

§ 3. Les locaux, les niveaux et les établissements où le public est admis doivent être desservis par des dégagements judicieusement répartis et ne comportant pas de cul-de-sac supérieur à 10 m. Des dérogations peuvent être accordées après avis de la commission de sécurité, lorsqu'il s'agit de l'aménagement d'un établissement dans un immeuble existant.
Le nombre et la largeur des dégagements exigibles s'établissent comme suit :

a) moins de 20 personnes : un dégagement de 0,90 m ;

b) de 20 à 50 personnes :
- soit un dégagement de 1,40 ni débouchant directement sur l'extérieur, sous réserve que le public n'ait jamais plus de 25 m à parcourir,
- soit deux dégagements débouchant directement sur l'extérieur ou sur des locaux différents non en cul-de-sac, l'un devant avoir une largeur de 0,90 m, l'autre étant un dégagement de 0,60 m ou un dégagement accessoire visé à l'article CO 41,

Si les locaux sont en étage, ils peuvent être desservis par un escalier unique d'une largeur minimale de 0,90 m. Toutefois, cet escalier doit être complété par un dégagement accessoire tel que balcon, échelle de sauvetage, passerelle, terrasse, manche d'évacuation, etc., si le plancher bas du niveau le plus haut accessible au public est situé à plus de 8 m du sol ;

c) de 51 personnes à 100 personnes :
- soit deux dégagements de 0,90 m,
- soit un dégagement de 1,40 m, complété par un dégagement de 0,60 m, ou un dégagement accessoire tel que défini à l'article CO 41 ;

d) de 101 à 200 personnes : un dégagement de 1,40 m et un dégagement de 0,90 m ;

e) de 201 à 3 00 personnes : deux dégagements de 1,40 m.

Dans tous les cas de rénovation ou d'aménagement d'un établissement dans un immeuble existant, la largeur de 0,90 m peut être ramenée à 0,80 m.

§ 4. La porte d'intercommunication avec les tiers visée à l'article PE 6, § 1 compte dans les dégagements exigibles. L'exploitant doit alors justifier d'accords contractuels avec le tiers concerné, sous forme d'acte authentique.

§ 5. L'effectif du personnel ne possédant pas ses dégagements propres doit être ajouté à celui du public pour calculer les dégagements relatifs à l'ensemble des occupants, notamment dans les immeubles à usage d'administration, de banque ou de bureaux.
Si l'effectif global ainsi obtenu est supérieur à 300 personnes, les dispositions de l'article CO 38, § 1d Sont applicables.

§ 6. a) Dans les établissements dont le plancher bas de l'étage le plus élevé est situé à plus de 8 m du niveau d'accès des sapeurs-pompiers le ou les escaliers doivent être encloisonnés dans une cage coupe-feu de degré 1 heure avec des portes pare-flammes de degré 1/2 heure.

b) En ce qui concerne les établissements occupant partiellement un bâtiment où la différence de hauteur entre les niveaux extrêmes de l'établissement est supérieure à 8 m, des dérogations peuvent être accordées, après avis de la commission de sécurité, lorsqu'il s'agit de l'aménagement d'un établissement dans un immeuble existant.

c) Les baies intérieures éclairant des locaux ou des dégagements contigus à la cage doivent être pare-flammes de degré 1/2 heure.

d) Les portes des escaliers encloisonnés doivent être munies d'un ferme-porte. Toutefois, si pour des raisons d'exploitation les portes doivent être maintenues ouvertes, leur fermeture doit être asservie à un système de détection automatique, conforme aux normes en vigueur, sensible aux fumées et aux gaz de combustion.

e) La cage d'escalier doit comporter, en partie haute, un châssis ou une fenêtre, d'une surface de 1 m2, muni d'un dispositif permettant son ouverture facile depuis le niveau d'accès de l'établissement.

f) Les escaliers desservant les étages doivent être dissociés, au niveau d'évacuation sur l'extérieur, de ceux desservant les sous-sols.

g) *(Arrêté du 20 novembre 2000)* L'encloisonnement peut être commun à un escalier et à un ou plusieurs ascenseurs dans les conditions fixées au § 3 de l'article PE 25.

h) Aucun local ne doit déboucher directement dans une cage d'escalier.

i) Tout passage d'une canalisation de gaz hors gaine est interdit dans une cage d'escalier.

Article PE 12

Conduits et gaines

Les parois des conduits et des gaines reliant plusieurs niveaux doivent être réalisées en matériaux incombustibles et d'un degré coupe-feu égal à la moitié de celui retenu pour les planchers, avec un minimum de 1/4 d'heure, les trappes étant pare-flammes du même degré.

Article PE 13

(Titre supprimé par arrêté du 7 juin 2010) *(Arrêté du 7 juin 2010)*

§ 1. En matière de comportement au feu des matériaux, les dispositions du chapitre III, du livre II, titre Ier sont applicables.

§ 2. Les appareils à effet décoratif fonctionnant à l'éthanol autorisés dans les établissements de 4e catégorie sont également autorisés dans les établissements de 5e catégorie du même type dans les conditions de l'article AM 20.

Article PE 14

Désenfumage *(Arrêté du 22 mars 2004)*

§ 1. Les salles situées en rez-de-chaussée et en étage de plus de 300 m² et celles de plus de 100 m² situées en sous-sol doivent comporter en partie haute et en partie basse une ou plusieurs ouvertures communiquant avec l'extérieur soit directement, soit par l'intermédiaire de conduits. La surface utile d'évacuation de fumées doit être au moins égale au 1/200 de la superficie au sol desdits locaux. La surface libre totale des amenées d'air d'un local doit être au moins égale à la surface géométrique des évacuations de fumées de ce local.

§ 4. Les escaliers encloisonnés doivent comporter, en partie haute, un châssis ou une fenêtre, d'une surface libre d'un mètre carré, muni d'un dispositif permettant son ouverture facile depuis le niveau d'accès de l'établissement.

Lorsque ce désenfumage naturel ne peut être assuré, l'escalier est mis en surpression dans les conditions prévues par l'instruction technique n° 246.

Article PE 15

Règles d'installation et dispositions générales *(Arrêté du 10 octobre 2005)*

§ 1. Les dispositions de la présente section sont applicables aux installations d'appareils de cuisson ou de remise en température destinés à la restauration situés dans les locaux accessibles ou non au public. Toutefois, les installations autorisées dans les établissements de 4e catégorie sont également autorisées dans les établissements de 5e catégorie de même type. Dans ce cas, leur mise en œuvre devra être réalisée dans les conditions définies au livre II, titre Ier, chapitre X.

§ 2. Pour l'application du présent règlement, sont considérés :
- comme appareils de cuisson, les appareils servant à cuire des denrées comestibles pour une consommation immédiate ou ultérieure, tels que fours, friteuses, marmites, feux vifs ;
- comme appareils de remise en température, les appareils utilisés exclusivement pour le réchauffage des préparations culinaires tels que fours de réchauffage.

Ne sont pas considérés comme appareils de cuisson ou de remise en température :
- les appareils permettant le maintien en température des préparations tels que bacs à eau chaude, lampes à infrarouge ;
- les fours micro-ondes d'une puissance unitaire inférieure ou égale à 3,5 kW installés en libre utilisation dans les salles accessibles au public.

§ 3. Pour l'application du présent règlement : Un local ou un groupement de locaux non isolés entre eux comportant des appareils de cuisson et de remise en température dont la puissance utile totale est supérieure à 20 kW est appelé « grande cuisine ». Une grande cuisine est soit isolée, soit ouverte sur un ou des locaux accessibles au public. Elle doit répondre aux dispositions du présent article et de l'article PE 16. Toutefois, bien que la puissance utile totale installée soit supérieure à 20 kW, ne sont pas appelés « grande cuisine » :
- un local ou un groupement de locaux non isolés entre eux ne comportant que des appareils de remise en température. Celui-ci est appelé « office de remise en température » et doit répondre aux dispositions du présent article et de l'article PE 17 ;
- une salle accessible au public dans laquelle se trouvent un ou plusieurs espaces comportant des appareils de cuisson et des appareils de remise en température. Chaque espace est appelé « îlot de cuisson » et doit répondre aux dispositions du présent article et de l'article PE 18 ;
- les modules ou conteneurs spécialisés comportant des appareils de cuisson et des appareils de remise en température. Ils doivent répondre aux dispositions de la seule section V du chapitre X du titre Ier du livre II (art. GC 18) ;
- les cuisines en libre-service avec réfectoire intégré ou non qui doivent répondre aux dispositions du présent article et à celles applicables aux seules cuisines isolées de l'article PE 16.

Les appareils de cuisson et les appareils de remise en température, dont la puissance utile totale est inférieure ou égale à 20 kW, qui ne sont pas installés dans les locaux visés dans le présent paragraphe, doivent être installés selon les dispositions de l'article PE 19.

§ 4. Les appareils doivent bénéficier du marquage CE délivré dans les conditions des directives européennes. En atténuation du premier alinéa du paragraphe 2 de l'article GN 10, les appareils non marqués CE et déjà implantés dans l'établissement peuvent être réutilisés dans ce même établissement lors des travaux d'aménagement, d'agrandissement ou de réhabilitation.

§ 5. Les appareils de cuisson doivent être fixés aux éléments stables du bâtiment lorsque, par construction, ils ne présentent pas une stabilité suffisante pour s'opposer à un déplacement ou un renversement.

§ 6. Les circuits alimentant les appareils de cuisson doivent comporter, à proximité d'un accès au local où les appareils sont installés, un dispositif d'arrêt d'urgence de l'alimentation par énergie de l'ensemble des appareils.

§ 7. L'emploi de combustibles liquides extrêmement inflammables (F+) de première catégorie (point éclair inférieur à 55 °C) est interdit.

Article PE 16

Grandes cuisines ***(Arrêté du 10 octobre 2005)***

§ 1. Les grandes cuisines doivent satisfaire aux dispositions ci-après :
- les planchers hauts et les parois verticales doivent avoir un degré coupe-feu 1 heure ou EI ou REI 60. Toutefois, lorsque la grande cuisine est ouverte sur un ou des locaux accessibles au public, elle doit en être séparée par un écran vertical fixe stable au feu 1/4 d'heure ou DH 30 et en matériau classé en catégorie M1 ou classé A2-s1, d1. Cet écran, jointif avec la sous-face de la toiture ou du plancher haut, doit être d'une hauteur minimale de 0,50 m sous le plafond fini de la cuisine ;
- la porte de communication entre la cuisine et les locaux accessibles au public est de degré pare-flammes 1/2 heure ou E30 et elle est soit à fermeture automatique, soit équipée d'un ferme-porte. Les portes maintenues ouvertes pour des raisons d'exploitation doivent être conformes à la norme visant les portes à fermeture automatique et doivent être admises à la marque NF.

§ 2. Le système de ventilation naturel ou mécanique doit permettre l'amenée d'air et l'évacuation de l'air vicié, des buées et des graisses. L'amenée d'air ne peut être mécanique que si l'évacuation est mécanique. Le circuit d'évacuation de l'air vicié, des buées et des graisses doit présenter les caractéristiques suivantes :
- les hottes ou autres dispositifs de captation doivent être construits en matériaux M0 ou A2-s1, d0 ;
- les conduits doivent être non poreux, construits en matériaux M0 ou A2-s1, d0, être stables au feu de degré 1/4 d'heure ou E 15 ;
- les hottes ou les dispositifs de captation doivent comporter des éléments permettant de retenir les graisses et pouvant être facilement nettoyés et remplacés.

À l'intérieur du bâtiment, les conduits doivent être installés dans une gaine rétablissant le degré coupe-feu des parois suivantes :
- parois d'isolement entre niveaux ;
- parois d'isolement des établissements tiers.

De plus, en ce qui concerne les grandes cuisines ouvertes :
- le dispositif d'extraction de l'air vicié doit être mécanique ;
- les ventilateurs d'extraction doivent pouvoir fonctionner pendant une demi-heure avec des gaz à 400 °C ;
- les liaisons entre le ventilateur d'extraction et le conduit doivent être en matériaux classés M0 ou A2-s1, d0 ;
- les canalisations électriques alimentant les ventilateurs ne doivent pas être affectées par un sinistre affectant la cuisine.

Article PE 17

Office de remise en température ***(Arrêté du 10 octobre 2005)***

§ 1. Le local « office de remise en température » ne doit pas comporter d'appareil de cuisson autre que ceux utilisés pour la remise en température (fours de remise en température, armoires chauffantes, fours micro-ondes...). Seuls le gaz combustible et l'énergie électrique sont autorisés pour alimenter en énergie les appareils utilisés pour la remise en température.

§ 2. L'office de remise en température doit comporter un plancher haut et des parois coupe-feu de degré 1 heure ou EI 60 ou REI 60 avec des portes coupe-feu de degré 1/2 heure ou EI 30C équipées de ferme-porte. Celles maintenues ouvertes pour des raisons d'exploitation doivent être conformes à la norme visant les portes à fermeture automatique et doivent être admises à la marque NF. Toutefois, les portes de communication en va-et-vient peuvent être de degré pare-flammes une demi-heure.

§ 3. Le système de ventilation de l'office de remise en température doit permettre l'amenée d'air et l'évacuation de l'air vicié et des buées. Ce local peut cependant comporter des appareils de remise en température dont l'évacuation des buées s'effectue par un conduit spécifique débouchant à l'extérieur. À l'intérieur du bâtiment et en dehors du volume de l'office de remise en température, ce conduit et sa gaine éventuelle doivent rétablir le degré coupe-feu des parois suivantes :
- parois d'isolement entre niveaux ;
- parois d'isolement des établissements tiers.

Article PE 18

Îlots de cuisson installés dans les salles *(Arrêté du 10 octobre 2005)*

§ 1. Un îlot de cuisson est constitué d'une enceinte à l'intérieur de laquelle le public ne pénètre pas. Un personnel de service doit être présent pendant le fonctionnement des appareils. Les appareils ne doivent pas être en libre utilisation. Seuls le gaz combustible et l'énergie électrique sont autorisés pour alimenter en énergie les appareils.

§ 2. La puissance utile totale d'un îlot de cuisson ou de plusieurs îlots séparés par une distance inférieure à 5 mètres ne doit pas dépasser 70 kW.

§ 3. Chaque îlot de cuisson doit comporter un dispositif de captation des buées et des graisses. L'extraction est toujours mécanique et l'installation présente les caractéristiques suivantes :

- les hottes ou autres dispositifs de captation doivent être construits en matériaux M0 ou A2-s1, d0 ;
- les conduits doivent être non poreux, construits en matériaux M0 ou A2-s1, d0, être stables au feu de degré 1/4 d'heure ou E 15 ;
- à l'intérieur du bâtiment, les conduits doivent être installés dans une gaine rétablissant le degré coupe-feu des parois suivantes :
  - * parois d'isolement entre niveaux,
  - * parois d'isolement des établissements tiers ;
- les hottes ou les dispositifs de captation doivent comporter des éléments permettant de retenir les graisses et pouvant être facilement nettoyés et remplacés ;
- les ventilateurs d'extraction doivent pouvoir fonctionner pendant une demi-heure avec des gaz à 400 °C ;
- les liaisons entre le ventilateur d'extraction et le conduit doivent être en matériaux classés M0 ou A2-s1, d0 ;
- les canalisations électriques alimentant les ventilateurs ne doivent pas être affectées par un sinistre affectant l'îlot de cuisson ;
- la commande des ventilateurs assurant l'évacuation des buées et des graisses doit être correctement identifiée par une plaque indélébile et placée dans l'enceinte de l'îlot à un endroit facilement accessible par le personnel de service.

Article PE 19

Appareils installés dans les locaux accessibles ou non au public *(Arrêté du 10 octobre 2005)*

§ 1. L'utilisation des appareils de cuisson ou de remise en température est autorisée si la puissance utile totale est inférieure ou égale à 20 kW.

§ 2. En ce qui concerne les petits appareils portables, seuls sont autorisés :

- les appareils électriques ou à gaz de puissance utile au plus égale à 3,5 kW ;
- les appareils à gaz butane alimentés par une bouteille d'un poids inférieur ou égal à un kilogramme ;
- les appareils à flamme d'alcool sans pression, de contenance au plus égale à 0,25 litre ;
- les appareils à combustible solide d'une contenance au plus égale à 20 dm^3.

§ 3. Les appareils doivent être immobilisés à l'exception des petits appareils portables.

§ 4. Dans les locaux accessibles au public et par dérogation aux dispositions de l'article PE 10, il est admis l'utilisation :

- d'une bouteille de gaz butane d'au plus 13 kilogrammes sous réserve qu'elle n'alimente qu'un seul appareil et que cette dernière ainsi que le dispositif d'alimentation soient placés hors d'atteinte du public ;
- d'une ou plusieurs bouteilles d'un poids inférieur ou égal à un kilogramme alimentant les petits appareils portables.

Article PE 20

Généralités *(Arrêté du 23 janvier 2004)*

Cet article est rédigé ainsi qu'il suit :

« **§ 1.** *Les installations visées à la présente section doivent être réalisées dans les conditions définies dans la suite du présent règlement.*

§ 2. Toutefois, les installations autorisées dans les établissements de 4e catégorie sont également autorisées dans les établissements de 5e catégorie du même type. Dans ce cas, leur mise en œuvre devra être réalisée dans les conditions définies au livre II, titre Ier, chapitre V. »

Article PE 21

Installations d'appareils à combustion *(Arrêté du 7 juin 2010)*

§ 1. Les installations autorisées dans les bâtiments d'habitation sont autorisées dans les établissements de 5e catégorie. Dans ces établissements, les conditions d'installation des appareils d'évacuation des produits de combustion et de ventilation des locaux où fonctionnent ces appareils doivent respecter les prescriptions réglementaires applicables aux bâtiments d'habitation, sous réserve des dispositions suivantes de la présente section.

§ 2. Tout appareil ou groupement d'appareils de production dont la puissance utile totale est supérieure à 30 kW et inférieure ou égale à 70 kW, installé à l'intérieur d'un bâtiment, doit être implanté dans un local répondant aux conditions suivantes :
- ne pas être accessible au public ;
- ne pas servir au dépôt de matières combustibles ou de produits toxiques ou corrosifs ;
- avoir un plancher haut et des parois verticales de degré coupe-feu une heure.

Si le local ouvre dans un dégagement ou un local accessible au public, l'intercommunication doit s'effectuer soit par une porte coupe-feu de degré une demi-heure avec ferme-porte, soit par un sas muni de portes pareflammes de degré un quart d'heure avec ferme-porte.
Si le local ouvre dans un dégagement ou un local non accessible au public, l'intercommunication doit s'effectuer par une porte pare-flammes de degré un quart d'heure avec ferme-porte.
Par dérogation, un appareil de production d'eau chaude sanitaire peut être installé dans une cuisine ou une laverie.

§ 3. Les appareils de production-émission de chaleur sont autorisés dans les conditions des articles CH 44 à CH 54 et CH 56.
Les cheminées à foyer ouvert ou fermé et les inserts sont également autorisés, sauf dans les locaux réservés au sommeil, dans les conditions d'installation du paragraphe 2 de l'article CH 55.
Les appareils fonctionnant à l'éthanol autorisés dans les établissements de 4e catégorie sont également autorisés dans les établissements de 5e catégorie du même type dans les conditions de l'article AM 20.
Les appareils de chauffage à combustion non raccordés, à l'exception des panneaux radiants et des appareils de chauffage de terrasse, sont interdits.

§ 4. Lorsque le chauffage est réalisé au moyen de générateurs d'air chaud à combustion, la pression du circuit d'air doit toujours être supérieure à la pression des gaz brûlés.
L'emploi de brûleurs susceptibles de créer une surpression par rapport au circuit d'air distribué en un point quelconque de l'appareil (chambre de combustion ou surface d'échange) en cours de fonctionnement, en régime établi, est interdit.

Article PE 22

Traitement d'air et ventilation *(Arrêté du 23 janvier 2004)*

§ 1. Dans les locaux ventilés, chauffés par air chaud ou conditionnés par air pulsé, un dispositif de sécurité, à réarmement manuel, doit assurer automatiquement l'extinction ou la mise en veilleuse de l'appareil ou de l'échangeur de chauffage de l'air ainsi que l'arrêt des ventilateurs lorsque la température de la veine d'air dépasse 120 °C. Ce dispositif doit être placé en aval du réchauffeur ou intégré à l'appareil. Ce dispositif n'est pas exigible lorsque le réchauffage de l'air est assuré par un échangeur alimenté au primaire par un fluide dont la température est inférieure ou égale à 110 °C, ou par des appareils indépendants (ventilo-convecteurs, aérothermes, climatiseurs installés de manière à produire et émettre de la chaleur dans les seuls locaux où ils sont installés).

§ 2. Tous les circuits de distribution et de reprise d'air, à l'exception des joints, doivent être réalisés en matériaux classés M0. Les calorifuges doivent être réalisés en matériaux classés M0 ou M1 ; toutefois, s'ils sont classés M1, ils doivent être placés obligatoirement à l'extérieur des conduits. La diffusion d'air au travers d'un conduit textile, à l'intérieur d'un local, n'est autorisée que si ce conduit est en matériaux classés M0. En dérogation, les conduits souples en matériaux classés M1, d'une longueur maximale de 1 mètre, sont admis ponctuellement pour le raccordement des appareils.

§ 3. Toute matière combustible est interdite à l'intérieur des conduits. Toutefois, cette prescription ne concerne pas les accessoires des organes terminaux situés dans une pièce et ne desservant qu'elle. De même, les matériaux classés M1 destinés à la correction acoustique sont admis ponctuellement.

§ 4. Les conduits aérauliques desservant les locaux accessibles au public ne doivent comporter aucune partie ouvrante dans la traversée des chaufferies.

§ 5. Les conduits aérauliques sont équipés, quelle que soit leur section, de clapets coupe-feu rétablissant le degré coupe-feu des parois d'isolement entre niveaux. Le fonctionnement des clapets est autocommandé par un déclencheur thermique à 70 °C. Les clapets sont conformes à la norme NF S 61937. Lorsqu'un système de sécurité incendie de catégorie A ou B est exigé, les clapets placés au droit des parois délimitant les zones de mise en sécurité (compartimentage) sont commandés automatiquement à partir du centralisateur de mise en sécurité incendie (CMSI).

Article PE 23

Installation de ventilation mécanique contrôlée *(Arrêté du 23 janvier 2004)*

§ 1. Les installations destinées à assurer l'extraction mécanique de l'air vicié des locaux à pollution spécifique (système de ventilation courante ou inversée, simple ou double flux) doivent être conçues de manière à éviter la propagation du feu et des fumées à l'extérieur du local où le feu a pris naissance. Les systèmes de ventilation mécanique contrôlée (VMC) assurent, sans recyclage, l'extraction mécanique de l'air vicié dans les locaux à pollution spécifique (salles d'eau, w.-c., offices...) avec des bouches à forte perte de charge. L'amenée d'air neuf, naturelle ou mécanique, est réalisée dans les locaux à pollution non spécifique. Les systèmes dans lesquels les débits d'extraction sont limités à 200 mètres cubes/heure par local sont des systèmes à simple flux. Les systèmes dans lesquels les débits de soufflage et d'extraction sont limités chacun à cent mètres cubes par heure par local sont des systèmes à double flux.

§ 2. Les conduits de ventilation sont réalisés en matériaux classés M0.

§ 3. Dans les installations de ventilation mécanique inversée, l'air circule du haut vers le bas dans les collecteurs d'extraction. Dans ce cas, les ventilateurs d'extraction doivent être placés dans des locaux satisfaisant aux conditions suivantes :
- le plancher haut et les parois du local doivent avoir un degré coupe-feu 1 heure ;
- la porte doit être coupe-feu de degré 1/2 heure avec ferme-porte.

§ 4. L'exigence de non-transmission des gaz et des fumées est réputée satisfaite lorsque le système de ventilation respecte une des exigences indiquées dans le tableau ci-après :

Établissement dont le plancher bas du dernier niveau	Exigences relatives aux matériels			
	Conduit collectif vertical	Gaine verticale	Piquage horizontal	Dispositif au droit de la gaine
≤ 8 m	M0	néant	M0	non exigible
> 8 m	M0	CF 1/2 h	M0	PF 1/4 h (*)
(*) ou toute autre possibilité vise à l'article CH 43				

§ 5. Lorsque le système de ventilation mécanique contrôlée assure l'évacuation des gaz de combustion du ou des appareils raccordés (VMC gaz), seul le fonctionnement permanent du ventilateur est possible. Une VMC gaz est obligatoirement équipée d'un dispositif de sécurité conforme à l'arrêté relatif à la sécurité collective des installations nouvelles de VMC auxquelles sont raccordés des appareils utilisant le gaz combustible ou les hydrocarbures liquéfiés.

Article PE 24

Installations électriques, éclairage *(Arrêté du 21 mai 2008)*

§ 1. Les installations électriques doivent être conformes aux normes les concernant.
Les câbles ou conducteurs doivent être de la catégorie C2 selon la classification et les modalités d'attestation de conformité définies dans l'arrêté du 21 juillet 1994 portant classification et attestation de conformité du comportement au feu des conducteurs et câbles électriques et agrément des laboratoires d'essais.

L'emploi de fiches multiples est interdit. Le nombre de prises de courant doit être adapté à l'utilisation pour limiter l'emploi de socles mobiles. Les prises de courant doivent être disposées de manière que les canalisations mobiles aient une longueur aussi réduite que possible et ne soient pas susceptibles de faire obstacle à la circulation des personnes.

§ 2. Les escaliers et les circulations horizontales d'une longueur totale supérieure à 10 mètres ou présentant un cheminement compliqué, ainsi que les salles d'une superficie supérieure à 100 mètres carrés, doivent être équipés d'une installation d'éclairage de sécurité d'évacuation.
S'il est fait usage de blocs autonomes, ceux-ci doivent être conformes aux normes de la série NF C 71-800 et admis à la marque NF AEAS ou faire l'objet de toute autre certification de qualité en vigueur dans un Etat membre de la Communauté économique européenne. Cette certification devra alors présenter des garanties équivalentes à celles de la marque NF AEAS, notamment en ce qui concerne l'intervention d'une tierce partie indépendante et les performances prévues dans les normes correspondantes.

§ 3. Les installations électriques :
- des locaux à risques particuliers tels que définis à l'article PE 9, à l'exclusion des locaux renfermant des matériels électriques dont l'accès est réservé à des personnes qualifiées chargées de l'entretien et de la surveillance de ces matériels ;
- des grandes cuisines telles que définies à l'article PE 15, § 3, et des îlots de cuisson tels que définis à l'article PE 18, doivent être établies dans les conditions requises par la norme NF C 15-100 pour les locaux présentant des risques d'incendie (condition d'influence externe BE2). »

Article PE 25
Règles générales *(Arrêté du 6 mars 2006)*

§ 1. Les escaliers mécaniques et les trottoirs roulants doivent respecter les dispositions des articles AS 6 et AS 7.

§ 2. Les portes palières des ascenseurs doivent déboucher dans les parties communes ; ces portes doivent être accessibles normalement et à tout moment par un autre moyen que l'appareil.

§ 3. Les gaines des ascenseurs doivent être protégées dans les mêmes conditions que les cages des escaliers visés à l'article PE 11 § 6, les portes palières devant être E30 selon la norme NF EN 81-58 (2004). Lorsqu'une gaine d'ascenseur encloisonnée abrite un réservoir d'huile, elle doit être désenfumée dans les conditions prévues pour les escaliers par l'instruction technique relative au désenfumage dans les établissements recevant du public. La commande d'ouverture du dispositif de désenfumage de la gaine doit se produire automatiquement au moyen :
- soit d'un détecteur d'incendie disposé en haut de gaine et d'un déclencheur thermofusible à 70 °C en partie supérieure de la gaine, lorsque le bâtiment est équipé d'un système de sécurité incendie de catégorie A ;
- soit d'un déclencheur thermofusible à 70 °C en partie supérieure de la gaine, lorsque le bâtiment n'est pas équipé d'un système de sécurité incendie de catégorie A.

Cette commande automatique n'est pas obligatoirement doublée d'une commande manuelle. Le désenfumage de la gaine encloisonnée d'un ascenseur n'est pas exigible si la gaine est ventilée par convection forcée mécaniquement assurant, lorsque la température des machines ou de leurs organes de commande dépasse celle spécifiée par le constructeur dans la notice technique de l'ascenseur, un débit d'extraction minimal de 20 volumes/heure. Le volume à prendre en compte est égal à la section de la gaine sur une hauteur de 2 mètres, et la température ambiante à prendre en compte est de 40 °C en l'absence de cette information du constructeur. La mise en place d'une amenée d'air en partie basse de la gaine n'est pas obligatoire pour réaliser le désenfumage de la gaine encloisonnée d'un ascenseur.
L'encloisonnement peut être commun à un escalier et à plusieurs ascenseurs, à condition que :
- l'ascenseur ne desserve pas les sous-sols lorsque l'escalier permet d'accéder aux étages ;
- la gaine n'abrite pas de réservoir d'huile.

§ 4. Les parois des gaines d'ascenseurs doivent être réalisées en matériaux incombustibles. Les revêtements intérieurs éventuels de ces parois doivent être en matériaux de catégorie M1 ou B-s1, d0.

§ 5. Les locaux des machines d'ascenseurs, s'ils existent, doivent être isolés au moyen de murs et de planchers coupe-feu de degré 1 heure. La porte d'accès au local doit être coupe-feu de degré une demi-heure et munie d'un ferme-porte. Le local des machines doit être ventilé sur l'extérieur, directement ou par l'intermédiaire d'un conduit distinct de celui de la gaine de l'ascenseur, par ventilation naturelle ou mécanique.

Les machines d'ascenseurs peuvent être situées en gaine lorsque les conditions suivantes sont réunies :
- la puissance électrique totale installée en gaine est inférieure ou égale à 100 kVA ;
- chaque tableau électrique situé en gaine doit répondre aux dispositions fixées par l'article EL. 9, troisième tiret, paragraphe a ;
- lorsque la température des machines ou de leurs organes de commande dépasse celle spécifiée par le constructeur dans la notice technique de l'ascenseur, tout nouveau départ de l'ascenseur doit être impossible. En l'absence de cette information du constructeur, la température ambiante à prendre en compte est de 40 °C ;
- la résistance au feu des parois de gaine traversées par des éléments de l'installation de l'ascenseur, à l'exception des boutons de commande et de signalisation, doit être conservée.

§ 6. Les réservoirs d'huile des installations d'ascenseurs hydrauliques situés en dehors des gaines doivent être implantés dans des volumes qui répondent aux dispositions du paragraphe 5 énoncées ci-dessus. Tout réservoir d'huile doit être équipé d'un dispositif de rétention permettant de retenir la totalité du volume d'huile du réservoir.

Article PE 26

Moyens d'extinction

§ 1. Les établissements doivent être dotés d'extincteurs portatifs à eau pulvérisée, de 6 litres au minimum, conformes aux normes, à raison d'un appareil pour 300 m2, avec un minimum d'un appareil par niveau.
En outre, les locaux présentant des risques particuliers d'incendie doivent être dotés d'un extincteur approprié aux risques.
Tous les extincteurs doivent être facilement accessibles, utilisables par le personnel de l'établissement et maintenus en bon état de fonctionnement.

§ 2. Des colonnes sèches doivent être installées dans les escaliers protégés des établissements dont le plancher bas le plus élevé est à plus de 18 m du niveau de la voie accessible aux engins des sapeurs-pompiers.

§ 3. (Arrêté du 29 janvier 2003) Lorsqu'un appareil ou un dispositif d'extinction n'est pas apparent, il doit être signalé par un panneau conforme aux signaux normalisés d'indication de localisation d'un équipement de lutte contre l'incendie ou d'un autre moyen d'alarme ou d'alerte défini à la norme NF X 08-003 relative aux couleurs et signaux de sécurité.

Article PE 27

Alarme, alerte, consignes *(Arrêté du 11 décembre 2009)*

§ 1. Un membre du personnel ou un responsable au moins doit être présent en permanence lorsque l'établissement est ouvert au public.
Toutefois, cette disposition n'est pas applicable aux établissements recevant moins de vingt personnes et ne comportant pas de locaux à sommeil.
Il peut être admis qu'une convention soit signée entre l'exploitant ou son représentant et un ou des utilisateurs de l'établissement pour organiser la surveillance de locaux mis à leur disposition (le terme« organisateur » vaut pour le ou les contractants représentant le ou les organisateurs). Les conditions suivantes doivent alors être respectées :
- l'établissement ne comporte pas de locaux à sommeil ;
- il dispose d'une alarme générale ;
- la convention comporte au moins les éléments suivants :
- l'identité de la ou des personnes qui vont assurer la surveillance précitée ;
- la ou les activités autorisées ;
- l'effectif maximal autorisé ;
- les périodes ou les jours ou les heures d'utilisation ;
- les dispositions relatives à la sécurité (consignes et moyens de secours mis à disposition) ;
- les coordonnées de la (des) personne(s) à contacter en cas d'urgence.

Par la signature de cette convention l'organisateur certifie notamment qu'il a :
- pris connaissance et s'engage à respecter les consignes générales et particulières de sécurité ainsi que les éventuelles consignes spécifiques données par l'exploitant ;
- procédé avec l'exploitant à une visite de l'établissement et à une reconnaissance des voies d'accès et des issues de secours ;
- reçu de l'exploitant une information sur la mise en œuvre de l'ensemble des moyens de secours dont dispose l'établissement.

§ 2. Tous les établissements sont équipés d'un système d'alarme selon les modalités définies ci-dessous :
a) L'alarme générale est donnée dans l'établissement recevant du public, par bâtiment si l'établissement en comporte plusieurs ;
b) Le signal sonore d'alarme générale ne doit pas permettre la confusion avec d'autres signalisations utilisées dans l'établissement. Il doit être audible de tout point du bâtiment pendant le temps nécessaire à l'évacuation ;
c) Le personnel de l'établissement doit être informé de la caractéristique du signal sonore d'alarme générale. Cette information peut être complétée par des exercices périodiques d'évacuation ;
d) Le choix du matériel d'alarme est laissé à l'initiative de l'exploitant qui devra s'assurer de son efficacité ;
e) Le système d'alarme doit être maintenu en bon état de fonctionnement.

§ 3. La liaison avec les sapeurs-pompiers est réalisée par téléphone urbain dans tous les établissements. Toutefois, dans les cas d'occupation épisodique ou très momentanée de l'établissement, cette liaison n'est pas exigée.

§ 4. Des consignes précises, affichées bien en vue, doivent indiquer :
- le numéro d'appel des sapeurs-pompiers ;
- l'adresse du centre de secours le plus proche ;
- les dispositions immédiates à prendre en cas de sinistre.

§ 5. Le personnel doit être instruit sur les conduites à tenir en cas d'incendie et être entraîné à la manœuvre des moyens de secours.

§ 6. Dans les établissements implantés en étage ou en sous-sol, un plan schématique, sous forme d'une pancarte inaltérable, doit être apposé à l'entrée, pour faciliter l'intervention des sapeurs-pompiers. Ce plan dit plan d'intervention doit représenter au minimum le sous-sol, le rez-de-chaussée, chaque étage ou l'étage courant de l'établissement. Doivent y figurer, outre les dégagements et les cloisonnements principaux, l'emplacement :
- des divers locaux techniques et autres locaux à risques particuliers ;
- des dispositifs et commandes de sécurité ;
- des organes de coupure des fluides ;
- des organes de coupure des sources d'énergie ;
- des moyens d'extinction fixes et d'alarme.

Article PE 28
Structures

En aggravation des dispositions de l'article PE 5, tous les établissements comportant des locaux à sommeil dont le plancher bas le plus élevé est situé à 8 m au plus, au-dessus du niveau d'accès des sapeurs-pompiers doivent avoir une structure de degré stabilité au feu 1/2 heure et des planchers coupe-feu de degré 1/2 heure.
Toutefois ces dispositions ne sont pas applicables aux établissements à simple rez-de-chaussée.

Article PE 29
Distribution intérieure

Les cloisons séparant les locaux réservés au sommeil, ainsi que celles séparant ces mêmes locaux d'autres locaux ou des circulations horizontales communes, doivent être coupe-feu du même degré que celui exigé pour la stabilité de la structure.
Ces cloisons doivent être coupe-feu 1/2 heure pour les établissements situés à rez-de-chaussée.
Les portes des locaux réservés au sommeil doivent être pare-flammes de degré 1/2 h et être munies d'un ferme-porte.

Article PE 30
Couloirs

§ 1. La distance maximale entre la porte d'une chambre et l'accès à un escalier ne doit pas dépasser 35 m.

§ 2. a) Les escaliers et les circulations horizontales encloisonnés doivent être désenfumés ou mis à l'abri de fumées suivant les dispositions définies dans l'instruction technique n° 246.
b) Le désenfumage des circulations doit être asservi à la détection automatique d'incendie visée à l'article PE 32. Toutefois, aucun désenfumage des circulations horizontales des étages comportant des locaux réservés au sommeil n'est exigé dans l'un des cas suivants :

- la distance à parcourir, depuis la porte d'une chambre (ou d'un appartement) pour rejoindre un escalier désenfumé ou mis à l'abri des fumées, ne dépasse pas 10 m ;
- chaque local du niveau est désenfumé mécaniquement ; le désenfumage est asservi à la détection automatique d'incendie visée à l'article PE 32, de plus, une commande manuelle de mise en marche doit être installée à proximité de l'accès à l'escalier ;
- les locaux réservés au sommeil sont situés dans des bâtiments à un étage sur rez-de-chaussée au plus ; ils sont pourvus d'un ouvrant en façade.

§ 3. (Arrêté du 19 novembre 2001) Le recoupement des couloirs doit être effectué tous les 35 m par une porte pare-flammes de degré 1/2 heure, à va-et-vient.

Article PE 31
Cheminées à foyer ouvert

Les cheminées à foyer ouvert, fonctionnant au bois, ne sont admises qu'après avis de la commission de sécurité.

Article PE 32
Détection automatique d'incendie et système d'alarme *(Arrêté du 26 octobre 2011)*

§ 1. En aggravation des dispositions de l'article PE 27, et à l'exception des établissements à simple rez-de-chaussée dont les locaux réservés au sommeil débouchent directement sur l'extérieur, les établissements doivent être équipés d'un système de sécurité incendie de catégorie A tel que défini à l'article MS 53 et conforme aux dispositions des articles MS 58 et MS 59.
De plus, toute temporisation est interdite.
Les détecteurs utilisés doivent être sensibles aux fumées et aux gaz de combustion et être implantés dans les circulations horizontales communes.

§ 2. Seules l'installation, la modification ou l'extension d'un système de sécurité incendie de catégorie A, dans les établissements dont la mise en sécurité comporte au moins une fonction de mise en sécurité en supplément de la fonction évacuation, font l'objet d'une mission de coordination. Cette mission est assurée dès la phase de conception par une personne ou un organisme compétent et qualifié. Si le coordinateur SSI n'est pas requis, le document attestant de la réception technique est établi par l'entreprise intervenante.

Article PE 33
Registre de sécurité, consignes

§ 1. L'exploitant doit tenir à jour un registre de sécurité. Ce document doit pouvoir être présenté à chaque visite de la commission de sécurité.

§ 2. Une consigne d'incendie doit être affichée dans chaque chambre ; elle est rédigée en français et est complétée par une bande dessinée illustrant les consignes. Sa rédaction en langue française peut être complétée par sa traduction dans les langues parlées par les occupants habituels. Cette consigne doit attirer l'attention du public sur l'interdiction d'utiliser les ascenseurs en cas d'incendie, à l'exception de ceux conformes aux dispositions de l'article AS4 du règlement de sécurité, qui sont réservés à l'évacuation des personnes handicapées.

Article PE 34
Signalisations *(Arrêté du 29 janvier 2003)*

§ 1. Les portes, les escaliers et les différents cheminements qui conduisent à l'extérieur de l'établissement doivent être pourvus de symboles de sécurité, visibles de jour comme de nuit, conformes aux dispositions de la norme NF X 08003 relative aux couleurs et signaux de sécurité, à l'exception des signaux normalisés pour sortie et issue de secours n° s 50041, 50042 et 50044 dont l'utilisation est interdite dans les établissements recevant du public.

§ 2. Les portes non utilisables par le public en cas d'incendie et qui donnent sur les circulations doivent être :
- soit fermées à clé ;
- soit munies d'un ferme-porte et être munies du symbole de sécurité approprié, conformément aux dispositions de la norme précitée.

Article PE 35
Affichages

§ 1. Un plan de l'établissement, conforme aux dispositions de l'article MS 41, doit être apposé dans le hall d'entrée.

§ 2. Un plan d'orientation simplifié doit être apposé à chaque étage près de l'accès aux escaliers.

§ 3. Un plan sommaire de repérage de chaque chambre par rapport aux dégagements à utiliser en cas d'incendie doit être fixé dans chaque chambre.

Article PE 36
Éclairage de sécurité *(Arrêté du 11 décembre 2009)*

Les établissements sont équipés d'un éclairage de sécurité assuré par des blocs autonomes répondant aux dispositions de l'article EC 12 ou par une source centralisée répondant aux dispositions de l'article EC 11.
Les escaliers et les circulations horizontales sont équipés d'un éclairage d'évacuation répondant aux dispositions des articles EC 8, § 2 et EC 9.
Dans les établissements qui ne disposent pas de groupe électrogène de remplacement, l'éclairage d'évacuation des circulations des locaux à sommeil et des dégagements attenants jusqu'à l'extérieur du bâtiment est complété de la manière suivante :
- si l'éclairage de sécurité est réalisé par blocs autonomes, il est complété par un éclairage réalisé par des blocs autonomes pour habitation satisfaisant à l'aptitude à la fonction définie dans la norme NF C 71-805 (décembre 2000). Dans ces conditions, les blocs autonomes d'éclairage de sécurité visés à l'article EC 12 sont mis automatiquement à l'état de repos dès l'absence de tension en provenance de la source normale, leur passage à l'état de fonctionnement étant alors subordonné au début du processus de déclenchement de l'alarme ;
- si l'éclairage de sécurité est réalisé par une source centralisée constituée d'une batterie d'accumulateurs, la capacité de cette dernière doit permettre une autonomie de six heures au moins.

Article PE 37
Contrôle des établissements de 5e catégorie comportant des locaux à sommeil *(Arrêté du 8 novembre 2004)*

Le premier paragraphe et le premier alinéa du deuxième paragraphe de l'article GE 2 du règlement de sécurité, ainsi que ses articles GE 3, GE 5 et GE 6 sont applicables aux établissements comportant, pour le public, des locaux à sommeil. Ces établissements doivent être visités tous les cinq ans par la commission de sécurité compétente ; la fréquence de ces visites peut être augmentée, s'il est jugé nécessaire, par arrêté du maire ou du préfet, après avis de la commission.

N - Articles PO – Règles spécifiques aux hôtels

Article PO 1
Généralités

§ 1. Les prescriptions définies dans la présente section sont applicables aux établissements à construire ou à modifier, en complément des mesures définies dans les chapitres Ier, II et III.
Sont considérées comme modifications :
- les aménagements pouvant avoir comme conséquence un changement significatif du niveau de sécurité ;
- les travaux d'amélioration, de transformation ou de réhabilitation d'établissements existants lorsqu'ils impliquent la création, la modification ou le remplacement d'éléments de construction ou d'équipement.

Ne sont concernés ni les travaux d'entretien, ni les travaux de réparations courantes, ni même la remise en état d'un élément existant de construction ou d'équipement, à l'intérieur des volumes préexistants.

§ 2. Les dispositions de l'article PE 13 ne sont pas applicables à l'intérieur des chambres.

§ 3. L'ensemble des installations techniques doit être contrôlé par un technicien compétent tous les deux ans, à l'exception des installations électriques et des systèmes de détection incendie qui doivent être contrôlés annuellement. Le contrôle des ascenseurs relève des dispositions particulières précisées dans le cadre de l'article AS 9 du règlement.

Article PO 2
Halls et escaliers

§ 1. En aggravation des dispositions de l'article PE 11, les escaliers doivent être protégés dès que l'établissement possède plus d'un étage sur rez-de-chaussée.

§ 2. En aggravation des dispositions de l'article PE 11 (§ 3 c), les établissements recevant plus de 50 personnes et ayant plus d'un étage sur rez-de-chaussée doivent comporter deux escaliers répondant aux dispositions de l'article CO 52 (§ 1).
Le second escalier pourra ne pas desservir les niveaux au-dessus du premier étage dès lors que l'effectif cumulé du public admis à ces niveaux est inférieur ou égal à 50 personnes et sous réserve que toutes les chambres à ces niveaux disposent d'une fenêtre accessible aux échelles des sapeurs-pompiers ou d'un moyen d'évacuation accepté par la sous-commission départementale de sécurité et d'accessibilité.

§ 3. Pour les établissements ne comportant qu'un seul étage sur rez-de-chaussée et ne disposant que d'un escalier non protégé tel que visé à l'article PE 11, toutes les chambres doivent être accessibles aux échelles des sapeurs-pompiers.

§ 4. Les dispositions de l'article AM 7 sont applicables aux halls.

Article PO 3
Système d'alarme

§ 1. En aggravation des dispositions de l'article PE 27, la permanence doit être assurée dans un local doté soit du tableau de signalisation, soit d'un report d'alarme. Le personnel présent peut s'en éloigner tout en restant dans l'établissement, s'il dispose d'un renvoi de l'alarme sur un récepteur autonome d'alarme.

§ 2. Les câbles électriques utilisés pour le système d'alarme doivent :
- être indépendants des autres canalisations électriques ;
- être éloignées des autres appareils électriques ;
- ne pas traverser de locaux à risques particuliers ou être protégés par des parois coupe-feu de degré 1 heure.

Article PO 4
Portes

À l'exception des sanitaires, tous les locaux doivent être équipés de blocs-portes pare-flammes de degré 1/2 heure munis d'un ferme-porte ou E30-C.

Article PO 5
Utilisation du gaz dans les chambres

L'utilisation du gaz réseau ou d'hydrocarbures liquéfiés n'est autorisée dans les chambres que si la distribution est collective.

Article PO 6
Détection automatique d'incendie

En complément des dispositions de l'article PE 32, des détecteurs automatiques d'incendie appropriés aux risques doivent être installés dans les locaux à risques particuliers.

Article PO 7
Formation du personnel en sécurité incendie

Le personnel doit participer deux fois par an à des séances d'instruction et d'entraînement de façon compatible avec les conditions d'exploitation, compte tenu, le cas échéant, de son rythme saisonnier.
Au cours de ces séances, tout le personnel de l'établissement doit être mis en garde contre les dangers que présente un incendie et recevoir des consignes très précises en vue de limiter l'action du feu et d'assurer l'évacuation du public.

Article PO 8
Généralités

§ 1. Les prescriptions définies dans la présente section sont applicables en complément des articles PE 4, PE 24, PE 26, PE 27, PE 32, PE 36, PO 1, § 3, et PO 5.

§ 2. Les dispositions de l'article PE 13 ne sont pas applicables à l'intérieur des chambres.

§ 3. Lorsque certaines dispositions prévues dans la présente section ne peuvent être appliquées pour des raisons architecturales ou techniques propres à l'établissement, le chef d'établissement propose des solutions alternatives adaptées aux caractéristiques de son établissement. Elles sont approuvées par la commission de sécurité compétente après une étude basée sur l'analyse de risque propre à l'établissement.

Article PO 9
Escaliers

§ 1. Les dispositions de l'article PO 2 sont applicables.
En atténuation de l'article PO 2 et pour pallier des difficultés techniques ou pour des raisons architecturales, le chef d'établissement propose des solutions alternatives adaptées aux caractéristiques de son établissement. Elles sont approuvées par la commission de sécurité compétente après une étude basée sur une analyse de risque propre à l'établissement.
La protection du ou des escaliers doit être assurée conformément à l'article PE 11 (§ 6). Toutefois, il est admis que :
- deux portes d'accès par niveau puissent déboucher sur un palier traversant ;
- les parois existantes pleines soient considérées comme résistantes au feu compte tenu des matériaux utilisés et de leur mode de construction ;
- un ouvrant en partie haute de 0,60 m^2 minimum, actionnable à partir du niveau d'accès des secours, constitue un exutoire ;
- un bloc-porte comportant une porte pleine en bois massif d'une épaisseur de 30 mm équivaut à un degré de résistance au feu pare-flammes 1/2 heure ou E 30.

Toute porte ouvrant sur le volume de la cage d'escalier ou sur une circulation horizontale y conduisant est munie d'un ferme-porte, à l'exception de celle des sanitaires.
En cas d'impossibilité architecturale ou technique reconnue par la sous-commission départementale de sécurité pour l'encloisonnement de l'escalier au rez-de-chaussée, le volume dans lequel il débouche doit servir uniquement de hall d'accueil. Il doit être isolé des locaux adjacents par les aménagements suivants :
- réalisation d'un écran de cantonnement au droit de l'accès à l'escalier ;
- isolement des locaux adjacents par des parois pleines ou vitrées résistantes au feu ;
- accès aux locaux adjacents par des portes munies de ferme-portes ou asservies à la détection incendie ;
- toute autre solution alternative adaptée.

Dans l'hypothèse d'une unique chambre par niveau donnant sur le volume de protection de l'escalier, y compris dans le cas d'un palier traversant, l'accès à cette chambre devra se faire :
- soit par une circulation horizontale commune ;
- soit par un espace privatif sous détection automatique d'incendie, délimité par deux blocs-portes dont les caractéristiques de résistance au feu répondent aux dispositions du présent paragraphe. Les installations sanitaires de cette chambre peuvent s'ouvrir sur cette circulation.

§ 2. Il est admis que le second escalier n'est pas exigé si l'une au moins des mesures suivantes est réalisée :
a) La distance entre la porte de chaque chambre et la porte d'accès à l'escalier ne dépasse pas dix mètres ;
b) Les circulations horizontales des étages desservant des locaux réservés au sommeil sont désenfumées conformément aux dispositions de l'instruction technique n° 246 ;
c) Une fenêtre de chaque chambre est accessible aux échelles des sapeurs-pompiers à partir du deuxième étage. A défaut, des détecteurs automatiques d'incendie, appropriés aux risques, doivent être installés dans l'ensemble de l'établissement, à l'exception des escaliers et des sanitaires ;
d) Toute autre solution alternative adaptée.

Article PO 10
Isolement des locaux dangereux

Les dispositions de l'article PE 9 sont applicables. Le bloc-porte d'isolement est muni d'un ferme-porte.

Article PO 11
Consignes - signalisations - affichages

Les dispositions des articles PE 33, PE 34 et PE 35 sont applicables.

Annexe à l'article PO 11 (Arrêté du 26 octobre 2011)
Conduite à tenir en cas d'incendie

En cas d'incendie dans votre chambre :
- gagnez la sortie en refermant bien la porte de votre chambre et en suivant le balisage ;
- prévenez la réception.

En cas d'audition du signal d'alarme :
Si les dégagements sont praticables :
- gagnez la sortie en refermant bien la porte de votre chambre et en suivant le balisage.
Si la fumée rend le couloir ou l'escalier impraticable :
- restez dans votre chambre ;
- manifestez votre présence à la fenêtre en attendant l'arrivée des sapeurs-pompiers.
Nota. - Une porte mouillée et fermée, rendue étanche par des moyens de fortune (chiffons humides), protège longtemps.

Article PO 12
Formation au personnel en sécurité incendie

Les dispositions des articles PE 27 (§ 5) et PO 7 sont applicables.

Article PO 13
Cas particulier des très petits hôtels existants

Constitue un très petit hôtel un établissement qui accueille 20 personnes au plus au titre du public dans les chambres et dont le plancher bas de l'étage le plus élevé accessible au public est situé à moins de 8 mètres du niveau d'accès des secours.
En atténuation de l'article PO 9 (§ 1), ces établissements sont dispensés de l'encloisonnement des escaliers. Les caractéristiques des blocs-portes répondent aux dispositions de cet article.
L'établissement est équipé d'un système de sécurité incendie de catégorie A.
En aggravation de l'article PE 32, la détection automatique d'incendie est installée dans les circulations horizontales lorsqu'elles existent et dans tous les locaux, à l'exception des sanitaires. Toutefois, lorsque le chef d'établissement privilégie l'encloisonnement du/des escalier(s) desservant les chambres, la détection automatique d'incendie reste limitée aux circulations horizontales communes et/ou aux espaces privatifs prévus par l'article PO 9.
En atténuation de l'article PE 36, ces établissements sont dispensés de l'installation des blocs autonomes pour habitation (BAEH). Toutefois, si l'exploitant souhaite poursuivre l'exploitation de son établissement en l'absence de la source électrique normale, il doit disposer des moyens d'éclairage portatifs en nombre suffisant.
L'établissement peut faire l'objet de toute solution alternative adaptée après avis de la commission de sécurité compétente.

O - Articles PU - Règles spécifiques aux établissements de soins

Article PU 1
Généralités

Les prescriptions définies dans le présent chapitre sont applicables aux établissements à construire ou à modifier en complément des mesures définies dans les chapitres I, II et III.

Article PU 2

Structures *(Arrêté du 10 décembre 2004)*

En aggravation des dispositions de l'article PE 28, les structures des établissements situés au rez-de-chaussée doivent être stables au feu de degré une demi-heure ou R 30.

Article PU 3

Escaliers

En aggravation des dispositions de l'article PE 11, les escaliers des établissements comportant des locaux à sommeil doivent avoir 1,40 m de largeur.

Article PU 4

Verrouillage des portes *(Arrêté du 10 décembre 2004)*

1. Dans certains établissements réservés aux enfants et aux adolescents ou dans les centres spécialisés (centres de psychiatrie ou de traitement des toxicomanes, par exemple), les locaux ou les unités de soins peuvent être maintenus exceptionnellement fermés dans les conditions fixées à l'article U 21.
2. En dérogation à l'article PE 29 (alinéa 3), les portes des locaux réservés au sommeil peuvent ne pas être munies de ferme-porte.

Article PU 5

Conditions d'installation des gaz médicaux *(Arrêté du 10 décembre 2004)*

Les articles U 51 à U 64 du règlement de sécurité des établissements recevant du public sont applicables.

Article PU 6

Détection automatique d'incendie et système d'alarme

Dans les établissements comportant des locaux réservés au sommeil et en complément des dispositions de l'article PE 32, des détecteurs automatiques d'incendie doivent également être installés dans tous les locaux, à l'exception des salles de bains, cabinets de toilettes, w.-c. L'alarme, qui peut être générale ou générale sélective, doit pouvoir être reçue de façon permanente par le personnel soignant qui aura été préalablement formé à la mise en œuvre des moyens de défense contre l'incendie et à l'alerte des sapeurs-pompiers.
Les détecteurs situés dans les locaux à sommeil devront comporter un indicateur d'action situé de façon visible dans la circulation horizontale les desservant.

P - Articles PX - établissements sportifs

Article PX 1 (unique)

(Arrêté du 20 novembre 2000)

En complément des dispositions des chapitres I et II du présent livre, les dispositions techniques du chapitre XII, livre II, visant les établissements du premier groupe sont applicables aux établissements du deuxième groupe.

Annexe II :

Extraits du Code du travail

Chapitre VI :
Risques d'incendies et d'explosions et évacuation

Section 1 - Dispositions générales

Article R.4216-1
Les dispositions du présent chapitre ne s'appliquent pas aux immeubles de grande hauteur, au sens du Code de la construction et de l'habitation, pour lesquels des dispositions particulières sont applicables. Elles ne font pas obstacle aux dispositions plus contraignantes prévues pour les établissements recevant du public, au sens de l'article R.123-2 du Code de la construction et de l'habitation ou pour les bâtiments d'habitation.

Article R.4216-2
Les bâtiments et les locaux sont conçus et réalisés de manière à permettre en cas de sinistre :
1° L'évacuation rapide de la totalité des occupants dans des conditions de sécurité maximale ;
2° L'accès de l'extérieur et l'intervention des services de secours et de lutte contre l'incendie ;
3° La limitation de la propagation de l'incendie à l'intérieur et à l'extérieur des bâtiments.

Article R.4216-3
Les bâtiments et locaux sont isolés de ceux occupés par des tiers conformément aux dispositions applicables à ces derniers.

Article R.4216-4
Pour l'application du présent chapitre, l'effectif théorique des personnes susceptibles d'être présentes comprend l'effectif des salariés, majoré, le cas échéant, de l'effectif du public susceptible d'être admis et calculé suivant les règles précisées par la réglementation relative à la protection du public contre les risques d'incendie et de panique dans les établissements recevant du public.

Section 2 - Dégagements

Article R.4216-5
Chaque dégagement a une largeur minimale de passage proportionnée au nombre total de personnes appelées à l'emprunter. Cette largeur est calculée en fonction d'une largeur type appelée unité de passage de 0,60 mètre. Toutefois, quand un dégagement ne comporte qu'une ou deux unités de passage, la largeur est respectivement portée de 0,60 mètre à 0,90 mètre et de 1,20 mètre à 1,40 mètre.

Article R.4216-6
Les dégagements des bâtiments et locaux obéissent aux dispositions des articles R.4227-4 à R.4227-14 à l'exception des articles R.4227-5 et R.4227-12. Toutefois, pour l'application des dispositions de l'article R.4227-10, la largeur des escaliers à prendre en compte est au moins égale à deux unités de passage, au sens de l'article R.4216-5.

Article R.4216-7
Aucune saillie ou dépôt ne doit réduire la largeur réglementaire des dégagements.
Toutefois, les aménagements fixes sont admis jusqu'à une hauteur maximale de 1,10 mètre, à condition qu'ils ne fassent pas saillie de plus de 0,10 mètre.

Article R.4216-8
Les locaux auxquels les travailleurs ont normalement accès sont desservis par des dégagements dont le nombre et la largeur exigibles sont précisés dans le tableau suivant :

Effectif	Nombre de dégagements	Nombre total d'unités de passage
Moins de 20 personnes	1	1
De 20 à 50 personnes	1 + 1 dégagement accessoire	1 (a) ou 1 (b) 2
De 51 à 100 personnes	2 ou 1 + 1 dégagement accessoire (a)	2
De 101 à 200 personnes	2	3
De 201 à 300 personnes	2	4
De 301 à 400 personnes	2	5
De 401 à 500 personnes	2	6
Au-dessus des 500 premières personnes	Le nombre des dégagements est augmenté d'une unité par 500 ou fraction de 500 personnes.	La largeur cumulée des dégagements est calculée à raison d'une unité de passage pour 100 personnes ou fraction de 100 personnes.

Dans le cas de rénovation ou d'aménagement d'un établissement dans un immeuble existant, la largeur de 0,90 m peut être ramenée à 0,80 m (a). Un dégagement accessoire peut être constitué par une sortie, un escalier, une coursive, une passerelle, un passage souterrain ou un chemin de circulation, rapide et sûr, d'une largeur minimale de 0,60 m, ou encore par un balcon filant, une terrasse, une échelle fixe (b). Cette solution est acceptée si le parcours pour gagner l'extérieur n'est pas supérieur à 25 mètres et si les locaux desservis ne sont pas en sous-sol.

Article R.4216-9

Pour les locaux situés en sous-sol et dont l'effectif est supérieur à cent personnes, les dégagements sont déterminés en prenant pour base l'effectif ainsi calculé :

1° L'effectif des personnes est arrondi à la centaine supérieure ;

2° L'effectif est majoré de 10 % par mètre ou fraction de mètre au-delà de deux mètres de profondeur.

Article R.4216-10

Seuls les locaux dont la nature technique des activités le justifie peuvent être situés à plus de six mètres en dessous du niveau moyen des seuils d'évacuation.

Article R.4216-11

La distance maximale à parcourir pour gagner un escalier en étage ou en sous-sol n'est jamais supérieure à quarante mètres. Le débouché au niveau du rez-de-chaussée d'un escalier s'effectue à moins de vingt mètres d'une sortie sur l'extérieur. Les itinéraires de dégagements ne comportent pas de cul-de-sac supérieur à dix mètres.

Article R.4216-12

Les marches obéissent aux caractéristiques suivantes :

1° Elles ne sont pas glissantes ;

2° S'il n'y a pas de contremarche, les marches successives se recouvrent de 5 centimètres ;

3° Il est interdit de placer une ou deux marches isolées dans les circulations principales ;

4° Les dimensions des marches des escaliers sont conformes aux règles de l'art ;

5° Les volées ne comptent pas plus de 25 marches ;

6° Les paliers ont une largeur égale à celle des escaliers et, en cas de volées non contrariées, leur longueur est supérieure à 1 mètre.

7° Les escaliers tournants sont à balancement continu sans autre palier que ceux desservant les étages ;

8° Les dimensions des marches sur la ligne de foulée à 0,60 mètre du noyau ou du vide central sont conformes aux règles de l'art ;

9° Le giron extérieur des marches est inférieur à 0,42 mètre.

Section 3 - Désenfumage

Article R.4216-13

Les locaux de plus de 300 mètres carrés situés en rez-de-chaussée et en étage, les locaux de plus de 100 mètres carrés aveugles et ceux situés en sous-sol ainsi que tous les escaliers comportent un dispositif de désenfumage naturel ou mécanique.

Article R.4216-14

Les dispositifs de désenfumage naturel sont constitués en partie haute et en partie basse d'une ou plusieurs ouvertures communiquant avec l'extérieur, en vue de l'évacuation des fumées et l'amenée d'air. La surface totale des sections d'évacuation des fumées est supérieure au centième de la superficie du local desservi avec un minimum d'un mètre carré. Il en est de même pour celle des amenées d'air. Chaque dispositif d'ouverture du dispositif de désenfumage est aisément manœuvrable à partir du plancher.

Article R.4216-15
En cas de désenfumage mécanique, le débit d'extraction est calculé sur la base d'un mètre cube par seconde par 100 mètres carrés.

Article R.4216-16
Les modalités d'application des dispositions de la présente section sont définies par arrêté conjoint des ministres chargés du Travail, de l'Agriculture et de la Construction.

Section 4 - Chauffage des locaux

Article R.4216-17
Les bâtiments et locaux sont conçus et réalisés de manière à respecter les dispositions des articles R.4227-16 et R.4227-18 à R.4227-20 sur le chauffage des locaux ainsi que celles des réglementations particulières relatives :
1° Aux installations fixes destinées au chauffage et à l'alimentation en eau chaude ;
2° Aux installations de gaz combustibles et d'hydrocarbures liquéfiés ;
3° Au stockage et à l'utilisation des produits pétroliers.

Article R.4216-18
Indépendamment de l'application, s'il y a lieu, des règles propres aux bâtiments d'habitation, de bureaux ou recevant du public, les installations fixes destinées au chauffage et à l'alimentation en eau chaude ne doivent pas présenter de risque pour la santé et la sécurité des travailleurs. Ces installations sont conçues de manière à ne pas aggraver les risques d'incendie ou d'explosion inhérents aux activités du bâtiment, à ne pas provoquer d'émission de substances dangereuses, insalubres ou gênantes, et à ne pas être la cause de brûlures ou d'inconfort pour les travailleurs. Les modalités d'application de ces dispositions sont précisées par arrêté conjoint des ministres chargés du Travail, de l'Agriculture et de la Construction.

Article R.4216-19
Lorsque le chauffage est réalisé au moyen de générateur d'air chaud à combustion, la pression du circuit d'air doit toujours être supérieure à la pression des gaz brûlés. Un dispositif de sécurité assure automatiquement l'extinction ou la mise en veilleuse de l'appareil ou de l'échangeur de chauffage de l'air et l'arrêt des ventilateurs lorsque la température de l'air dépasse 120 °C. Toutefois, ce dispositif n'est pas exigible pour les appareils indépendants émettant de la chaleur dans les seuls locaux où ils sont installés, ou lorsque le réchauffage de l'air est assuré par un échangeur ne pouvant atteindre cette température. Toute matière combustible est interdite à l'intérieur des conduits de distribution ou de reprise, à l'exception des accessoires des organes terminaux situés dans une pièce. Cette prescription s'applique également aux installations de ventilation mécanique contrôlée et à toutes les gaines mettant en communication plusieurs niveaux.

Article R.4216-20
L'usage de la brasure tendre, dont la température de fusion du métal d'apport est inférieure à 450°C, est interdit pour les canalisations amenant les liquides ou gaz combustibles.

Section 5 - Stockage ou manipulation de matières inflammables

Article R.4216-21
Les bâtiments et locaux sont conçus et réalisés de manière à respecter :
1° Les dispositions relatives à la prévention des explosions prévues aux articles R.4227-42 et suivants ;
2° Les dispositions spécifiques relatives aux installations électriques pour les locaux présentant des dangers d'incendie ou des risques d'explosions prévues par le décret n° 88-1056 du 14 novembre 1988 relatif à la protection des travailleurs dans les établissements qui mettent en œuvre des courants électriques ;
3° Les dispositions spécifiques de l'arrêté prévu par l'article R.4227-27 pour les installations industrielles utilisant le gaz combustible et les hydrocarbures liquéfiés.

Article R.4216-22
Les locaux ou les emplacements dans lesquels doivent être entreposées ou manipulées des substances ou préparations classées explosives, comburantes ou extrêmement inflammables, ainsi que des matières dans un état physique susceptible d'engendrer des risques d'explosion ou d'inflammation instantanée disposent d'une ventilation permanente appropriée.

Article R.4216-23
Les locaux mentionnés à l'article R.4216-22 ainsi que ceux dans lesquels sont entreposées ou manipulées des substances ou préparations classées facilement inflammables ou des matières dans un état physique tel qu'elles sont susceptibles de prendre feu instantanément au contact d'une flamme ou d'une étincelle et de propager rapidement l'incendie, sont conçus et réalisés de telle sorte que :
1° Aucun poste habituel de travail ne puisse se trouver à plus de dix mètres d'une issue donnant sur l'extérieur ou sur un local donnant lui-même sur l'extérieur ;
2° Les portes de ces locaux s'ouvrent vers l'extérieur ;
3° Si les fenêtres de ces locaux sont munies de grilles ou grillages, ceux-ci s'ouvrent très facilement de l'intérieur.

Section 6 - Bâtiments dont le plancher bas du dernier niveau est situé à plus de huit mètres du sol

Article R.4216-24
Afin de prendre en compte l'augmentation des risques en cas de sinistre, les bâtiments dont le plancher bas du dernier niveau est situé à plus de huit mètres du sol extérieur ont une structure d'une stabilité au feu de degré une heure et des planchers coupe-feu de même degré. Ils sont isolés de tout bâtiment ou local occupé par des tiers, au minimum par des parois coupe-feu de degré une heure ou par des sas comportant des portes pare-flammes de degré demi-heure munies de ferme-porte et s'ouvrant vers l'intérieur du sas.

Article R.4216-25
Les bâtiments mentionnés à l'article R.4216-24 sont accessibles au moins sur une façade aux services d'incendie et de secours.

Article R.4216-26
Les escaliers et ascenseurs des bâtiments mentionnés à l'article R.4216-24 sont :
1° Soit encloisonnés dans des cages coupe-feu de degré une heure comportant des portes pare-flammes de degré demi-heure et, pour les escaliers, un dispositif de désenfumage en partie supérieure ;
2° Soit à l'air libre.

Article R.4216-27
La distribution intérieure des bâtiments mentionnés à l'article R.4216-24 permet, notamment par des recoupements ou des compartimentages, de limiter la propagation du feu et des fumées. L'aménagement intérieur des locaux, notamment les revêtements des murs, des sols et des plafonds, les tentures et les rideaux répond à des caractéristiques de réaction au feu permettant d'éviter un développement rapide d'un incendie susceptible de compromettre l'évacuation.

Article R.4216-28
Les dispositions de la présente section s'appliquent compte tenu de la classification des matériaux et des éléments de construction en fonction de leur comportement au feu, telle qu'elle est définie aux articles R.121-1 et suivants du Code de la construction et de l'habitation et par les arrêtés du ministre de l'Intérieur pris en application de l'article R.121-5 de ce même Code.

Article R.4216-29
Un arrêté conjoint des ministres chargés du Travail, de l'Agriculture et de la Construction définit les modalités d'application des dispositions de la présente section, notamment :
1° Les caractéristiques des sorties et celles de l'isolement latéral du bâtiment avec un autre bâtiment ;
2° La classification des matériaux et des éléments de construction de certaines parties du bâtiment ;
3° Les règles de désenfumage.

Section 7 - Moyens de prévention et de lutte contre l'incendie

Article R.4216-30
Les bâtiments et locaux sont conçus ou aménagés de manière à respecter les dispositions relatives aux moyens de prévention et de lutte contre l'incendie prévues aux articles R.4227-28 à R.4227-41.

Section 8 - Prévention des explosions

Article R.4216-31
Les bâtiments et locaux sont conçus et réalisés de manière à respecter les dispositions relatives à la prévention des explosions prévues par les articles R.4227-42 à R.4227-54.

Section 9 - Dispenses de l'autorité administrative

Article R.4216-32
(Décret no 2009-1377 du 10 novembre 2009) « Le directeur régional des entreprises, de la concurrence, de la consommation, du travail et de l'emploi » peut dispenser d'une partie de l'application des dispositions du présent chapitre, notamment dans le cas de réaménagement de locaux ou de bâtiments existants, sur proposition de mesures compensatoires assurant un niveau de sécurité jugé équivalent.

Article R.4216-33
La dispense est accordée, après enquête de l'inspecteur du travail. Elle est accordée après avis :
1° Du comité d'hygiène, de sécurité et des conditions de travail ou, à défaut, des délégués du personnel ;
2° De la commission centrale de sécurité ou de la commission consultative départementale de sécurité et d'accessibilité pour les établissements recevant du public.

Article R.4216-34
Le silence gardé pendant plus de quatre mois par le ministre compétent saisi d'un recours hiérarchique contre une décision prise en application de l'article R.4216-33 vaut décision de rejet.

Chapitre VII :
Installations sanitaires, restauration

Article R.4217-1
Les bâtiments et locaux sont conçus et réalisés conformément aux exigences des articles :
1° R.4228-1 à R.4228-15, relatifs aux installations sanitaires ;
2° R.4228-22 à R.4228-25, relatifs aux locaux de restauration et de repos.

Article R.4217-2
Lorsque, en application de l'article R.4228-10, il doit être réalisé dix cabinets d'aisance, l'un d'entre eux, ainsi qu'un lavabo placé à proximité, est aménagé de manière à en permettre l'accès et l'usage autonome par des personnes handicapées circulant en fauteuil roulant. Lorsque le nombre des cabinets d'aisance est inférieur à dix, l'un d'entre eux et un lavabo sont conçus de telle sorte que, en présence de personnes handicapées physiques, des travaux simples suffisent à réaliser les aménagements prévus au premier alinéa.

Annexe III :

Extraits du Code de la construction et de l'habitation

Art. R.123-11 - L'établissement doit être doté de dispositifs d'alarme et d'avertissement, d'un service de surveillance et de moyens de secours contre l'incendie appropriés aux risques.
(Décret n° 2006-165 du 10 février 2006) Les établissements situés, même partiellement, en infrastructure, quel que soit leur type, doivent permettre aux services publics qui concourent aux missions de sécurité civile d'assurer la continuité de leurs communications radioélectriques avec les moyens propres à ces services, en tout point de l'établissement.
Les établissements ouverts au public à la date de publication du décret n° 2006-165 du 10 février 2006 doivent se conformer à cette obligation dans un délai de trois ans à compter de cette date.

Art. R.123-12 - Le ministre de l'Intérieur précise dans un règlement de sécurité pris après avis de la Commission centrale de sécurité prévue à l'article R.123-29 les conditions d'application des règles définies au présent chapitre. Il indique notamment les conditions dans lesquelles il doit être procédé à l'essai des matériaux, à l'entretien et à la vérification des installations, à l'emploi et à la surveillance des personnes, à l'exécution des travaux.
Le règlement de sécurité comprend des prescriptions générales communes à tous les établissements et d'autres particulières à chaque type d'établissement. Il précise les cas dans lesquels les obligations qu'il définit s'imposent à la fois aux constructeurs, propriétaires, installateurs et exploitants ou à certains de ceux-ci seulement.
La modification du règlement de sécurité est décidée dans les formes définies au premier alinéa du présent article.
Le ministre détermine dans quelles limites et sous quelles conditions les prescriptions nouvelles sont appliquées aux établissements en cours d'exploitation.

Art. R.123-13 - Certains établissements peuvent, en raison de leur conception ou de leur disposition particulière, donner lieu à des prescriptions exceptionnelles soit en aggravation, soit en atténuation, dans ce dernier cas, des mesures spéciales destinées à compenser les atténuations aux règles de sécurité auxquelles il aura été dérogé peuvent être imposées.
Des mesures spéciales destinées à assurer la sécurité des voisins peuvent également être imposées.
Ces prescriptions et ces mesures sont décidées soit par l'autorité chargée de la délivrance du permis de construire lorsque la décision est prise au moment de cette délivrance, soit par l'autorité de police dans les autres cas ; elles sont prises après avis de la commission de sécurité compétente mentionnée aux articles R.123-34 et R.123-38.
Toutefois, les atténuations aux dispositions du règlement de sécurité ne peuvent être décidées que sur avis conforme de la commission consultative départementale de la protection civile.

Art. R.123-14 - Les établissements dans lesquels l'effectif du public n'atteint pas le chiffre fixé par le règlement de sécurité pour chaque type d'établissement sont assujettis à des dispositions particulières déterminées dans le règlement de sécurité.
Le maire, après consultation de la commission de sécurité compétente, peut faire procéder à des visites de contrôle dans les conditions fixées aux articles R.123-45 et R.123-48 à R.123-50 afin de vérifier si les règles de sécurité sont respectées.

Art. R.123-15 - Les établissements recevant de personnes de droit public qui n'ont pas le caractère d'établissements publics à caractère industriel ou commercial sont soumis aux dispositions du présent chapitre et du règlement de sécurité dans les conditions définies au présent article et aux articles R.123-16 et R.123-17.
Tous les projets de construction sont soumis à l'avis de la commission de sécurité compétente.
Dans le cas d'utilisation de procédés de construction destinés à être répétés, lorsque les projets de base doivent être acceptés ou agréés par le ministre intéressé, ils doivent être en outre soumis à l'avis de la Commission centrale de sécurité. Les projets définitifs particuliers à un établissement déterminé sont alors examinés par la commission de sécurité compétente qui prend acte de l'autorisation préalablement intervenue en ce qui concerne les procédés en question et constate la conformité avec le projet de base.

Art. R.123-16 - Des arrêtés du ministre de l'Intérieur et des ministres intéressés établissent la liste des établissements dépendant de personnes de droit public où l'application des dispositions destinées à garantir la sécurité contre les risques d'incendie et de panique est assurée sous la responsabilité de fonctionnaires ou agents spécialement désignés.

Ces arrêtés désignent en même temps et pour chaque type d'établissement les catégories de fonctionnaires ou agents responsables respectivement pendant la période de construction et jusqu'à l'ouverture, et en cours d'exploitation.
Pendant la construction, et indépendamment des responsabilités qui incombent aux promoteurs et constructeurs, le responsable désigné veille, pendant toute la durée d'exécution des travaux, à la bonne exécution des prescriptions de sécurité arrêtées après avis de la commission de sécurité. Lors de la réception des travaux et avec le concours et l'avis des membres de la commission de sécurité, il s'assure que ces prescriptions ont été respectées, il fait toutes propositions utiles à l'autorité compétente en ce qui concerne l'ouverture éventuelle de l'établissement.
En cours d'exploitation, le responsable désigné prend ou propose, selon l'étendue de ses compétences administratives, les mesures de sécurité nécessaires et fait visiter l'établissement par la commission de sécurité selon la périodicité prévue par le règlement de sécurité. Les procès-verbaux de visite lui sont remis, ils sont remis également au chef de service compétent de chaque administration. Il appartient à chacun d'eux de prendre toutes mesures d'urgence et d'en référer à l'autorité compétente. Un exemplaire du procès-verbal est transmis au maire de la commune intéressée.
Le préfet établit, en exécution des arrêtés prévus au premier alinéa du présent article et des instructions complémentaires éventuellement données au chef de service compétent, la liste des fonctionnaires chargés de suivre l'application des dispositions réglementaires.

Art. R.123-17 - Les ministres intéressés et le ministre de l'Intérieur fixent, après consultation de la Commission centrale, les règles de sécurité et les modalités de contrôle applicables :
- aux locaux qui, étant situés sur le domaine public du chemin de fer, sont rigoureusement indispensables à l'exploitation de celui-ci ;
- aux établissements pénitentiaires ;
- aux établissements militaires désignés par arrêté du ministre de l'Intérieur et du ministre des Armées.

Art. R.123-18 - Les établissements, répartis en types selon la nature de leur exploitation, sont soumis aux dispositions générales communes et aux dispositions particulières qui leur sont propres.

Art. R.123-19 - Les établissements sont, en outre, quel que soit leur type, classés en catégories, d'après l'effectif du public et du personnel. L'effectif du public est déterminé, suivant le cas, d'après le nombre de places assises, la surface réservée au public, la déclaration contrôlée du chef de l'établissement ou d'après l'ensemble de ces indications.
Les règles de calcul à appliquer sont précisées, suivant la nature de chaque établissement, par le règlement de sécurité.
Pour l'application des règles de sécurité, il y a lieu de majorer l'effectif du public de celui du personnel n'occupant pas des locaux indépendants qui posséderaient leurs propres dégagements.
Les catégories sont les suivantes :
- 1re catégorie, au-dessus de 1 500 personnes ;
- 2e catégorie, de 701 à 1 500 personnes ;
- 3e catégorie, de 301 à 700 personnes ;
- 4e catégorie, 300 personnes et au-dessous, à l'exception des établissements compris dans la 5e catégorie ;
- 5e catégorie, établissements faisant l'objet de l'article R.123-14 dans lesquels l'effectif du public n'atteint pas le chiffre minimum fixé par le règlement de sécurité pour chaque type d'exploitation.

Art. R.123-20 - Les établissements recevant du public qui ne correspondent à aucun des types définis par le règlement de sécurité sont néanmoins assujettis aux prescriptions du présent chapitre.
Les mesures de sécurité à y appliquer sont précisées, après avis de la commission de sécurité compétente, en tenant compte de celles qui sont imposées aux types d'établissements dont la nature d'exploitation se rapproche le plus de celle qui est envisagée.

Art. R.123-21 - La répartition en types d'établissements prévue à l'article R.123-18 ne s'oppose pas à l'existence, dans un même bâtiment, de plusieurs exploitations de types divers ou de types similaires dont chacune, prise isolément, ne répondrait pas aux conditions d'implantation et d'isolement prescrites au règlement de sécurité. Ce groupement ne doit toutefois être autorisé que si les exploitations sont placées sous une direction unique responsable auprès des autorités publiques des demandes d'autorisation et de l'observation des conditions de sécurité tant pour l'ensemble des exploitations que pour chacune d'entre elles.
Ce groupement doit faire l'objet d'un examen spécial de la commission de sécurité compétente qui, selon la catégorie, le type et la situation de chacune des exploitations composant le groupement, détermine les dangers que présente pour le public l'ensemble de l'établissement et propose les mesures de sécurité jugées nécessaires.

Tout changement dans l'organisation de la direction, qu'il s'agisse ou non d'un démembrement de l'exploitation, doit faire l'objet d'une déclaration au maire qui impose, après avis de la commission de sécurité compétente, les mesures complémentaires rendues éventuellement nécessaires par les modifications qui résultent de cette nouvelle situation.

Art. R.123-22 - (Décret n° 2007-1327 du 11 septembre 2007) Le dossier permettant de vérifier la conformité d'un établissement recevant du public avec les règles de sécurité, prévu par le b de l'article R.111-19-17, comprend les pièces suivantes :
1° Une notice descriptive précisant les matériaux utilisés tant pour le gros œuvre que pour la décoration et les aménagements intérieurs ;
2° Un ou plusieurs plans indiquant les largeurs des passages affectés à la circulation du public, tels que dégagements, escaliers, sorties. Ce ou ces plans comportent des renseignements sommaires ou des tracés schématiques concernant :
a) Les organes généraux de production et de distribution d'électricité haute et basse tension ;
b) L'emplacement des compteurs de gaz et le cheminement des canalisations générales d'alimentation ;
c) L'emplacement des chaufferies, leurs dimensions, leurs caractéristiques principales compte tenu de l'encombrement des chaudières ; l'emplacement des conduits d'évacuation des produits de combustion, d'amenée de l'air frais, d'évacuation des gaz viciés ; l'emplacement et les dimensions des locaux destinés au stockage du combustible et le cheminement de ce combustible depuis la voie publique ;
d) Les moyens particuliers de défense et de secours contre l'incendie.
Ces plans et tracés de même que leur présentation doivent être conformes aux normes en vigueur.
Un arrêté du ministre chargé de la Sécurité civile précise, en tant que de besoin, le contenu des documents.

Art. R.123-27 - Le maire assure, en ce qui le concerne, l'exécution des dispositions du présent chapitre.

Art. R.123-28 - Le préfet peut prendre, pour toutes les communes du département ou pour plusieurs d'entre elles, ainsi que dans tous les cas où il n'y est pas pourvu par les autorités municipales, toutes mesures relatives à la sécurité dans les établissements recevant du public.
Ce droit n'est exercé à l'égard des établissements d'une seule commune ou à l'égard d'un seul établissement qu'après qu'une mise en demeure adressée au maire est restée sans résultat.

Art. R.123-29 - Il est créé auprès du ministre de l'Intérieur une Commission centrale de sécurité.
Cette commission, dont les membres sont nommés par arrêté du ministre de l'Intérieur, comprend :
- des membres permanents, à savoir :
  * quatre représentants du ministre de l'Intérieur,
  * deux représentants du ministre chargé de la Construction et de l'Habitation,
  * un représentant de chacun des ministres chargés respectivement de l'Éducation, de la Culture, des Installations classées, de l'Industrie, du Commerce et de l'Artisanat, de la Santé, du Travail, de l'Information, de la Jeunesse et des Sports, du Tourisme.
  * le préfet de Paris,
  * le préfet de police,
  * deux préfets désignés par le ministre de l'Intérieur,
  * deux maires désignés par le ministre de l'Intérieur,
  * deux conseillers généraux désignés par le ministre de l'Intérieur,
  * le général commandant la brigade de sapeurs-pompiers de Paris,
  * l'architecte en chef et le directeur du Laboratoire central de la préfecture de police,
  * l'ingénieur général, chef du service technique des travaux neufs, l'ingénieur général, chef du service des bâtiments, et l'architecte général de la Ville de Paris,
  * le président de la Fédération nationale des sapeurs pompiers,
  * un représentant de l'Union technique de l'électricité,
  * un représentant de l'Association technique du Gaz de France,
  * cinq membres désignés par le ministre de l'Intérieur en raison de leur compétence ;
- des membres qui ne sont appelés à siéger que pour les affaires de leur compétence, à savoir :
  * le directeur général du Centre national de la cinématographie,
  * deux représentants des exploitants des établissements de spectacles,
  * deux représentants des exploitants des autres établissements,
  * deux représentants du personnel des établissements de spectacles,
  * deux représentants du personnel des autres établissements,
  * un représentant de l'Institut national de la consommation,
  * le cas échéant, tout représentant des ministres qui ne sont pas désignés ci-dessus.

Art. R.123-30 - La Commission centrale de sécurité est présidée par le ministre de l'Intérieur ou un de ses représentants.
La durée du mandat des membres qui ne sont pas désignés ès qualités est de trois ans. En cas de décès ou de démission de l'un d'entre eux en cours de mandat, son remplaçant est désigné pour la durée du mandat qui reste à courir.
Tout membre désigné pour siéger au sein de la Commission peut, en cas d'empêchement, se faire remplacer.
Le secrétariat de la Commission est assuré par un agent de la direction de la sécurité civile.

Art. R.123-31 - (Décret n° 2006-665 du 7 juin 2006) La commission centrale de sécurité est appelée à donner son avis sur toutes les questions relatives à la protection contre l'incendie et la panique dans les établissements soumis aux chapitres II et III du titre II du livre Ier ainsi que sur toutes les questions que le ministre de l'Intérieur soumet à son examen.
Elle est obligatoirement consultée sur les projets de modification du règlement de sécurité ainsi que dans le cas prévu au troisième alinéa de l'article R.123-15.

Art. R.123-32 - Le ministre de l'Intérieur, après avis de la Commission centrale de sécurité, peut constituer au sein de cette commission une sous-commission permanente et des sous-commissions techniques dont il fixe les attributions.
Ces sous-commissions peuvent recevoir des délégations de la Commission centrale.

Art. R.123-33 - La Commission centrale et les sous-commissions peuvent s'adjoindre pour leurs travaux, en tant que de besoin et à titre consultatif, toute personne qualifiée par sa compétence.
La Commission et les sous-commissions sont convoquées à l'initiative du ministre de l'Intérieur.

Art. R.123-34 - La commission de sécurité compétente à l'échelon du département est la commission consultative départementale de la protection civile instituée parle décret n° 65-1048 du 2 décembre 1965, modifié par le décret n° 70-818 du 10 septembre 1970.

Art. R.123-35 - La commission consultative départementale de la protection civile est l'organe technique d'étude, de contrôle et d'information du préfet et du maire. Elle assiste ces derniers dans l'application des mesures de police et de surveillance qu'ils sont appelés à prendre en vue d'assurer la protection contre l'incendie et la panique dans les établissements soumis au présent chapitre.
Elle est chargée notamment :
- d'examiner les projets de construction, d'extension, d'aménagement et de transformation des établissements, que l'exécution des projets soit ou ne soit pas subordonnée à la délivrance d'un permis de construire ;
- de procéder aux visites de réception, prévues à l'article R.123-45, desdits établissements et de donner son avis sur la délivrance du certificat de conformité prévu par l'article L.460-2 du Code de l'urbanisme et sur la délivrance de l'autorisation d'ouverture des établissements ;
- de procéder, soit de sa propre initiative, soit à la demande du maire ou du préfet, à des contrôles périodiques ou inopinés sur l'observation des dispositions réglementaires.

Art. R.123-36 - La commission consultative départementale de la protection civile est seule compétente pour donner un avis se rapportant aux établissements classés dans la 1re catégorie prévue à l'article R.123-19.
Elle examine toutes questions et demandes d'avis présentées par les maires ou par les commissions d'arrondissement ou les commissions communales ou intercommunales.
En cas d'avis défavorable donné par ces commissions, les exploitants peuvent demander que la question soit soumise à la commission départementale. La commission départementale propose au préfet le renvoi au ministre de l'Intérieur des dossiers pour lesquels il apparaît opportun de demander l'avis de la Commission centrale de sécurité.

Art. R.123-37 - Après avis de la commission consultative départementale de la protection civile, le préfet peut constituer des sous-commissions dont il fixe la compétence et charger certains membres de la visite des établissements assujettis au présent chapitre.

Art. R.123-38 - Après avis de la commission consultative départementale de la protection civile, le préfet peut créer des commissions de sécurité d'arrondissement et, en cas de besoins et après consultation des maires, des commissions communales et intercommunales.
Il en fixe la composition.

Art. R.123-39 - Le préfet fixe les attributions et les circonscriptions des commissions de sécurité mentionnées à l'article R.123-38. Il peut notamment, sauf dans les cas prévus à l'article R.123-36, charger ces commissions d'étudier, au lieu et place de la commission consultative départementale de la protection civile, certaines catégories d'affaires qui relèvent normalement de la compétence de cette dernière.

Art. R.123-40 - La commission d'arrondissement est présidée par le sous-préfet. La commission communale ou intercommunale est présidée soit par le maire de la commune où elle a son siège, soit, si sa compétence s'étend sur toute la circonscription d'une communauté urbaine ou d'un district urbain, par le président de la communauté ou district, soit, si sa compétence est celle d'un syndicat intercommunal à vocations multiples, par le président de ce syndicat.

Art. R.123-41 - Les commissions se réunissent sur convocation de leur président ou à la demande du préfet.
Lorsqu'il ne préside pas la commission, chaque maire assiste de droit, avec voix délibérative, à la réunion où il est procédé à l'examen des affaires concernant des établissements situés dans sa commune.
Les représentants des administrations intéressées ainsi qu'une ou plusieurs personnes qualifiées par leur compétence peuvent être désignés pour siéger à la commission d'arrondissement, à la commission communale ou intercommunale de sécurité avec voix consultative.
Le secrétariat est assuré selon le cas par un fonctionnaire ou un agent de la sous-préfecture, de la commune ou de l'établissement public.

Art. R.123-42 - Les membres permanents de la Commission centrale de sécurité dûment accrédités par le ministre de l'Intérieur ont accès à toute heure dans chaque établissement soumis à la présente réglementation.
Les membres permanents de la commission consultative départementale de la protection civile, des commissions de sécurité d'arrondissement et des commissions communales et intercommunales de sécurité, ou leurs représentants dûment mandatés, ont accès dans les établissements qu'ils sont appelés à visiter sur présentation d'une commission délivrée à cet effet par le préfet.

Art. R.123-43 - Les constructeurs, installateurs et exploitants sont tenus, chacun en ce qui le concerne, de s'assurer que les installations ou équipements sont établis, maintenus et entretenus en conformité avec les dispositions de la présente réglementation. À cet effet, ils font respectivement procéder pendant la construction et périodiquement en cours d'exploitation aux vérifications nécessaires par des organismes ou personnes agréés dans les conditions fixées par arrêté du ministre de l'Intérieur et des ministres intéressés. Le contrôle exercé par l'administration ou par les commissions de sécurité ne les dégage pas des responsabilités qui leur incombent personnellement.

Art. R.123-44 - Les procès-verbaux et comptes rendus des vérifications prévues à l'article précédent sont tenus à la disposition des membres des commissions de sécurité. Ils sont communiqués au maire.
Le maire, après avis de la commission de sécurité compétente, peut imposer des essais et vérifications supplémentaires.

Art. R.123-45 - Au cours de la construction ou des travaux d'aménagement, des visites peuvent être faites sur place par la commission de sécurité compétente.
Avant toute ouverture des établissements au public ainsi qu'avant la réouverture des établissements fermés pendant plus de dix mois, il est procédé à une visite de réception par la commission. Celle-ci propose les modifications de détail qu'elle tient pour nécessaires.
(Décret n° 2007-1177 du 3 août 2007) Au cours de la construction ou des travaux d'aménagement, des visites peuvent être faites sur place par la commission de sécurité compétente.
Avant toute ouverture des établissements au public ainsi qu'avant la réouverture des établissements fermés pendant plus de dix mois, il est procédé à une visite de réception par la commission. Celle-ci propose les modifications de détail qu'elle tient pour nécessaires. Lorsque le projet a fait l'objet d'une étude de sécurité publique en application de l'article R.111-48 du Code de l'urbanisme, un représentant au moins de la sous-commission départementale pour la sécurité publique de la commission consultative départementale de sécurité et d'accessibilité participe à la visite de réception.
(Décret n° 2004-1141 du 27 octobre 2004) L'exploitant demande au maire l'autorisation d'ouverture, sauf dans le cas des établissements visés au premier alinéa de l'article R.123-14 qui ne comportent pas de locaux d'hébergement pour le public.

Art. R.123-46 - Le maire autorise l'ouverture par arrêté pris après avis de la commission.
Cet arrêté est notifié directement à l'exploitant soit par voie administrative, soit par lettre recommandée avec demande d'avis de réception ; une ampliation en est transmise au préfet.

Art. R.123-47 - La liste des établissements soumis aux dispositions du présent chapitre est établie et mise à jour chaque année par le préfet après avis de la commission consultative départementale de la protection civile.

Art. R.123-48
Ces établissements doivent faire l'objet, dans les conditions fixées au règlement de sécurité, de visites périodiques de contrôle et de visites inopinées effectuées par la commission de sécurité compétente.
Ces visites ont pour but notamment :
- de vérifier si les prescriptions du présent chapitre ou les arrêtés du représentant de l'État dans le département ou du maire pris en vue de son application sont observés et, notamment, si tous les appareils de secours contre l'incendie ainsi que les appareils d'éclairage de sécurité fonctionnent normalement ;

Décret n° 2009-1119 du 16 septembre 2009
« - de vérifier l'application des dispositions permettant l'évacuation des personnes en situation de handicap ; ».
- de s'assurer que les vérifications prévues à l'article R.123-43 ont été effectuées ;
- de suggérer les améliorations ou modifications qu'il y a lieu d'apporter aux dispositions et à l'aménagement desdits établissements dans le cadre de la présente réglementation ;
- d'étudier dans chaque cas d'espèce les mesures d'adaptation qu'il y a lieu d'apporter éventuellement aux établissements existants.

Note : les modifications apportées par le décret n° 2009-1119 du 16 septembre 2009 sont applicables aux demandes de permis de construire et aux demandes d'autorisations déposées à compter du premier jour du quatrième mois suivant la publication du présent décret (soit le 1er janvier 2010).

Art. R.123-49 - Les exploitants sont tenus d'assister à la visite de leur établissement ou de s'y faire représenter par une personne qualifiée.
À l'issue de chaque visite, il est dressé un procès-verbal. Le maire notifie le résultat de ces visites et sa décision aux exploitants soit par la voie administrative, soit par lettre recommandée avec accusé de réception.

Art. R.123-50 - Les services de police et de gendarmerie peuvent, pendant les heures d'ouverture, vérifier la régularité de la situation administrative des établissements recevant du public et relever les infractions aux règles de sécurité.

Art. R.123-51 - Dans les établissements soumis aux prescriptions du présent chapitre, il doit être tenu un registre de sécurité sur lequel sont reportés les renseignements indispensables à la bonne marche du service de sécurité et, en particulier :
- l'état du personnel chargé du service d'incendie ;
- les diverses consignes, générales et particulières, établies en cas d'incendie ;
- les dates des divers contrôles et vérifications ainsi que les observations auxquelles ceux-ci dont donné lieu ;
- les dates des travaux d'aménagement et de transformation, leur nature, les noms du ou des entrepreneurs et, s'il y a lieu, de l'architecte ou du technicien chargés de surveiller les travaux.

Art. R.123-53 - Le préfet de police et les préfets des départements des Hauts-de-Seine, de la Seine-Saint-Denis et du Val-de-Marne fixent, chacun en ce qui le concerne, la composition et les modalités de fonctionnement des commissions de sécurité.

Art. R.123-54 - Les établissements existants qui sont établis et fonctionnent en conformité avec les dispositions des décrets, abrogés par le décret n° 73-1007 du 31 octobre 1973, ainsi que les projets de construction ou de mise en conformité déposés et acceptés par le maire avant le 1er mars 1974 sont réputés satisfaire aux prescriptions réglementaires.

Art. R.123-55 - Les établissements existants qui n'étaient pas assujettis à la réglementation antérieure ou qui ne répondaient pas aux dispositions de cette réglementation sont soumis aux prescriptions du présent chapitre, compte tenu des dispositions figurant à ce sujet dans le règlement de sécurité. Toutefois, lorsque l'application de cette réglementation entraîne des transformations immobilières importantes, ces transformations ne peuvent être imposées que s'il y a danger grave pour la sécurité du public.

Annexe IV :

Décret n° 95-260 du 8 mars 1995

modifié par le décret n° 2006-1089 du 30 août 2006

Commission consultative départementale de sécurité et d'accessibilité

Le Premier ministre,

Sur le rapport du ministre d'État, ministre des Affaires sociales, de la Santé et de la Ville, du ministre d'État, ministre de l'Intérieur et de l'Aménagement du territoire, du ministre d'État, ministre de la Défense, du ministre de l'Équipement, des Transports et du Tourisme, du ministre du Travail, de l'Emploi et de la Formation professionnelle, du ministre de l'Agriculture et de la Pêche, du ministre de l'Environnement, du ministre du Logement, du ministre des Départements et Territoires d'outre-mer, du ministre de la Jeunesse et des Sports et du ministre délégué à l'Aménagement du territoire et aux Collectivités locales,
Vu le Code des communes,
Vu le Code de l'urbanisme,
Vu le Code de la construction et de l'habituation,
Vu le Code du travail, notamment son article R.235-4-17,
Vu le Code forestier, notamment son article R.321-6,
Vu la loi n° 84- 610 du 16 juillet 1984 modifiée relative à l'organisation et à la promotion des activités physiques et sportives, notamment son article 42-1,
Vu la loi n° 87-565 du 22 juillet 1987 modifiée relative à l'organisation de la sécurité civile, à la protection de la forêt contre l'incendie et la prévention des risques majeurs,
Vu la loi n° 91-663 du 13 juillet 1991 portant diverses mesures destinées à favoriser l'accessibilité aux personnes handicapées des locaux d'habitation, des lieux de travail et des installations recevant du public,
Vu le décret n° 78-1167 du 9 décembre 1978 fixant les mesures destinées, à rendre accessibles aux personnes handicapées les installations ouvertes au public,
Vu le décret n° 82-389 du 10 mai 1982 modifié relatif aux pouvoirs des préfets et à l'action des services et organismes publics de l'État dans les départements,
Vu le décret n° 88-623 du 6 mai 1988 modifié relatif à l'organisation générale des services d'incendie et de secours,
Vu le décret n° 93-711 du 27 mars 1993 pris pour l'application de l'article 42-1 de la loi n° 84-610 du 16 juillet 1984 modifiée relative à l'organisation et à la promotion des activités physiques et sportives,
Vu le décret n° 94-86 du 26 janvier 1994 relatif à l'accessibilité aux personnes handicapées des locaux d'habitation, des établissements et installations recevant du public, modifiant et complétant le Code de la construction et de l'habitation et le Code de l'urbanisme,
Vu le décret n° 94-61 du 13 juillet 1994 relatif aux prescriptions permettant d'assurer la sécurité des occupants des terrains de camping et de stationnement des caravanes soumis à un risque naturel ou technologique prévisible.

Décrète :

Titre I -
Des commissions consultatives de sécurité et d'accessibilité

Art. 1er - Dans chaque département, une commission consultative départementale de sécurité et d'accessibilité est instituée par arrêté préfectoral.
Le préfet peut en outre, créer :
- des sous-commissions spécialisées ;
- des commissions d'arrondissement ;
- des commissions communales ou intercommunales.

Titre II -
De la commission consultative départementale de sécurité et d'accessibilité

Chapitre I -
Des attributions de la commission consultative départementale de sécurité et d'accessibilité

Art. 2 - La commission consultative départementale de sécurité et d'accessibilité est l'organisme compétent, à l'échelon du département, pour donner des avis à l'autorité investie du pouvoir de police.

Ces avis ne lient pas l'autorité de police, sauf dans le cas où des dispositions réglementaires prévoient un avis conforme.

La commission consultative départementale de sécurité et d'accessibilité exerce sa mission dans les domaines suivants et dans les conditions où sa consultation est imposée par les lois et règlements en vigueur, à savoir :

1. La sécurité contre les risques d'incendie et de panique dans les établissements recevant du public et les immeubles de grande hauteur, conformément aux dispositions des articles R.122-19 à R.122-29 et R.123-1 à R.123-55 du Code de la construction et de l'habitation.

2. L'accessibilité aux personnes handicapées :
- Les dérogations aux dispositions relatives à l'accessibilité aux personnes handicapées des logements, conformément aux dispositions des articles R.111-18-3, R.111-18-7 et R.111-18-10 du Code de la construction et de l'habitation.
- Les dispositions relatives à l'accessibilité aux personnes handicapées des établissements recevant du public et les dérogations à ces dispositions dans les établissements et installations recevant du public, conformément aux dispositions des articles R.111-19-6, R.111-19-10, R.111-19-16, R.111-19-19 et R.111-19-20 du Code de la construction et de l'habitation.

La commission consultative départementale pour la sécurité et l'accessibilité transmet annuellement un rapport de ses activités au conseil départemental consultatif des personnes handicapées.

3. Les dérogations aux règles de prévention d'incendie et d'évacuation des lieux de travail visées à l'article R.235-4-17 du Code du travail.

4. La protection des forêts contre les risques d'incendie visés à l'article R.321-6 du Code forestier.

5. L'homologation des enceintes destinées à recevoir des manifestations sportives prévue à l'article 42-1 de la loi du 16 juillet 1984 modifiée susvisée.

6. Les prescriptions d'information, d'alerte et d'évacuation permettant d'assurer la sécurité des occupants des terrains de camping et de stationnement de caravanes conformément aux dispositions de l'article 3 du décret du 13 juillet 1994 susvisé.

La commission examine la conformité à la réglementation des dossiers techniques amiante prévus aux articles R.1334-25 et R.1334-26 du Code de la santé publique pour les immeubles de grande hauteur mentionnés à l'article R.122-2 du Code de la construction et de l'habitation et pour les établissements recevant du public définis à l'article R.123-2 de ce même Code classés en 1re et 2e catégories.

Art. 3 - Le préfet peut consulter la commission :

a) sur toutes questions relatives à la sécurité civile. notamment dans les domaines suivants :
- la prévention et la prévision des risques de toute nature,
- l'élaboration du plan Orsec ou des plans d'urgence,
- les mesures prévues pour la sécurité du public et l'organisation des secours lors des grands rassemblements ;

b) sur les aménagements destinés à rendre accessibles aux personnes handicapées les installations ouvertes au public et la voirie.

Art. 4 - La commission de sécurité n'a pas compétence en matière de solidité. Elle ne peut rendre un avis dans les domaines mentionnés à l'article 2 que lorsque les contrôles techniques obligatoires selon les lois et règlements en vigueur ont été effectués, et que les conclusions de ceux-ci lui ont été communiquées.

Chapitre II -
De la composition de la commission consultative départementale de sécurité et d'accessibilité

Art. 5 - Le préfet préside la commission consultative départementale de sécurité et d'accessibilité. Il peut se faire représenter par un autre membre du corps préfectoral ou par le directeur des services du cabinet.

Art. 6 - Sont membres de la commission avec voix délibérative :
1. pour toutes les attributions de la commission :
a) dix représentants des services de l'état :
- le directeur départemental des affaires sanitaires et sociales,
- le chef du service interministériel de défense et de protection civile,
- le directeur départemental de la sécurité publique,
- le commandant du groupement de gendarmerie départementale,
- le directeur régional de l'industrie, de la recherche et de l'environnement,
- le directeur départemental de la consommation, de la concurrence et de la répression des fraudes,
- le directeur départemental de l'équipement,
- le directeur départemental de l'agriculture et de la forêt,
- le directeur régional de l'environnement,
- le directeur départemental de la jeunesse, des sports et des loisirs ;
b) Le directeur départemental des services d'incendie et de secours ;
c) Trois conseillers généraux et trois maires ;
2. en fonction des affaires traitées :
- le maire de la commune concernée ou l'adjoint désigné par lui,
- le président de l'établissement public de coopération intercommunale qui est compétent pour le dossier inscrit ;

3. en ce qui concerne les établissements recevant du public et les immeubles à grande hauteur :
- un représentant de la profession d'architecte ;
4. en ce qui concerne l'accessibilité aux personnes handicapées : quatre représentants des associations de personnes handicapées du département et, en fonction des affaires traitées :
- trois représentants des propriétaires et gestionnaires de logements ;
- trois représentants des propriétaires et exploitants d'établissements recevant du public ;
- trois représentants des maîtres d'ouvrage et gestionnaires de voirie ou d'espaces publics.
5. en ce qui concerne l'homologation des enceintes sportives destinées à recevoir des manifestations sportives ouvertes au public :
- le représentant du comité départemental olympique et sportif,
- un représentant de chaque fédération sportive concernée,
- un représentant de l'organisme professionnel de qualification en matière de réalisations de sports et de loisirs ;
6. en ce qui concerne la protection des forêts contre les risques d'incendie :
- un représentant de l'Office national des forêts,
- un représentant des comités communaux des feux de forêts,
- un représentant des propriétaires forestiers non soumis au régime forestier ;
7. en ce qui concerne la sécurité des occupants des terrains de camping et des stationnements de caravanes :
- un représentant des exploitants.

Art. 7 - La commission consultative départementale de sécurité et d'accessibilité ne délibère valablement que si les trois conditions suivantes sont réunies :
- présence des membres concernés par l'ordre du jour, mentionnés à l'article 6 (1er a et b) ;
- présence de la moitié au moins des membres prévus à l'article 6 (1er a et b) ;
- présence du maire de la commune concernée ou de l'adjoint désigné par lui.

Art. 8 - Le préfet nomme par arrêté les membres de la commission consultative départementale de sécurité et d'accessibilité ainsi que leurs suppléants, à l'exception des conseillers généraux, désignés par le conseil général, et des maires, désignés par l'association des maires du département ou, à défaut, par le collège des maires.
Les représentants des services de l'État ou les fonctionnaires territoriaux titulaires, ou leurs suppléants, doivent être de catégorie A ou du grade d'officier.

Art. 9 - Le secrétariat de la commission est assuré par le service interministériel de défense et de protection civile.

Titre III -
Des sous-commissions spécialisées de la commission consultative départementale de sécurité et d'accessibilité

Art. 10 - Le préfet peut, après avis de la commission consultative départementale de sécurité et d'accessibilité, créer au sein de celle-ci :

- une sous-commission départementale pour la sécurité contre les risques d'incendie et de panique dans les établissements recevant du public et les immeubles de grande hauteur ;
- une sous-commission départementale pour l'accessibilité aux personnes handicapées ;
- une sous-commission départementale pour l'homologation des enceintes sportives ;
- une sous-commission départementale pour la sécurité des occupants des terrains de camping et de stationnement de caravanes ;
- une sous-commission départementale pour la sécurité contre les risques d'incendie de forêt, lande, maquis et garrigue ;

Les avis de ces sous-commissions ont valeur d'avis de la commission consultative départementale de sécurité et d'accessibilité.

Art. 11 - Les attributions relatives à la sécurité contre les risques d'incendie et de panique dans les établissements recevant du public et les immeubles de grande hauteur, l'accessibilité des personnes handicapées, l'homologation des enceintes sportives, la sécurité des terrains de camping et de stationnement de caravanes et la sécurité contre les risques d'incendie de forêt, lande, maquis et garrigue, sont exercées en séance plénière ou en sous-commission spécialisée au choix du préfet.

La commission statue en séance plénière pour toutes les autres attributions.

Art. 12 - En cas d'absence des représentants des services de l'État ou des fonctionnaires territoriaux membres des sous-commissions ou de leurs suppléants, du maire de la commune concernée ou de l'adjoint désigné par lui, ou, faute de leur avis écrit motivé, la sous-commission ne peut délibérer.

Cette disposition ne s'applique pas à la sous-commission pour l'accessibilité des personnes handicapées.

Chapitre I -
De la sous-commission départementale pour la sécurité contre les risques d'incendie et de panique dans les établissements recevant du public et les immeubles de grande hauteur

Art. 13 - La sous-commission départementale pour la sécurité contre les risques d'incendie et de panique dans les établissements recevant du public et les immeubles de grande hauteur est présidée par un membre du corps préfectoral, par le directeur des services du cabinet ou par l'un des membres titulaires prévus au 1 du présent article.

1. Sont membres, avec voix délibérative pour tous les établissements recevant du public et les immeubles de grande hauteur, les personnes énumérées ci-après ou leurs suppléants :

- le chef de service interministériel de défense et de protection civile ;
- le directeur départemental de la sécurité publique ou le commandant du groupement de gendarmerie départemental selon les zones de compétence ;
- le directeur départemental de l'équipement ;
- le directeur départemental des services d'incendie et de secours.

2. Sont membres avec voix délibérative en fonction des affaires traitées :

- le maire de la commune concernée ou l'adjoint désigné par lui ;
- les autres représentants des services de l'État, membres de la commission consultative départementale de sécurité et d'accessibilité, non mentionnés au 1, mais dont la présence s'avère nécessaire pour l'examen des dossiers inscrits à l'ordre du jour.

Art. 14 - Le secrétariat de la sous-commission est assuré par le directeur départemental des services d'incendie et de secours.

Chapitre II -
De la sous-commission départementale pour l'accessibilité des personnes handicapées

Art. 15 - La sous-commission départementale pour l'accessibilité des personnes handicapées est composée :
- d'un membre du corps préfectoral ou du directeur des services du cabinet, président de la sous-commission, avec voix délibérative et prépondérante pour toutes les affaires ; il peut se faire représenter par un membre désigné au 2 du présent article qui dispose alors de sa voix ;
- du directeur départemental des affaires sanitaires et sociales et du directeur départemental de l'équipement, avec voix délibérative sur toutes les affaires ;
- de quatre représentants des associations de personnes handicapées du département, avec voix délibérative sur toutes les affaires ;
- pour les dossiers de bâtiments d'habitation et avec voix délibérative, de trois représentants des propriétaires et gestionnaires de logements ;
- pour les dossiers d'établissements recevant du public et d'installations ouvertes au public et avec voix délibérative, de trois représentants des propriétaires et exploitants d'établissements recevant du public ;
- pour les dossiers de voirie et d'aménagements des espaces publics et avec voix délibérative, de trois représentants des maîtres d'ouvrage et gestionnaires de voirie ou d'espaces publics ;
- du maire de la commune concernée ou de l'un de ses représentants, avec voix délibérative ;
- avec voix consultative, du chef du service départemental de l'architecture et du patrimoine ou des autres représentants des services de l'État, membres de la commission consultative départementale de sécurité et d'accessibilité, non mentionnés au 2, mais dont la présence s'avère nécessaire pour l'examen des dossiers inscrits à l'ordre du jour.

Chaque membre peut se faire représenter par un suppléant appartenant à la même catégorie de représentant.

Art. 16 - Le préfet désigne par arrêté le directeur départemental de l'équipement Ou le directeur départemental des affaires sanitaires et sociales pour assurer le secrétariat.

Chapitre III -
De la sous-commission départementale pour l'homologation des enceintes sportives

Art. 17 - La sous-commission pour l'homologation des enceintes sportives est présidée par un membre du corps préfectoral, par le directeur des services du cabinet ou par un membre titulaire de la sous-commission désigné au 1 du présent article.

1. Sont membres, avec voix délibérative pour toutes les attributions, les personnes désignées ci-après ou leurs suppléants :
- le directeur départemental des affaires sanitaires et sociales ;
- le chef du service interministériel de défense et de protection civile ;
- le directeur départemental de la sécurité publique ou le commandant du groupement de gendarmerie départemental selon les zones de compétence ;
- le directeur départemental de l'équipement ;
- le directeur départemental de la jeunesse, des sports et des loisirs ;
- le directeur départemental des services d'incendie et de secours.

2. Est membre avec voix délibérative en fonction des affaires traitées :
- le maire de la commune concernée ou l'adjoint désigné par lui.

3. Sont membres à titre consultatif en fonction des affaires traitées :
- le représentant du comité départemental olympique et sportif ;
- le représentant des fédérations sportives concernées ;
- le représentant de l'organisme professionnel de qualification en matière de réalisation de sports et de loisirs et le propriétaire de l'enceinte sportive ;
- les représentants des associations des personnes handicapées du département dans la limite de trois membres.

Art. 18 - Le secrétariat de la sous-commission est assuré par le directeur départemental de la jeunesse, des sports et des loisirs.

Chapitre IV - De la sous-commission départementale pour la sécurité des terrains de camping et de stationnement de caravanes

Art. 19 - La sous-commission pour la sécurité des terrains de camping et de stationnement de caravanes est présidée par un membre du corps préfectoral, par le directeur des services du cabinet ou par un membre titulaire de la sous-commission désigné au 1 du présent article.

1. Sont membres, avec voix délibérative pour toutes les attributions, les personnes désignées ci-après ou leurs suppléants :

- le chef du service interministériel de défense et de protection civile ;
- le directeur départemental de la sécurité publique ou le commandant du groupement de gendarmerie départemental selon les zones de compétence ;
- le directeur départemental de l'équipement ;
- le directeur départemental de l'agriculture et de la forêt ;
- le directeur régional de l'environnement ;
- le directeur départemental de la jeunesse, des sports et des loisirs ;
- le directeur départemental des services d'incendie et de secours ;

2. Sont membres avec voix délibérative en fonction des affaires traitées :

- le maire de la commune concernée ou l'adjoint désigné par lui ;
- les autres représentants des services de l'État, membres de la commission consultative départementale de sécurité et d'accessibilité, non mentionnés au 1, mais dont la présence s'avère nécessaire pour l'examen des dossiers inscrits à l'ordre du Jour ;
- le président de l'établissement public de coopération intercommunale compétent en matière d'autorisation d'aménagement de terrain de camping et de caravanage lorsqu'il existe un tel établissement.

3. Est membre avec voix consultative :

- un représentant des exploitants.

Art. 20 - Le préfet désigne le secrétaire, par arrêté préfectoral, parmi les membres de la sous-commission.

Chapitre V - De la sous-commission départementale pour la sécurité contre les risques d'incendie de forêt, lande, maquis et garrigue

Art. 21 - La sous-commission départementale pour la sécurité contre les risques d'incendie de forêt, lande, maquis et garrigue est présidée par un membre du corps préfectoral, le directeur des services du cabinet ou un membre titulaire de la sous-commission désigné au 1 du présent article.

1. Sont membres, avec voix délibérative pour toutes les attributions, les personnes désignées ci-après ou leurs suppléants :

- le chef du service interministériel de défense et de protection civile ;
- le directeur départemental de la sécurité publique ou le commandant du groupement de gendarmerie départemental selon les zones de compétence ;
- le directeur départemental des services d'incendie et de secours ;
- le directeur départemental de l'équipement ;
- le directeur départemental de l'agriculture et de la forêt ;
- le directeur de l'Office national des forêts ;
- le directeur régional de l'environnement.

2. Sont membres avec voix délibérative en fonction des affaires traitées :

- le maire de la commune concernée ou l'adjoint désigné par lui ;
- les autres représentants des services de l'État, membres de la commission consultative départementale de sécurité et d'accessibilité, non mentionnés au 1, mais dont la présence s'avère nécessaire pour l'examen des dossiers Inscrits à l'ordre du jour.

3. Sont membres à titre consultatif en fonction des affaires traitées :

- le président de la chambre d'agriculture ;
- le président du syndicat des propriétaires sylviculteurs ;
- le président de l'association de défense des forêts contre l'incendie ;
- le président de l'office départemental du tourisme ;
- un représentant des comités communaux des feux de forêts.

Art. 22 - Le secrétariat est assuré par le directeur départemental de l'agriculture et de la forêt ou par le directeur départemental des services d'incendie et de secours.

Titre IV - Des commissions d'arrondissement pour la sécurité et l'accessibilité

Chapitre I - De la commission d'arrondissement pour la sécurité contre les risques d'incendie et de panique dans les établissements recevant du public

Art. 23 - L'arrêté préfectoral par lequel est créée une commission d'arrondissement, en application de l'article R.123-38 du Code de la construction et de l'habitation, fixe également les modalités de fonctionnement de cette commission.

Art. 24 - La commission d'arrondissement est présidée par le sous-préfet. En cas d'absence ou d'empêchement de ce dernier, la présidence est assurée par un autre membre du corps préfectoral, le directeur des services du cabinet, le secrétaire général ou le secrétaire en chef de la sous-préfecture.

Art 25 - Sont membres de la commission d'arrondissement pour la sécurité contre les risques d'incendie et de panique dans les établissements recevant du public avec voix délibérative les personnes désignées ci-après ou leurs suppléants :

- le chef de la circonscription locale de police ou le commandant de compagnie de gendarmerie territorialement compétent ;
- un agent de la direction départementale de l'équipement ;
- un sapeur-pompier titulaire du brevet de prévention ;
- le maire de la commune concernée ou l'adjoint désigné par lui.

Art. 26 - Encas d'absence de l'un des membres désignés à l'article 25, la commission d'arrondissement ne peut émettre d'avis.

Chapitre II - De la commission d'arrondissement pour l'accessibilité aux personnes handicapées

Art. 27 - L'arrêté préfectoral par lequel est créée une commission d'arrondissement, en application de l'article R.111-19-16 du Code de la construction et de l'habitation, fixe également la composition et les modalités de fonctionnement de cette commission.

Titre V - Des commissions intercommunales et communales pour la sécurité et l'accessibilité

Art. 28 - Conformément aux dispositions des articles R.123-38 et R.111- 19-16 du Code de la construction et de l'habitation, le préfet peut, en cas de besoin, créer des commissions communales et intercommunales pour la sécurité contre l'incendie et les risques de panique dans les établissements recevant du public, et des commissions communales ou intercommunales pour l'accessibilité aux personnes handicapées.

Art. 29 - La commission communale de sécurité est présidée par le maire ou l'adjoint désigné par lui.

1. Sont membres de la commission communale pour la sécurité contre les risques d'incendie et de panique dans les établissements recevant du public avec voix délibérative les personnes désignées ci-après ou leurs suppléants :

- le chef de la circonscription locale de police ou le commandant de la brigade de gendarmerie territorialement compétent ;
- un sapeur-pompier titulaire du brevet de prévention ;
- un agent de la direction départementale de l'équipement.

2. Sont membres avec voix délibérative en fonction des affaires traitées :

- les autres représentants des services de l'État, membres de la commission consultative départementale de sécurité et d'accessibilité, non mentionnés au 1, mais dont la présence s'avère nécessaire pour l'examen des dossiers inscrits à l'ordre du jour.

3. Est membre à titre consultatif en fonction des affaires traitées :
- toute personne qualifiée désignée par arrêté préfectoral.

Art. 30 - En cas d'absence de l'un des membres désignés à l'article 29-1, la commission communale ne peut émettre d'avis.

Art. 31 - La commission intercommunale de sécurité est présidée par le président de l'établissement public de coopération intercommunale ou par un maire désigné par lui.

1. Sont membres de la commission intercommunale de sécurité avec voix délibérative, pour ce qui concerne les risques d'incendie et de panique dans les établissements recevant du public, les personnes désignées ci-après ou leurs suppléants :
- le chef de la circonscription locale de police ou le commandant de la brigade de gendarmerie territorialement compétent ;
- un sapeur-pompier titulaire du brevet de prévention ;
- un agent de la direction départementale de l'équipement.

2. Sont membres avec voix délibérative en fonction des affaires traitées :
- le maire de la commune concernée ou l'adjoint désigné par lui ;
- les autres représentants des services de l'État membres de la commission consultative départementale de sécurité et d'accessibilité, non mentionnés au 1, mais dont la présence s'avère nécessaire pour l'examen des dossiers inscrits à l'ordre du jour.

3. Sont membres à titre consultatif en fonction des affaires traitées :
- toute personne qualifiée désignée par arrêté préfectoral.

Art. 32 - En cas d'absence de l'un des membres désignée à l'article 31-1 ou du maire de la commune, ou de l'adjoint désigné par lui, la commission intercommunale ne peut émettre d'avis.

Art. 33 - L'arrêté préfectoral par lequel est créée une commission communale ou intercommunale pour l'accessibilité aux personnes handicapées, en application de l'article R.111 19-16 du Code de la construction et de l'habitation, fixe également la composition et les modalités de fonctionnement de cette commission.
La commission communale pour l'accessibilité aux personnes handicapées est présidée par le maire ou l'adjoint désigné par lui. La commission intercommunale l'est par le président de l'établissement public de coopération intercommunale ou un maire désigné par lui.

Titre VI -
Des dispositions communes aux commissions et sous-commissions départementales, aux commissions d'arrondissement et aux commissions communales ou intercommunales

Art. 34 - La durée du mandat des membres non-fonctionnaires est de trois ans. En cas de décès ou de démission d'un membre de la commission en cours de mandat, son premier suppléant siège pour la durée du mandat restant à courir.

Art. 35 - La convocation écrite comportant l'ordre du jour est adressée aux membres de la commission, dix jours au moins avant la date de chaque réunion.
Ce délai ne s'applique pas lorsque la commission souhaite tenir une seconde réunion ayant le même objet.

Art. 36 - Le président peut appeler à siéger à titre consultatif les administrations intéressées non-membres de ces commissions, ainsi que toute personne qualifiée.

Art. 37 - Le maître d'ouvrage, l'exploitant, l'organisateur, le fonctionnaire ou l'agent spécialement désigné, conformément aux dispositions de l'article R.123-16 du Code de la construction et de l'habitation, est tenu d'assister aux visites de sécurité. Il est entendu à la demande de la commission ou sur sa demande. Il n'assiste pas aux délibérations de la commission.

Art. 38 - Sans préjudice des dispositions du deuxième alinéa de l'article 4 du décret du 27 mars 1993 susvisé, les commissions émettent un avis favorable ou un avis défavorable.

Art. 39 - L'avis est obtenu par le résultat du vote à la majorité des membres présents ayant voix délibérative, En cas de partage des voix, celle du président est prépondérante. Les avis écrits motivés, favorables ou défavorables, prévus à l'article 12, sont pris en compte lors de ce vote,

Art. 40 - Dans le cadre de leur mission d'étude, de contrôle et d'information prévue à l'article R.123-35 du Code de la construction et de l'habitation, les commissions peuvent proposer à l'autorité de police la réalisation de prescriptions.

Art. 41 - Un compte rendu est établi au cours des réunions de la commission ou, à défaut. dans les huit jours suivant la réunion. Il est signé par le président de séance et approuvé par tous les membres présents.

Art. 42 - Le président de séance signe le procès-verbal portant avis de la commission pour les attributions prévues à l'article 2. Ce procès-verbal est transmis à l'autorité investie du pouvoir de police.

Titre VII -

Des dispositions spécifiques applicables pour les établissements recevant du public et pour les immeubles de grande hauteur

Art. 43 - La saisine par le maire de la commission de sécurité en vue de l'ouverture d'un établissement recevant du public ou d'un immeuble de grande hauteur doit être effectuée au minimum un mois avant la date d'ouverture prévue.

Art. 44 - Le président de chaque commission d'arrondissement, intercommunale ou communale, tient informée la sous-commission départementale de sécurité contre les risques d'incendie et de panique dans les établissements recevant du public et les immeubles de grande hauteur de la liste des établissements et des visites effectuées.
Le président de la commission d'arrondissement, intercommunale ou communale, présente un rapport d'activité à la sous-commission départementale au moins une fois par an.

Art. 45 - En application de l'article 4 du présent décret, lors du dépôt de la demande de permis de construire prévu à l'article L.421-1 du Code de l'urbanisme ou de l'autorisation de travaux prévue à l'article R.123-23 du Code de la construction et de l'habitation, le maître d'ouvrage s'engage à respecter les règles générales de Construction prises en application du chapitre premier du titre premier du livre premier du Code de la construction et de l'habitation, notamment celles relatives à la solidité. Cet engagement est versé au dossier et la commission en prend acte. En l'absence de ce document, la commission ne peut examiner le dossier.

Art. 46 - Lors de la demande d'autorisation d'ouverture, la commission constate que les documents suivants figurent au dossier :

- l'attestation par laquelle le maître de l'ouvrage certifie avoir fait effectuer l'ensemble des contrôles et vérifications techniques relatifs à la solidité, conformément aux textes en vigueur ;
- l'attestation du bureau de contrôle, lorsque son intervention est obligatoire, précisant que la mission solidité a bien été exécutée. Cette attestation est complétée par les relevés de conclusions des rapports de contrôle attestant de la solidité de l'ouvrage. Ces documents sont fournis par le maître d'ouvrage.

Art. 47 - Avant toute visite d'ouverture, les rapports relatifs à la sécurité des personnes contre les risques d'incendie et de panique établis par les personnes ou organismes agréés lorsque leur intervention est prescrite doivent être fournis à la commission de sécurité.

Art. 48 - En l'absence des documents visés aux articles 46 et 47 du présent décret, qui doivent être remis avant la visite, la commission de sécurité compétente ne peut se prononcer.

Art. 49 - Le préfet peut créer un groupe de visite de la sous-commission départementale pour la sécurité contre les risques d'incendie et de panique dans les établissements recevant du public et les immeubles de grande hauteur, ou de la commission d'arrondissement.
Le groupe établit un rapport à l'issue de chaque visite. Ce rapport est conclu par une proposition d'avis, il est signé de tous les membres présents en faisant apparaître la position de chacun. Ce document permet aux commissions mentionnées au présent article de délibérer.
Le groupe de visite comprend obligatoirement :
1. pour la sous-commission départementale de sécurité :
- le directeur départemental des services d'incendie et de secours ou l'un de ses suppléants,
- le directeur départemental de l'équipement ou l'un de ses suppléants,

- le commandant du groupement de gendarmerie départemental ou le directeur départemental de la sécurité publique ou l'un de leurs suppléants,
- le maire ou son représentant ;

2. pour la commission d'arrondissement de sécurité :

- un sapeur-pompier titulaire du brevet de prévention membre de la commission d'arrondissement ou l'un de ses suppléants,
- un agent de la direction départementale de l'équipement membre de la commission d'arrondissement ou l'un de ses suppléants,
- le commandant de la compagnie de gendarmerie ou le chef de la circonscription locale de police ou l'un de leurs suppléants,
- le maire ou son représentant.

En l'absence de l'un des membres désignés aux 1 et 2 ci-dessus, le groupe de visite de la sous-commission départementale ou le groupe de visite de la commission d'arrondissement ne procède pas à la visite.

Sont rapporteurs du groupe de visite :

- pour la sous-commission départementale, le directeur départemental des services d'incendie et de secours ou l'un de ses suppléants ;
- pour la commission d'arrondissement, un sapeur-pompier préventionniste, membre de la commission d'arrondissement, ou l'un de ses suppléants.

Titre VIII -
Dispositions spécifiques applicables pour l'accessibilité aux personnes handicapées

Art. 50 - La saisine par le maire de la commission d'accessibilité en vue de l'ouverture d'un établissement recevant du public doit être effectuée au minimum un mois avant la date d'ouverture prévue.

Art. 51 - Lors de la demande de permis de construire, d'autorisation de travaux ou d'ouverture, et afin de satisfaire, dans les établissements recevant du public, aux impératifs liés à la réglementation contre les risques d'incendie et de panique, et à l'accessibilité pour les personnes handicapées, les deux sous-commissions départementales peuvent être réunies ensemble pour effectuer les visites d'ouverture et rendre un avis unique. Dans ce cas, le préfet en définit par arrêté les modalités de fonctionnement.

Cette disposition s'applique aux deux commissions d'arrondissement, communales ou intercommunales, compétentes.

Art. 52 - Le président de chaque commission d'accessibilité d'arrondissement, intercommunale ou communale, tient informée la sous-commission départementale d'accessibilité de la liste des établissements et des visites effectuées.
Le président de la commission d'accessibilité d'arrondissement, intercommunale ou communale présente un rapport d'activité à la sous-commission départementale d'accessibilité au moins une fois par an.

Art. 53 - Le préfet peut créer un groupe de visite de la sous-commission départementale pour l'accessibilité ou de la commission d'arrondissement. Il en fixe la composition.
Le groupe de visite établit un rapport à l'issue de chaque visite. Ce rapport est conclu par une proposition d'avis.
Le rapport est signé par l'ensemble des membres présents en faisant apparaître la position de chacun. Ce document permet aux commissions de délibérer.

Titre IX -
Des autres dispositions

Art. 54 - La commission de sécurité et d'accessibilité de la préfecture de police exerce sur le territoire de la ville de Paris les attributions prévues aux articles 3 et 4 du présent décret, à l'exclusion de celles relevant de la commission interdépartementale de la protection civile compétente pour Paris et les départements des Hauts-de-Seine, de la Seine-Saint-Denis et du Val-de-Marne.

Art. 55 - Le préfet de police assure, sur le territoire de la Ville de Paris, les mesures d'exécution et de contrôle prévues par les articles R.122-19 et R.123-27 du Code de la construction et de l'habitation.
Le préfet de police fixe par arrêté la composition et le mode de fonctionnement de la commission de sécurité et d'accessibilité.

Art. 56 - Dans les départements des Hauts-de-Seine, de la Seine-Saint-Denis et du Val-de-Marne, les commissions départementales de sécurité et d'accessibilité exercent, sur leur territoire respectif, les attributions prévues par les articles 2 et 3 du présent décret, à l'exclusion de celles relevant de la commission interdépartementale de la protection civile compétente pour Paris et les départements précités.
Les dispositions du présent décret sont applicables à ces départements. Toutefois, compte tenu des dispositions spécifiques à leur organisation administrative et à la défense contre l'incendie, les préfets fixent par arrêté la composition et le fonctionnement de ces commissions.

Art. 57 - Les dispositions du présent décret sont applicables à la collectivité territoriale de Saint-Pierre-et-Miquelon, sous réserve des adaptations réglementaires nécessaires.

Art. 58 - Le décret n° 85-988 du 16 septembre 1985 relatif à la commission consultative départementale de la protection civile, de la sécurité et de l'accessibilité et aux commissions départementales de sécurité pour Paris, les Hauts-de-Seine, la Seine-Saint-Denis et le Val-de-Marne est abrogé.

Art. 59 - Le ministre d'État, ministre des Affaires sociales, de la Santé et de la Ville, le ministre d'État, ministre de l'Intérieur et de l'Aménagement du territoire, le ministre d'État, ministre de la Défense, le ministre de l'Équipement, des Transports et du Tourisme, le ministre du Travail, de l'Emploi et de la Formation professionnelle, le ministre de l'Agriculture et de la Pêche, le ministre de l'Environnement, le ministre du Logement, le ministre des Départements et Territoires d'outre-mer, le ministre de la Jeunesse et des Sports et le ministre délégué à l'Aménagement du territoire et aux Collectivités locales sont chargés chacun en ce qui le concerne, de l'exécution du présent décret, qui sera publié au Journal officiel de la République française et entrera en vigueur dans un délai de quatre mois à compter de la date de parution audit Journal officiel.

Index

D

E

F

G

H

I

R

S

T

U

V

W

X

Y

À découvrir sur le même thème

Collection CLASSEURS *(avec mises à jour permanentes)*

- Le guide pratique du DST (version papier ou web : 129 €, version Pack « papier + web » : 159 €) ..... CLT 53
- Diriger un service urbanisme et aménagement (version papier ou web : 149 €, version Pack « papier + web » : 179 €) ..... CLT 48
- Construire un ouvrage public - De la loi MOP à la gestion de la responsabilité décennale (2 tomes - version papier ou web : 299 €, version Pack « papier + web » : 329 €) ..... CL 44
- Guide pratique du contentieux de l'urbanisme (version papier ou web : 169 €, version Pack « papier + web » : 199 €) ..... CL 42
- Le guide pratique de l'expropriation et de la préemption (2 tomes - version papier ou web : 199 €, version Pack « papier + web » : 229 €) ..... CL 21
- Le permis de construire - Guide de l'instructeur (2 tomes - version papier ou web : 179 €, version Pack « papier + web » : 209 €) ..... CL 19
- La maintenance du patrimoine bâti (169 €, 2 tomes - version papier ou web : 189 €, version Pack « papier + web » : 219 €) ..... CLT 14
- Accessibilité en ville : guide des équipements publics (2 tomes - version papier ou web : 170 €, version Pack « papier + web » : 200 €) ..... CLT 13
- Le guide de l'ingénierie de restauration (179 €, 2 tomes) ..... CLT 11

Collection DOSSIERS D'EXPERTS

- Guide de l'urbanisme commercial – Aspects juridiques et opérationnels (69 € • PDF 40 €) ***2013*** ..... DE 758
- Le guide du financement de l'urbanisme, de la voirie et des réseaux (59 € • PDF 40 €) ***2013*** ..... DE 754
- Réussir son PLU (59 € • PDF 40 €) ***2013*** ..... DE 658
- L'enquête publique (70 € • PDF 50 €) ..... DE 734
- L'expropriation (70 € • PDF 50 €) ..... DE 694
- Maîtrise d'ouvrage publique : les nouvelles règles de concurrence et d'application (70 € • PDF 50 €) ..... DE 614
- Les lotissements communaux (60 € • PDF 40 €) ..... DE 574
- Le maire et la police des édifices menaçant ruine (60 € • PDF 40 €) ..... DE 509
- Les nouvelles concessions d'aménagement (70 € • PDF 50 €) ..... DE 507
- Actes administratifs et publicité foncière : guide de rédaction (60 €) ..... DE 383
- Guide du fleurissement des communes (45 €) ..... GM 4

Collection DOSSIERS D'EXPERTS TECHNIQUES

- Guide de l'élu délégué aux travaux (39 € • PDF 30 €) ***2013*** ..... DET 579
- Aménagement du territoire et archéologie préventive (70 € • PDF 50 €) ..... DET 732
- La concertation dans la conduite de projet - Guide méthodologique (60 € • PDF 40 €) ..... DET 723
- Guide de l'élu délégué à l'urbanisme (40 € • PDF 30 €) ..... DET 657
- La réglementation thermique 2012 (70 € • PDF 50 €) ..... DET 696
- Construction durable et HQE - Mémento du maître d'ouvrage (70 € • PDF 50 €) ..... DET 682
- La sécurité incendie dans les bâtiments publics (70 € • PDF 50 €) ..... DET 611
- Les documents d'urbanisme littoraux (70 € • PDF 50 €) ..... DET 576
- La mise en œuvre d'un SIG dans les collectivités territoriales (60 € • PDF 40 €) ..... DET 567
- La gestion du patrimoine des collectivités locales (70 € • PDF 50 €) ..... DET 566
- Le logement décent, de la réglementation au terrain (60 € • PDF 40 €) ..... DET 558
- Les études préalables à la réalisation d'ouvrages (40 € • PDF 30 €) ..... DET 491
- Les bâtisseurs - Tome 3, L'exécution et le contentieux des contrats (50 € • PDF 40 €) ..... DET 479
- Les bâtisseurs - Tome 2, Les contrats de partenariats public-privé (70 € • PDF 50 €) ..... DET 478
- Les bâtisseurs - Tome 1, Les acteurs de la construction (60 € • PDF 40 €) ..... DET 477
- Guide pratique des galeries multiréseaux Clé de sol + CD-Rom (100 €) ..... DET 447

Collection ESSENTIELS SUR...

- La sécurisation des réseaux via la DT et la DICT (29 € • PDF 20 €) ***2013*** ..... BK 278
- L'assurance dommages ouvrage (30 € • PDF 20 €) ..... BK 271
- Urbanisme et concertation – Méthode d'évaluation (30 € • PDF 20 €) ..... BK 254
- Le mandat de maîtrise d'ouvrage et la maîtrise d'ouvrage partagée (30 € • PDF 20 €) ..... BK 216
- Les jardins familiaux (30 € • PDF 20 €) ..... BK 209
- Acquisition, vente, échange des biens immobiliers par les collectivités territoriales (30 € • PDF 20 €) ..... BK 171
- La commune et les biens sans maître - Guide juridique et modèles d'actes d'incorporation (22 € • PDF 20 €) ..... BK 168
- Les concessions de plage (30 € • PDF 20 €) ..... BK 163

Collection ESSENTIELS SUR... TECHNIQUES

- Sécurité et accessibilité des bâtiments (30 € • PDF 20 €) ..... BKT 242
- Rendre accessibles les ERP existants (40 € • PDF 30 €) ..... BKT 212

Collection TERRITORIALE

- Instruire les permis de construire (14 € • PDF 10 €) ..... CT 18
- Le guide pratique du droit de préemption urbain (14 € • PDF 10 €) ..... CT 15

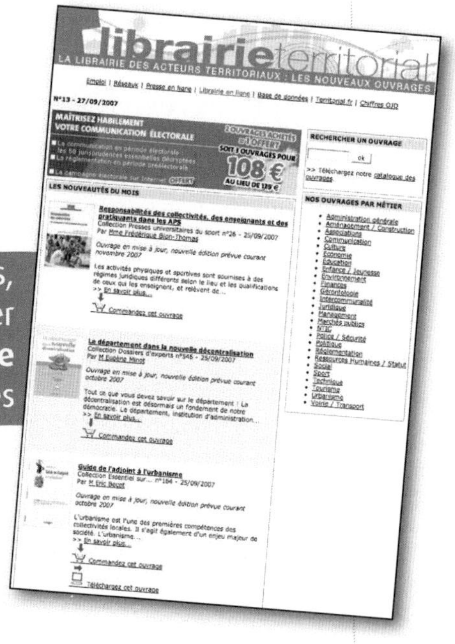

Chaque mois, notre newsletter **vous informe** des nouveautés

Inscrivez-vous gratuitement sur
http://www.territorial.fr/newsletter-librairie.html